"山水林田湖草"一体化示意图

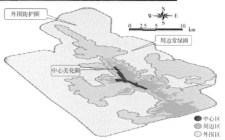

"三期三圈"示意图

中华环境奖

部分荣誉展示

部分获奖证书展示

哈拉沟沉陷区俯瞰图

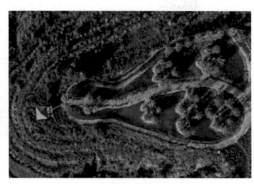

生态林示范地

中心广场示意图

生态林规划图

矿井水综合利用储存池

光伏＋沉陷区治理

神东矿区生态环境治理前后对比图

Ecological Protection Technology
and Practice in Shendong Mining Area

神东矿区生态保护
技术与实践

王 义 主 编

于 妍 张 凯 副主编

化学工业出版社

· 北京 ·

内 容 简 介

本书对神东矿区近年来使用的生态环境保护技术、采取的生态工程措施以及取得的社会经济和环境效益进行了梳理，系统阐述了在习近平生态文明思想指导下，针对山水林田湖草沙等矿区生态要素，以系统理论为指导的修复策略和修复模式。神东矿区作为我国重要的能源基地，其显著的生态修复成效和优秀的生态修复案例，为相关生态修复保护技术的发展和工程措施的实施提供了重要的示范，对其他矿区具有借鉴、参考意义。

本书可作为从事煤矿生态环境保护的高层管理人员进行矿区生态修复顶层设计以及矿区环保工作者开展生态修复、生态治理工程管理和生态环境监测的参考书，也可供从事生态工程和土地复垦工作的科技人员参考。

图书在版编目（CIP）数据

神东矿区生态保护技术与实践 / 王义主编；于妍，张凯副主编.— 北京 ：化学工业出版社，2023.7
ISBN 978-7-122-43363-3

Ⅰ．①神… Ⅱ．①王… ②于… ③张… Ⅲ．①矿区环境保护-研究-陕西 Ⅳ．①X322.241

中国国家版本馆 CIP 数据核字（2023）第 087812 号

责任编辑：于 水
责任校对：王 静 装帧设计：张 辉

出版发行：化学工业出版社（北京市东城区青年湖南街 13 号 邮政编码 100011）
印 装：北京建宏印刷有限公司
787mm×1092mm 1/16 印张 17 彩插 1 字数 301 千字
2023 年 9 月北京第 1 版第 1 次印刷

购书咨询：010-64518888 售后服务：010-64518899
网 址：http://www.cip.com.cn
凡购买本书，如有缺损质量问题，本社销售中心负责调换。

定 价：128.00元 版权所有 违者必究

前　言

　　生态环境是人类赖以生存的自然环境。煤矿区的生态环境保护和修复对改善区域生态环境以及促进区域经济的可持续发展具有重要意义。

　　国家能源神东煤炭集团有限责任公司（以下简称"神东煤炭集团"）坚持以习近平生态文明思想为指导，开展生态环境保护工作，并取得了优异成绩。本书以此过程中的优秀经验为基础，系统介绍了神东煤炭集团生态环保人从自身所处地理位置和气候条件的特点出发，深入探索适合神东矿区的生态环保理念，寻找有效的生态环保技术，坚定不移地开展生态环保工作。近三十年来，神东矿区在生态环境保护理念和工程实践方面因地制宜，创造性地开展了多项生态环保系统工程，取得了令人瞩目的成绩。神东煤炭集团在生态建设的基础上，打造了一批生态示范基地，建成了一批国家绿色矿山。截至2023年，大柳塔、布尔台等8矿（9井）已入选国家绿色矿山名录，其他矿山也已达到国家绿色矿山评分标准，有待进一步申报。

　　本书绪论概括性地总结了神东矿区近三十年来在生态环境保护工作上所取得的成绩；第1章简要介绍了神东矿区自然生态环境条件；第2章系统阐述了神东矿区开展生态环境保护所秉承的修复理念和理论；第3章重点介绍了神东矿区所独有的生态修复创新模式；第4章系统阐述了神东矿区在生态修复过程中所采取的主要生态技术；第5章重点介绍了神东矿区典型的生态修复工程示范；第6章系统介绍了神东生态监测的结果和效果评价。

　　本书由王义担任主编，于妍，张凯担任副主编，其他参与编写的人员有：神东煤炭集团有限责任公司的李强、王一淑、刘亮平、叶小东、曹鹏飞、王静、李斌、王旭和程洋。中国矿业大学（北京）的鲁文静、刘舒予、王悦悦、苏颖轩、王顺洁、陈梦圆和曹严文等参与了书稿的整理工作。本书的编写得到如下项目的支持：
"西部典型生态脆弱区煤矿山水林田湖草一体化生态系统修复研究与工程示范"神东科技创新项目（202016000041）；"磁性纳米细菌传感器研制及其与复合污染土壤作用机理研究"国家自然科学基金（42177037）以及中国矿业大学（北京）越崎青年学者项目（2019QN08）。

生态环境保护是矿区可持续发展的重要基础，也是极为注重实践的工作。本书与工程实践紧密联系，重点介绍了神东矿区生态修复的理念、技术和工程措施以及取得的成效。希望本书可以为矿区生态修复工作者提供借鉴和参考。

书中难免有疏漏之处，期待各方专家及读者对本书给予批评指正。

编者
2022 年 10 月

目 录

第3章 神东矿区生态保护模式 ━━━━ 46

第4章 神东矿区生态保护技术 ▬▬▬ 66

➡ 第5章　典型生态保护工程示范————162

第6章　神东矿区生态保护成效与评价 ━━━185

绪　论

　　20世纪80年代初，伴随着党中央改革开放的历史性决策，我国能源战略重点西移。在毛乌素沙漠边缘的乌兰木伦河畔，国家能源集团神东煤炭集团有限责任公司应运而生。在我国，煤炭占已探明化石能源总量的94%，而全国每产20吨煤，就有1吨来自神东。2011年神东原煤、商品煤产量双双突破2亿吨，建成了国内首个2亿吨煤炭生产基地。自开发建设以来，神东已累计为国家生产优质煤炭32亿吨。神东煤炭集团是国家能源集团的骨干煤炭生产企业，地处陕、内蒙古、晋三地能源富集区，煤炭产品主要有块煤、特低灰煤和混煤，具有"三低一高"（低硫、低磷、低灰、中高发热量）特征，是优质的动力、化工和冶金用煤，被誉为"城市环保的救星"。

　　神东矿区自开发建设以来，始终坚持改革创新，全力打造绿色美丽神东，不断深化地企共建共融共享，以担当责任增添发展动力，以高质量发展肩负责任使命，精心打造了神东特色责任品牌，做到了人与人、人与自然、人与社会间的和谐相处。神东煤炭集团一路披荆斩棘、高歌奋进，三十余年如一日，始终坚持绿色发展，创建以"生态矿区、绿色矿井、清洁煤炭"为特征的大型煤炭基地，开创煤炭开采与生态保护相协调的模式与技术，奉献清洁煤炭不停歇，成为煤炭企业低碳发展的排头兵。

　　神东始终坚持"产环保煤炭，建生态矿区"的理念和"开发与治理并重"的方针，累计治理面积384km²；矿区植被覆盖率由开发初的3%～11%提高到现在的64%；构建了"山水林田湖草"一体化的生态空间结构，植物群落从以油蒿为主的草本群落演替为以沙棘为主的灌草群落，使得原有的脆弱生态环境实现了正向演替；矿区风沙天数由25天/月以上减少为3～5天/月，降雨量少且年内年际不均匀现象得到了明显改善，逆转了原有脆弱生态环境的退化方向，形成了良性的生态系统，在荒漠地区建成一片绿洲。

　　神东在生态建设的基础上，打造了一批生态示范基地，建成了一批国家绿色矿山。目前大柳塔、布尔台等8矿（9井）入选国家绿色矿山名录，其他矿山也已达到了国家绿色矿山评分标准，有待进一步申报。

>>

不毛之地变塞上绿洲，神东煤炭集团的生态成果有目共睹。曾任原国家环境保护局局长的曲格平表示，神东煤炭集团的可贵之处在于"在一个很恶劣的环境中改造环境、建设环境，将它由荒漠变成了绿洲"。

不忘初心：固本培元，夯实绿色发展根基

生态效益就是最大的效益。神东煤炭集团深知绿色发展是企业实现可持续发展的内在要求，是企业的核心竞争力。加之矿区地处黄土高原与毛乌素沙地过渡地带，生态环境脆弱，神东煤炭尤其明白保护生态环境的极端重要性，因此坚持创新、协调、绿色发展理念，走高质量绿色发展之路。

神东煤炭集团认真贯彻国家大政方针，遵守法律法规。坚持"开发与治理并重"的原则，统筹生态环境系统治理，大力开展源头污染防治与整体风沙治理工作，建成了大柳塔沙棘基地、哈拉沟生态示范基地、布尔台绿色产业基地等一批新型绿色产业基地。

一张蓝图绘到底。神东煤炭集团将统筹做好生态总体规划和行动计划作为生态建设的重要基础，总结形成了主要包括统筹大政方针指导、法律法规、各部委要求、各项治理资金、区域流域规划、资源环境要素、相关专业技术、地企民利益、生态经济效益、生态能源安全等十个方面的"十大统筹"，解决了生态建设系统内容庞大且结构繁杂、难以把握的问题。

神东煤炭集团制定形成以"生态矿区、绿色矿山、清洁煤炭"为特征的生态建设总体规划和系列专项规划，明确了区域环境、生产单元、生产产品与生态环境的关系。依据规划制定了年度污染防治、生态治理、节能低碳等行动计划，持续拓展高质量发展的生态空间，为创建世界一流示范企业提供绿色支撑。

生态治理贵在坚持不懈，久久为功；重在整体推进，系统治理；要在典型引领，示范创建。30多年来，神东煤炭集团将持续推进系统治理和典型示范创建作为生态建设的重要举措。年年治理不间断，年年增量不减量，年年提高不重复，使得纸上的一张图变成了地上的一片景。

神东煤炭集团坚持示范引领，先后建成了巴图塔沙柳林基地、上湾红石圈小流域全国水土保持生态建设示范工程、大柳塔国家水土保持科技示范园、哈拉沟国家水土保持生态文明工程等具有里程碑意义的示范工程，引领着不同阶段的生态治理。

秉持匠心：笃实力行，打造生态煤炭基地

大道至简，实干为要。作为煤炭企业转型发展的领跑者、国家能源集团的核心煤炭生产企业，神东煤炭集团笃实力行，在生态绿色发展上下足了功夫。

建设生态矿区，沙漠变成绿洲。神东煤炭集团坚持产环保煤炭、建生态矿区，构建"三期三圈"生态环境防治体系。"三期"以采前、采中、采后为时间顺序，在采前进行大面积风沙与水土流失治理，系统构建区域生态环境功能，增强抗开采扰动能力；在采中进行全过程污染控制与资源化利用，全面保护地表生态环境，减少对生态环境的影响；在采后进行大规模土地复垦与经济林营造，永续利用水土生态资源，发挥生态环境效益。"三圈"以中心美化圈、周边常绿圈、外围防护圈为空间结构，时空结合，构建持续稳定的生态系统。通过地质环境治理保稳定、水土保持治理减流失、土地复垦治理提质量等进行荒地与采煤沉陷土地复垦治理，实现土地资源修复利用。矿区生态林转变为生态+经济林，生态资源发挥了经济价值。神东煤炭集团累计投入环保绿化资金 41.5 亿元，治理沙漠 384km^2，植被覆盖率提高到 64%，植物种类由原来的 16 种增加到近 100 种，动物种群也大幅增加，13 座矿井全部达到绿色矿山建设标准，建成了国家生态文明工程和全国唯一的采煤沉陷区科技示范园，在荒漠化地区建成一片绿洲。

打造绿色矿山，资源有效利用。神东煤炭集团坚持"源头减少、过程控制、末端利用"理念，统筹协调资源和环境两个要素，将煤炭开采中的五大要素转变为资源要素。创新三级处理、三类循环、三种利用的废水处理与利用模式，在一个缺水地区建成了超 10 万人生活、年产值超千亿元的大型煤炭生产基地。三级处理即应用煤炭开采地下水保护关键技术，地面建成 38 座废水处理厂；三类循环即地下分布式水库、选煤车间、锅炉房构成废水闭路循环系统；三种利用即生产复用、生活日用、生态灌溉，实现水的多种利用。通过生态灌溉，实现废水零入河。除此以外还在国内率先开展每日万吨级的矿井水氟化物处理规模项目，并采用膜过滤+蒸发结晶处理工艺进行除盐提标，分步推进矿井水提标治理，着力打好"碧水保卫战"。

煤矸石实现源头减量化与末端资源化。应用无轨胶轮化技术和无岩巷布置技术，从井下生产源头大幅减少煤矸石产生量；应用煤矸置换技术，将井下矸石直接充填井下废巷和排矸硐室，实现井下矸石不升井；对于地面洗选产生的煤矸石，采取发电、制砖、填沟造田等方式全面资源化利用，将荒沟变为耕地或绿地，土地返还当地村民。

矿井煤尘与烟尘实现全过程防控与全面达标治理。煤尘从井下到外运全过程防控，在井下采煤作业环境和地面洗选环节进行降尘全封闭控制，实现采煤不见煤；在装车外运环节喷洒自主研发的封尘固化剂，每年可减少煤炭风损 60 万吨。2014 年以来，共淘汰替换燃煤锅炉 103 台，全面提标治理燃煤锅炉 93 台，所有燃煤锅炉烟尘全面治理达标。

生产清洁煤炭，奉献绿色能源。神东煤炭集团在天然煤质好的基础上，进一步洁净煤质，降低煤炭生产能耗。原煤生产综合能耗 2.52 千克标准煤/

>>

吨，低于 3 千克标准煤/吨的国家先进值标准；入洗原煤电耗 2.23 度/吨，低于 3.2 度/吨的国家先进值标准。创新生产建设各环节节能降耗技术，实现清洁生产。在生产系统规模化与集约化的基础上，矿井通风全部采用大断面、多巷道进回风系统，并配备高效通风机，降低通风能耗；采用地面箱式变电站钻孔井下供电，减少供电损耗；创新应用变频驱动、自动排水、恒压供水等节能技术，降低生产电耗；积极研发节油型矿用防爆车辆、电动矿用车辆以及油电双动力防爆车，并进行试点推广，采用创新钻孔投放物料等措施降低油耗。

利用电厂余热、供排水水源、回风风源、太阳能等资源，减少污染物排放。采用高效煤粉锅炉取代传统燃煤链条锅炉供热，节约煤炭约 30%；利用风源热泵和水源热泵替换冬季热风锅炉，解决进风井井口不防冻的供热问题，节省原煤、降低运行费用，实现节能减排。所有矿井全部配套建设选煤厂，原煤全部经过洗选，开发出特低灰、神优 2、精块 4 等 70 多种清洁优质商品煤种，为社会提供清洁煤炭，坚决打赢"蓝天保卫战"。

绵绵用力，久久为功。神东煤炭集团努力打造"资源环境协调开发与保护"的示范与样板，规划建设 10 万亩国家"绿水青山就是金山银山"实践创新基地，建设国家水土保持生态文明工程，建成全国唯一采煤沉陷区科技示范园，生态效益显著。神东煤炭集团的 10 矿（11 井）全部建成绿色矿山，其中 7 矿（8 井）入选国家绿色矿山名录。获省部级以上荣誉 100 多项，其中，2006 年荣获"第三届中华环境奖"，2017 年荣获国家"社会责任绿色环保奖"，2018 年荣获国家"能源绿色成就奖"和"社会责任特别贡献奖"，2019 年荣获第十二届中国企业"社会责任峰会绿色环保奖"。

坚守恒心：行稳致远，矢志奉献绿色能源

"生态环保工作只有起点，没有终点"。尽管在生态环保方面取得了一定成就，但神东煤炭人清醒地认识到，虽然已走过万水千山，但仍需不断跋山涉水，矢志不渝地走在绿色发展的前列。

面对脆弱生态保护和大规模资源开发难以协同的世界性难题，面对生态保护和高质量发展的需求，神东煤炭集团深知"创新是企业的灵魂，是企业持续发展的保证"。切实把创新作为引领绿色发展的第一动力，通过创新注入破浪前行的澎湃动力。

创新"采后治先、采小治大、采下治上、采黑治绿、采山治域"的"五采五治"生态治理理念；创新"三期三圈"生态环境防治模式与技术，从时空防治角度解决脆弱自然生态环境与大规模煤炭开采矛盾的世界性难题；创新"五项协调"生态环境协同模式与技术，从资源环境要素角度解决了生态保护与生产发展的制约性难题；创新生态环境发展模式与技术，从系统治理角度解决了矿山生态保护与高质量发展的重大课题。

　　神东煤炭集团生态治理创新面向国内国际科技前沿和国家重大需求，形成了以国家奖、行业奖、企业奖为推动力，从理论到实践、从模式到技术的生态科技体系。先后获得环保部、水利部、中国煤炭工业协会等省部级以上荣誉131项，获授权专利508项。其中"荒漠化地区大型煤炭基地生态环境综合防治技术"等4项生态技术获国家科技进步二等奖，"神东矿区基于中水灌溉的树种长期适应性筛选与驯化技术研究"等6项研究成果获得行业科技奖。2018年"神东采煤沉陷区生态防治与利用协调技术"获国家能源集团奖励基金一等奖。

　　踏上新征程，神东煤炭集团将以国家能源集团"一个目标、三型五化、七个一流"发展战略和建设世界一流示范企业为契机，不断创新生态治理模式，全面发展生态文化产业，努力创建具有全球竞争力的生态品牌，为国家能源集团提供生态治理解决方案，综合提升国家能源集团生态保护的"软实力"。同时，做实矿山企业生态保护指标以及现场各项工作，突破煤矸石利用、矿井水达标复用、沉陷区治理等难点工作，抓好产业生态化和生态产业化的重点工作，依托全面建设国家绿色矿山工作，将生态保护打造成保障矿山企业生产规模与生产效益的"硬支撑"。

第 **1** 章　神东矿区生态环境概况

1.1　生态环境

1.1.1　区域环境

（1）地理位置

神东矿区作为国家能源战略西移的重点建设工程，是我国"八五"期间规划建设的大型煤炭生产基地，地处晋、陕、内蒙古三地交界处——榆林市神木市北部，府谷县西部，内蒙古自治区鄂尔多斯市的伊金霍洛旗及东胜区南部和准格尔旗的西南部。地理坐标为东经 $109°51′\sim110°46′$，北纬 $38°52′\sim39°41′$。分布于乌兰木伦河的两侧，矿区南北方向长约 $38\sim90$ km，东西方向宽约 $35\sim55$ km，矿区总面积约为 3481km²。其中心北距鄂尔多斯市中心约66.5km；西距伊金霍洛旗府阿镇约34km；南距神木县城约47km。包神铁路纵贯矿区南北，包茂、荣乌高速公路分别从矿区西侧、北侧穿过，交通运输十分方便。其中，神东煤炭集团建设区、生产区和神东矿区公益区共有13个矿（13矿14井），包括大柳塔矿、哈拉沟矿、石圪台矿、榆家梁矿、锦界矿、补连塔矿、上湾矿、寸草塔矿、寸草塔二矿、布尔台矿、柳塔矿、乌兰木伦矿和保德矿，面积约1037km²。13个矿井的基本概况如表1-1所示。

表1-1　神东地区大型煤矿基本概况

煤矿	井田面积/hm²	探明储量/Mt	建矿时间/年份
大柳塔矿	12620	1240	1987
补连塔矿	10830	2254	1987
布尔台矿	19290	3315	2005
锦界矿	14180	2155	2006
上湾矿	6220	1360	1987

续表

煤矿	井田面积/hm²	探明储量/Mt	建矿时间/年份
哈拉沟矿	7240	852	1999
保德矿	5590	1145	1999
石圪台矿	6530	864	1987
乌兰木伦矿	4410	420	1988
柳塔矿	1360	240	1988
寸草塔矿	880	78	1995
寸草塔二矿	16650	311	1988
活鸡兔矿井	6380	948	1987

（2）地形地貌特点

晋、陕、内蒙古地区地貌类型主要有石质山地丘陵和波状高原，二者占晋、陕、内蒙古地区地貌类型的 63%（表 1-2）。黄土底部分布着大量以红色黏土为主的晚第三纪沉积。晋、陕、内蒙古地区地貌类型如表 1-2 所示。神东矿区位于陕北高原北缘及鄂尔多斯高原东南部，地处陕北黄土高原北缘与毛乌素沙漠过渡地带。矿区西北为库布齐沙漠，该处地表多为流沙、沙垄，且地表植被稀疏；矿区中部为高平原地带，地势波状起伏，在较低的地带分布有湖泊；矿区西南部为毛乌素沙漠，该处地势较低平，主要是由沙丘、沙垄构成，在沙丘间分布众多湖泊，植被相对茂密；矿区中北部为土石丘陵沟壑区，地表土层较薄。矿区地形总体呈西北高，东南低趋势，平均海拔 800～1385m，地区沟壑纵横，裂隙发育。矿区为风沙地貌和黄土沟壑地貌（图 1-1），被断续流动沙及半固定沙所覆盖，一般沙层厚度几米到十几米，也有的地方可厚达 50～60m。其共同特点是质地较粗，结构不良，肥力较低，抗蚀抗冲能力差。

表 1-2　晋、陕、内蒙古地区地貌类型构成　　　　　　　　单位：10⁴km²

土地类型	山西	陕西	内蒙古	合计	占总土地面积/%
盆地（谷地）、平原	3.07	3.81	14.00	20.88	13.51
黄土高原丘陵	4.60	7.46	—	12.06	7.80
波状高原	—	—	38.00	38.00	24.58
石质山地丘陵	8.01	7.84	43.67	59.52	38.50
沙漠及沙地	—	1.45	22.67	24.12	15.61
总面积	15.68	20.56	118.34	154.58	100

（a）风积沙区　　　　　　　　　　（b）黄土沟壑区

图 1-1　神东矿区地形地貌图

① 风积沙区。北部沙漠高原区内最主要的地貌单元之一，包括库布齐沙漠、毛乌素沙地、乌兰布沙漠和西部边缘地带，同时还包括分布于上述地貌单元之间的剥蚀基岩丘陵台地，其西北部以流动沙丘为主，东南部以固定半固定沙丘为主。沙漠高原上分布着库布齐沙漠和毛乌素沙地以及剥蚀丘陵，海拔 1100～1500m，地形起伏相对较小，相对高差 30～80m。总体沙漠化严重，地表植被稀疏。在以风沙地为主的流动、半固定及固定沙地上，分布着沙地植被，主要是沙地先锋植物群落和油蒿群落，而在洼地、滩地和湖泊周围分布有湿地植被。该区主要特点是地广人稀、沙丘起伏、滩地广阔，年降水量少，风日多，风力大，土壤侵蚀主要为风蚀。据有关调查资料显示，风沙每年向东南推移 1～4m。由于沙土下渗力强，所以洪水小，通过河道输送走的泥沙不多，侵蚀模数为 200～5000t/（km² · a）。

② 黄土沟壑区。南部黄土高原是区内面积最大的地貌单元，环县-吴旗以北，以黄土梁峁地貌为特征，南部以塬和残塬为主。黄土高原地区沟壑纵横，切割强烈，地形支离破碎，海拔 1000～1700m，黄土覆盖厚度多在 100～300m 之间。由于地区普遍接受厚层黄土堆积，随着中、晚更新世河流侵蚀作用加强，形成了塬、梁、峁和沟壑组合的黄土高原地貌景观。黄土高原的土塬、梁、峁和沟壑发育，地表植被在沟谷相对发育，梁地及黄土丘陵地大多都开垦为农田或曾经是农田，植被多为农作物及田间杂草，以及撂荒地植被。

1.1.2　水文环境

神东矿区的主要河流为乌兰木伦河、悖牛川及窟野河，属黄河水系。乌兰木伦河发源于内蒙古东胜附近，自西北进入矿区，流向东南，纵贯矿区中部。然后流经神木县城，至沙峁头注入黄河，其支流在矿区内自北向南较大者有公捏尔盖沟、呼和乌素沟、补连沟、活鸡兔沟、朱概沟、庙沟、考考乌素沟、麻家塔沟、黄羊城沟及永兴沟。乌兰木伦河在矿区内长约 75km，年平均流量 7.19m³/s，历年最大洪流量 9760m³/s，最小流量仅有 0.008～0.44m³/s。悖牛川在矿区内长约 40km，年平均流量 4.87m³/s，历年最大洪流量 4850m³/s，最小流量 0.003m³/s。窟野河在矿区内长约 20km，年平均流量 16.45m³/s，历年最大洪流量 13800m³/s，最小流量 0.012m³/s。

上述各河流河水主要靠降雨补给，流量很不稳定，夏季多洪峰，冬季流量很小，甚至干涸。每年 3～4 月冰雪融化时流量增加；5～6 月气候干旱水流甚小，窟野河曾于 1964 年和 1975 年两次出现断流；7～8 月因降雨集中，往往导致山洪暴发，河水猛涨，窟野河 1976 年一次洪峰流量达 13800m³/s。

1.1.3　气候环境

神东矿区内大部分地区气候干燥，属于典型的半干旱、半沙漠高原大陆性气候，基本特征是春季多风，夏季炎热，秋季凉爽，冬季严寒，且冷热多变，温差悬殊，风沙频繁，无霜期短，冰冻期长，夏季暴雨，冬季干旱，雨季集中，蒸发强烈。神东矿区地表温度年平均值为 11.2℃，其中 7 月最高，约 30℃，1 月最低，为-10℃；年平均风速 3.2m/s，最大风速 24m/s，年大风日 13～15d，最多 37d，其中大于 5m/s 的起沙风 70d，主导风向为西北风，主要风向为北风和西北风；冬季风影响大，夏季风不易到达，故干燥少雨，大气降水量小，年平均降水量为 194.7～531.6mm，年平均降水量 360mm，年平均蒸发量为 2297.4～2838.7mm，降水量小，蒸发量大，蒸发量是降雨量的 6 倍以上。矿区所处的西部区域的蒸发量和降水量比值是我国东部地区的 6 倍以上（图 1-2），其降水汛期主要集中在 6～9 月，占全年降水量的 3/4，7～8 月约占全年降水量的 55%，6 月和 9 月约占全年的 20%。神东矿区的气候具

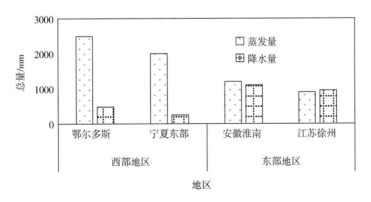

图 1-2　我国东西部矿区年蒸发量与降水量比较

有区域性、渐变性、周期性和连续性，同时具有明显的易发性和灾害性。独特的气候特点，导致该区的生态系统极其脆弱，一旦遭到破坏，短期内很难得到恢复，严重影响我国的可持续发展，也和国家西部大开发政策初衷背道而驰。

1.1.4　区域环境特点

（1）水土流失严重

矿区地处风沙区、黄土丘陵沟壑区过渡地带，生态环境脆弱，具备加速侵蚀的地质地貌条件，形成了风水交替作用的风沙黄土地貌，极易引起水土流失和土地荒漠化。由于区内土质疏松，植被稀少，地表主要以风积沙为主，没有储水能力，导致矿区内干旱季节严重缺水，雨季又容易发生洪涝，大气降水径流往往携带泥沙造成水土流失，加之沟道、陡坡、陡壁多，易产生重力侵蚀。矿区特定的地貌、气候、土壤等因素的相互作用，使水力、风力、重力侵蚀相伴而生，加剧了矿区的水土流失，其复合侵蚀危害严重地制约了煤炭矿井现代化开发建设的进程，也对当地社会经济可持续发展和生态安全构成了巨大的威胁。侵蚀类型包括水力侵蚀、风力侵蚀和重力侵蚀。水力侵蚀主要表现为面状侵蚀、线状侵蚀和沟谷侵蚀，风力侵蚀主要表现为吹扬、搬运、翻动、飞扬、跃移、磨蚀等，重力侵蚀主要表现为塌陷、坡面滑塌等。自然因素和人类活动的影响是本区土壤侵蚀的主要成因。自然因素方面，矿区地表组成物质抗蚀性差，大部分为黄土丘陵、土石丘陵及盖沙丘陵，地面起伏不平，千沟万壑，支离破碎，坡度相对较大，易产生地表径流和土体流动；矿区开发产生大量的弃土弃渣等，人类活动也是造成本区水土流失的重要因素，矿区开发建设导致的水土流失和土地沙化影响较大的是公路、铁路建设和矿区基建。

（2）沙漠化严重

矿区沙漠化土地可分为强度沙漠化、中度沙漠化、轻度沙漠化和潜在沙漠化等类型。以开发初期东胜矿区井田沙漠化土地现状为例进行分析。

东胜矿区是神东矿区的组成之一，东胜矿区井田沙漠化土地属于我国十二大沙漠地之一的毛乌素沙地的组成部分，是强度沙漠化地区，沙漠化情况如表1-3所示。

强度沙漠化土地。占土地总面积的16%，流沙覆盖率在65%，地表沙丘形态以高大新月沙丘链、格状沙丘链和沙垄为主，高度15～25m，天然植物覆盖度为0.5%～1%，光秃裸露的沙丘在强风作用下向前移动，使沙漠化土地不断扩张。

中度沙漠化土地。占土地总面积的15%，流沙覆盖率40%，形态为抛物线沙丘、沙垄和沙片，高度5～15m，天然植被覆盖度为1%～3%。年均风蚀深度65cm，地貌形态以风蚀沙丘和风蚀洼地为主。

轻度沙漠化土地。占土地总面积的27%，地表分布着多种固定或半固定沙丘，形态面积为沙堆、沙垄和抛物线沙丘，高<5m，流沙覆盖率5%～15%，天然植被覆盖度为15%～20%。

潜在性沙漠化土地。占总面积的27%，地表较平坦，为固定沙丘，土层主要由细砂和粉砂组成，天然植被覆盖度在60%以上。

表1-3　东胜矿区沙漠化情况

沙漠化	强度沙漠化	中度沙漠化	轻度沙漠化	潜在性沙漠化
占土地总面积/%	16	15	27	27
植被覆盖度/%	0.5～1	1～3	15～20	>60

沙漠化土地面积约占全区总面积的57%。如果把东南部的黄土丘陵区统计在内，本区沙漠土地比例可达73%。从宏观角度讲，矿区可称得上是强度沙漠化土地。

1.1.5　生物环境

由于矿区地处鄂尔多斯高原与黄土高原的交接地带，北有毛乌素沙漠，南有黄土高原，属于干旱缺水地区，地广人稀，土壤偏碱性，自然生态环境极为敏感、脆弱。矿区属温带半干旱大陆性季风气候，地处干草原与森林草原的过渡地带，主要植被类型为干草原、落叶阔叶灌丛和沙生类型植被。其特点是生长季短，休眠期长，郁闭较差，覆盖率低。草原群落主要发育在梁地和黄土丘陵的栗钙土或黄绵土上，代表群系为本氏针茅草原。由于人类的生产活动，目前原始植被早已破坏殆尽，代之以百里香或糙隐子草为主的群落。这一地区的梁地及黄土丘陵地大多都开垦为农田或曾经是农田，因此植被多为农作物及田间杂草，以及撂荒地植被。在西部及西南部以风沙地为主的流动、半固定及固定沙地上，分布着沙地植被，主要是沙地先锋植物群落和油蒿群落。

2018年8～9月和2019年7月对神东矿区植物群落开展了外业调查工作，其间共调查植物群落样方260余处，其中乔木群落样方63处，灌木群落样方130处，草本植物群落样方70处。乔木植物群落主要包括樟子松群落、油松群落、山杏群落、野樱桃群落、榆树群落、旱柳群落、小叶杨群落等，灌木植物群落主要包括沙棘群落、大果沙棘群落、沙柳群落、柠条群落、杨柴群落、紫穗槐群落、沙地柏群落等，草本植物群落主要包括黑沙蒿群落、紫苜蓿群落、白草群落、针茅群落、牛筋草群落等，植物群落样方在神东矿区 13 个矿均有分布。

1.2 煤炭开采对生态环境的影响

1.2.1 典型"三力型"时空侵蚀特征

煤矿开采生产活动会对自然造成生态破坏，一般情况下，主要包括三个过程：一是煤矿开采生产活动会直接对土壤的自然植被、地表层等造成破坏，导致土地沙化、水土流失等问题；二是开采过程中所产生的大量剥离物、矸石、尾矿等废弃物会占用大量土地资源；三是废弃物的存放和运输会形成污染源，产生有毒有害气体，对周围的大气、土地、河流造成二次污染。除此之外，开采后堆放的大量废弃物还会在一定程度上加快局部地表岩移和沉陷速度，从而极易造成边坡泻溜、泥石流等地质灾害。神东矿区所在区域环境条件和地理位置使得生态环境受到水力、风力和重力的叠加影响，是典型的"三力型"时空侵蚀（图 1-3）。

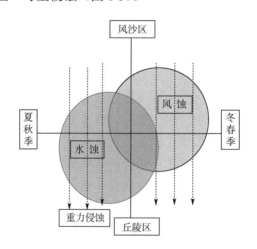

图 1-3 "三力侵蚀"时空交替与多力叠加示意图

（1）水力

煤炭作为我国重要的不可再生能源，促进了我国的经济发展，同时也给矿区的生态环境造成了严重的影响，水土流失是公认的头号矿区生态环境问题。水土流失主要受地形地质因素、气候因素以及人为因素的影响。矿山的水土流失主要由人为因素引起，在开采过程中，绿色植被不断减少，矿山泥土、石头等长期裸露在外，经过长期风吹日晒，造成土壤松软、地表土层稀薄和岩石碎裂等情况，导致自身环境对水土资源的保持能力较差。同时，开采过程中工业废水和生活废水随意排放、生活垃圾随意堆放等，对矿山附近的绿色植被伤害较大，遇到强降雨时，非常容易造成水土流失，甚至山体滑坡等地质灾害，严重破坏生态环境。不合理的经济活动也是一方面原因，采矿人员为降低工作成本，采用手工、爆破等不合理方式进行破坏性挖掘，废弃渣土随意堆放，未做任何的防护措施，导致水土流失情况严重。我国煤炭资源埋深较深，井工开采成为了主要的开采方式。井下采煤必定会引起大规模的围岩移动，这种移动会随着采煤的推进分层向地表传递，导致地表形态（坡度、坡长）发生改变，最终造成土壤理化性质改变、地表植被破坏等生态环境问题，为水土流失提供了有利条件。在开采过程中由于水力的作用，会对生态环境造成水力侵蚀，常见的水力侵蚀有面蚀和沟蚀2种。面蚀又包括溅蚀、片蚀和细沟侵蚀；沟蚀则包括溯源、沟岸扩张和下切3种侵蚀形式。它导致土层变薄，土壤退化，破坏生态平衡，并引起泥沙沉积污染等，危害极大。

（2）风力

在开采过程中，也会受到风力的侵蚀。风力侵蚀是在气流冲击作用下，土粒、沙粒脱离地表，被搬运和堆积的过程，简称风蚀。风对地表所产生的剪切力和冲击力引起细小的土粒与较大的团粒或土块分离，甚至从岩石表面剥离碎屑，使岩石表面出现擦痕和蜂窝，继之土粒或沙粒被风挟带形成风沙流。气流的含沙量随风力的大小而改变，风力越大，气流含沙量越高。气流中的含沙量过饱和或风速降低，土粒或沙粒与气流分离而沉降，堆积成沙丘或沙垄。土（沙）粒脱离地表、被气流搬运和沉积的3个过程相互影响，并且穿插进行。在无任何人工保护防护条件下，干燥松散的土壤在风速极大时，一般的土壤风蚀会发展成为沙尘暴或尘霾，风吹走农田和牧场的肥沃表土，暴露或者埋压种子、禾苗，掩埋铁路、公路、村庄。尘埃进入大气，引起环境污染，危害人体健康。露天开采造成的挖损、压占等问题严重破坏了植被覆盖，使得植被的防风固沙作用减弱，进而导致大量在开采过程中产生的固体废弃物飘浮至空中形成扬尘。同时，开采过程中有大量的粉尘被排放至空气中，给煤矿区的大气环境造成了严重的负担。有关资料表明，有些矿区向大气中排放的煤尘是煤炭产量的1.6%以上。

在干旱半干旱地区一般把风蚀对地表的破坏使土地丧失生产能力称为"沙化"，其不仅对植被产生恶劣影响，还导致尘埃进入大气，引发环境污染，危害人体健康。

（3）重力

开采过程中所产生的煤炭固废的暂时堆放与堆积，可能会在重力的作用下造成重力侵蚀；重力侵蚀是指在其他外营力，特别是水力的共同作用下，以重力为直接原因引起的地表物质移动的形式，主要包括塌陷、裂缝等。多发生在山地、丘陵、河谷及陡峻的斜坡地段，受地质构造、地面组成物质、地形、气候和植被等自然因素和人为因素的综合影响。地面塌陷是煤矿区常见的地质灾害，在我国东部，主要形成地面积水、土地盐渍化。而在西北地区，则导致地下水位下降、土地荒漠化和植被退化，尤其在西北煤炭资源富集区的鄂尔多斯盆地北部，采煤区地面沉陷普遍，地裂缝广泛发育，地下水漏失严重，开采沉陷区地下水循环途径演变，对生态环境的影响显著。裂缝也是重力侵蚀的一类，煤炭井工开采引起岩土体应力发生变化，导致岩层破断与移动以及表土层形变，地表非均匀沉陷是岩层破断与表土层形变耦合的结果。

重力侵蚀对生态影响极其恶劣，如对地表产生直接性或间接性的破坏，并且开采范围越大，开采层数越多，其影响后果越严重，地表的塌陷以及岩层的移动使得地裂缝大量发育，加剧了煤炭现代开采对地表土壤、植物和植被的损伤。

1.2.2 典型"煤炭型"环境污染特征

（1）对水环境的影响

解决矿区水污染问题是当前矿区面临的一个重要课题，煤炭开采、加工、运输和利用都会造成矿区水体污染。煤炭开采对水环境的影响表现在对地表水体、地下水体及区域水平衡系统改变方面。

① 对地表水的影响。

煤炭开采对地表水的损害主要表现在：加速地表水流失速度，使得蒸发量减少；减少地表水可利用量；河流水库及湖泊的水质变差，开采区水污染较为严重，水中化学组分升高等。

造成地表水体污染。地表水体污染主要是指选矿水和选矿废水排入地表水体所造成的污染。在采矿生产过程中，露天开采或地下开采疏干排水和废石淋溶水都含有较高的悬浮物及重金属等，排入水体后往往造成地表水体的有机污染和重金属污染，并且增加水体的浑浊度，影响水体纳污能力。

减少地表水的蒸发量。煤矿开采前受地下水储量的调节，地下水埋藏浅且以水平方向运移为主，运移速度较慢，从补给到流出时间较长，从而有利于蒸发。采矿后地下水位降低，地下水埋深越来越大，运移速度加快且运移方向逐步改变，变为垂向运动，特别是受地表裂缝及塌陷影响，使得地表水向地下水的转化加强，导致蒸发量减少。

减少地表水可利用量。由于矿坑大量疏干排水，地下水均衡系统天然流场发生了改变，再加上煤采出后采空区上方岩层在重力作用下发生弯曲、离层，以致冒落形成塌陷，使采空区上覆岩层产生破裂，促使岩层中原有断裂裂隙进一步扩展并波及地表，从而使地表径流沿裂隙带渗漏流失而逐渐减少，造成许多河流水量明显减少，甚至断流，导致地表水资源可利用量减少。

② 对地下水的影响。

煤层采动引起的覆岩移动破坏了原有的应力平衡，破断导致采动裂隙（缝）及采空区贯通，并向上传递，裂隙带触及含水层导致地下水由径流转变为渗流（或渗漏），造成水资源流失、地下水位下降（低于生态水位）和水质污染。地表沉陷区裂缝、塌陷破坏了土壤结构，致使松散层土颗粒间水分流失，从而影响土壤的毛细作用，导致地表植被退化。当地表下沉量大于水位下沉量，潜水位上升而引发土地盐渍化，破坏植被生存条件，导致生态环境失衡问题（图1-4）。煤炭开采对地下水资源的影响表现在很多方面，主要是引起地下水位下降和对地下水水质的影响，并且在一定程度上减少了浅层地下水蒸发量以及减少区域地下水资源的可利用量，引起地下水流场发生变化等。

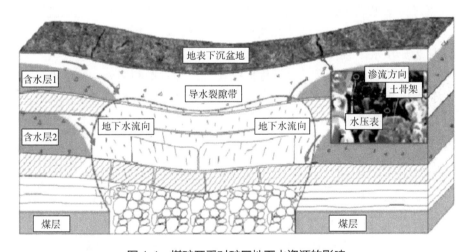

图 1-4　煤矿开采对矿区地下水资源的影响

引起地下水位下降。随着神东矿区大规模开发建设，采煤活动对矿区水文地质条件产生影响，煤矿开采所引起的岩层移动及大面积的地表沉陷、裂缝、位移、变形等使地下含水层和隔水层遭到破坏，地下隔水层-含水层关系发生变化，产生的导水裂隙带和地表塌陷坑导致开采影响范围内的地表水和浅层的地下水不断汇入井下，以矿井废水形式排放，使得地下水位大面积、大幅度下降。

造成地下水的污染。随着煤炭资源的大规模开采，有些高矿化度、酸性、含有大量悬浮物或少量放射性元素的矿井水，在没有经过任何处理的情况下直接排入矿区塌陷坑或附近的地表水体，造成浅层地下水污染。另外，在采煤过程中产生的煤矸石含有有毒元素，未经处理直接露天堆放，经长期风吹日晒、雨淋侵蚀，释放出的有害气体通过影响矿区周围的空气质量而污染大气降水、地表水和地下水，对水资源造成严重污染。燃煤引起的酸雨通过入渗补给，成为地下水的新污染源，受酸雨下渗影响的广大地区，土壤中某些污染物增加了迁移活性，地下水中硫酸根、硝酸根、氟化物、部分重金属含量和总硬度明显增加。

减少了浅层地下水蒸发量。相关研究表明，在研究区的地质条件下，一般最大有限蒸发深度是 0.8m，当地下水位低于 0.8m 埋深时，蒸发便受到限制。由于松散沙层具有极强的渗导水性，当大气降水渗到 0.8m 以下的深度时，其蒸发量就受到了极大限制。因此，当采煤导致地下水位下降低于 0.8m 埋藏深度时，地下水向大气中蒸发的量就会大大减少。

减少地下水资源利用量。由于矿井排水打破了原有的自然平衡状态，多年的采煤排水形成了以矿井为中心的降落漏斗，使裂隙水向矿坑汇流，在其影响半径范围内，地下水流速加快，水位下降，贮存量减少，局部地区由承压水转为无压水，致使含水层水位大幅度下降，甚至达到含水层底板。流入到采空区内的顶板水除了部分被地面强排孔抽出直接利用外，其他部分全部成为采空区积水。采空区积水由于在工作面和采空区内遭到污染，需经较长的水循环周期才能加以利用，导致转移贮存在采空区内的水可直接利用量大幅减小。

影响地下水流场。煤炭开采对地下水资源量、上覆岩层含水量和地下水流场有影响。研究发现煤炭开采会引起地下水水位下降，覆岩含水量降低，引起含水渗漏现象，最终改变原始地下水流场，形成地下水降落漏斗。榆神府地区煤炭开采的 GMS 模拟结果显示，煤炭开采初期地下水水位会以 20m/a 的速度快速下降，到 2018 年已经形成地下水降落漏斗，到 2028 年漏斗范围将持续发展，到 2048 年降落漏斗范围基本稳定，并形成以井田北部为中心的新地下水流动场。

（2）对地质环境的影响

在采煤活动的影响下，原始沉积的煤岩层会发生上覆岩体垮落、错动、起伏等改变，加之构造带等特殊地质条件，导致原本处于应力平衡的状态变为失衡状态，应力变化促使岩体发生坍塌、挤压，并向外释放，从而改变了原有应力分布，进而引发上覆岩体在重力和应力失衡状态下发生移动变形下沉和采空区冒落，裂缝发育直达地表，诱发地表产生塌陷、滑坡、地裂缝，建筑物受损发生崩塌等地质灾害。

地表沉陷。受采动影响，采空区垮落造成上覆岩层断裂垮落，引起地表变化，在采空区上形成地表盆地。表现为地表下沉，四周撕裂明显，中心位置下沉，呈现碗形或盆形。通常地质构造简单、地层结构均匀的情况下，只形成一个下沉盆地。地表沉陷盆地分为移动式盆地和稳定式盆地。

地裂缝。受上覆岩体移动变形影响，地表开裂，近地表岩体、土壤受拉伸变形超过岩石、土壤抗拉强度，产生撕裂、断裂。表现为地面在切眼处纵横交错，宽度大、深度较深，呈半月形；或工作面多呈展布式，宽度大小相对均匀；外形上宽下窄。采煤地裂缝主要区分为边缘裂缝和动态裂缝。边缘裂缝一般在开采工作面的外边缘区，动态裂缝位于工作面上方地表，平行于工作面，并随着工作面的推进不断产生和闭合。

塌陷坑。多产生在急倾斜煤层开采条件下、地形高低起伏不一、地表非连续变形、地质构造复杂、褶皱断层发育明显的区域。呈现出漏斗塌陷、坛式和塌陷下沉漏斗等形状。

台阶。地表下沉，形成地表错位和错落式台阶。地表存在明显高低落差，呈现台阶式；地表断裂，错位明显。分为垂直错落式和倾斜错落式。

滑坡。受采动影响，导致地表边坡一带内部应力失衡，出现岩土滑落、垮塌的现象。地表坡度大，岩土结构不稳，导致下滑垮落、整体垮落、滑坡，垮落堆积量大。

煤炭开采所产生的地质灾害主要为形成大面积沉陷区和产生地裂缝。开采沉陷地类型及主要分布地区如表1-4所示。表1-5为采动地裂缝发育时段分类。表1-6为采动地裂缝形成机理分类。

表 1-4　开采沉陷地分布地区及特点

沉陷地所在区域	特点	生态破坏特征	主要分布地区
山地丘陵区	开采沉陷后地形地貌无明显变化，基本不积水，对土地影响较小，只在局部出现裂缝或漏斗状沉陷坑	山体滑坡、泥石流	西北、西南、华中、华北和东北大部分山地、丘陵矿区
低潜水位平原区	地下水位较深，开采沉陷后地面只有小部分常年积水，积水区周围部分缓坡地易发生季节性积水	水土流失、盐渍化	黄河以北的大部分平原矿区
高潜水位平原地区	地表潜水位较高，开采沉陷地表大部分常年积水，积水区周围斜坡地大部分发生季节性积水	耕地绝产、原地面农田水利设施遭受严重破坏	中国黄淮海平原的中东部矿区

表 1-5　采动地裂缝发育时段分类

裂缝类型	定义	特点	危害
临时性裂缝	一般发生在工作面上方，随着工作面的推进，覆岩破断直至地表开裂而形成；随着工作面推过裂缝后，地表受到压缩变形，位于下沉盆地中的大部分裂缝将逐步闭合	与工作面同步发育，形成速度快，具有动态性、临时性、自愈性	危害较大，尤其是当工作面与地表通过裂缝贯通后，时常发生漏水漏风、溃水溃沙等安全事故，给矿井安全生产带来重大威胁
永久性裂缝	一般发生在工作面的边缘附近，即地表拉伸变形最大的区域，自初始开采直至地表稳定，裂缝逐步加大，且永久存在	宽度大，发育深，难自愈	对地表生态环境的破坏较大，大量裸露的地裂缝势必造成地表破碎，水土流失，植被退化，使原本脆弱的西部矿区生态环境雪上加霜

表 1-6　采动地裂缝形成机理分类

裂缝类型	定义	主要特点
拉伸型裂缝	由于地表水平拉伸变形超过表土的极限抗拉伸应变而将表土直接拉裂形成的，一般在地表拉伸变形区内密集发育	一般超前于工作面一定距离，工作面停采后在采空区外侧一定范围内形成永久性裂缝，其宽度小，发育浅，无台阶
挤压型裂缝	当地表压缩变形超过表土的抗压缩能力时，表土受到挤压而形成隆起，在地表压缩变形区内发育	在采动过程中，随着地表的压缩变形而呈动态发育，随着工作面的推进，逐渐愈合，地表凸起，裂缝宽度小，有一定的自愈能力
塌陷型裂缝	由于采动引起覆岩破断，直至地表塌陷而形成，一般在工作面正上方随着工作面的推进同时发育	采动过程中随着覆岩的整体垮落而动态发育，一般滞后于开采工作面，随着工作面的推进，逐渐愈合，宽度大，发育深，落差大
滑动型裂缝	受采动引起的地表拉伸和坡体滑移的耦合影响而形成，受到地质采矿环境及地形地貌条件的影响较大，一般而言，基岩采厚比越小，地表坡度越大，发育越明显	坡体局部破断而形成台阶，横向宽度大，竖向落差大，较难愈合

（3）对土壤环境和土壤质量的影响

煤矸石堆放影响土壤质量。煤矸石是我国目前年排放量和累计存量最大的工业废物之一。在煤炭生产过程中，煤矸石排放量约占煤炭产量的15%，每年排放量约为2.8亿吨。煤矸石山在发展中，需要与土壤直接接触，对土壤造成的影响明显。首先为粉尘与土壤的融合。在煤矸石的存放过程中，会生成煤矸石粉尘，当粉尘与土壤融合后，即使在煤矸石山搬离后，也会导致该区域的土地无法使用。其次为煤矸石中重金属物质对土壤的影响。当煤矸石山长期存在时，对土壤的影响深度逐渐扩大。

煤炭开采导致地表下沉，影响土壤的含水率。未受采煤影响时，土壤含水率较平稳，不随温度变化而改变；受采煤影响初期，土壤含水率变化不明显，存在滞后性，滞后时间为地下开采到达测点正下方后 4～5d。之后，在测点达到最大沉降量的过程中发现，下沉对土体的扰动作用导致土壤含水率出现先上升后下降现象，且地下开采对土壤水扰动程度由浅至深逐渐减弱。沉陷引起的土体扰动导致土壤粒径减小，容重增加，孔隙比降低，使得土壤持水能力增强，是受开采干扰初期（开采后 7d 内）土壤含水率短暂上升的重要原因，而裂缝的产生以及雨水补给能力的降低是导致后期土壤含水率下降的主要原因。

煤炭开采后所形成的沉陷区和地裂缝影响土壤的含水率。研究发现采煤沉陷裂缝降低了土壤含水率，沉陷区地表裂缝区和无裂缝区土壤含水率均小于未开采区，煤炭开采后不同时期均表现为裂缝区＜沉陷区＜未开采区。裂缝密度与土壤含水率呈显著负相关，裂缝密度越大，土壤含水率越小。随着裂缝宽度的增加，土壤水分损失逐渐增加。降雨前，裂缝区土壤水分损失较大，降雨后裂缝区土壤水分损失速度大于非裂缝区和未开采区。煤炭开采后土壤水分蒸发量增加，表现为裂缝区＞沉陷区＞对照区，不同时期土壤蒸发量不同，裂缝发育期土壤水分蒸发量较大，水分亏缺时期土壤蒸发量较小。采煤地表裂缝和沉陷会造成地表土壤入渗速度和稳渗速度增加，同时水分入渗深度增加，不利于土壤水分的保持。短期内裂缝的闭合对土壤水分的恢复影响不大，裂缝区土壤水分的恢复需要较长时间。采煤沉陷后对土壤水分造成一定影响，表现为沉陷和裂缝造成土壤容重下降，土壤孔隙度增大，同时土壤田间持水率和饱和含水率下降，土壤贮水率降低，不利于当地植物的生长。随着开采时间的延长，土壤容重、孔隙度、田间持水率等趋于未开采状态，沉陷区恢复速度较快，而裂缝区短期内难以恢复。

风沙区超大工作面采煤对土壤物理性质和结皮造成破坏。土壤在无人为干扰的情况下将进行自修复，但 3 年的修复效果与对照组仍存在一定差异。开切点土壤物理性质受到采矿的影响强于开采面，开采面土壤的修复能力优于开切点，且采煤对土壤物理性质的影响 3 年后仍未消除。各采样点的土壤温度不仅与对照区存在差异性，而且各土壤温度在空间和时间跨度上也存在差异性。20cm 处的土壤容重、孔隙度和含水率与土壤温度均存在负相关，含水率与土壤温度存在显著负相关。结皮的厚度和覆盖度也受到采煤的影响，导致结皮厚度减小和结皮覆盖度降低，随之生物结皮的持水能力急剧下降，结皮含水率和结皮持水能力在 3 年内均未恢复到采煤前。

煤粉尘对土壤环境质量造成影响。对干旱区露天煤矿开采活动产生的煤粉尘对周边地区土壤理化性质及土壤可蚀性的影响进行研究。以煤矿堆煤场为起始点，沿研究区主风向（西北风）按照距离梯度设置监测点，距离梯度设置为：0、20m、50m、100m、200m、300m、500m、1000m、1500m、

2000m。监测结果显示，煤粉沉降导致下风向土壤容重显著下降，其均值比背景值点土壤容重低约13%，随着与堆煤场距离的增加，土壤容重逐渐上升。煤粉沉降同样对土壤砂粒、粉粒、黏粒含量比例产生影响，总体趋势表现为砂粒含量略有增加，粉粒含量逐渐降低，黏粒含量先减后增。0～2000m的各样点土壤砂粒含量均小于背景值点，除100m样点外，其余样点土壤砂粒含量都大于排土场样点。300m、1500m处的土壤粉粒含量小于背景值，其余各样点均大于背景值点。排土场土壤沙粒含量较大，除100m样点外，其余样点土壤粉粒含量均小于排土场。土壤中含有采挖、运输时散落的煤粉，而煤的主要成分为碳，导致此处有机质含量远远高于其他样点，随着距离越来越远，除200m样点外，其他采样点的土壤有机质含量以指数分布形式逐渐降低。并且相较于其他土壤特性因子，土壤有机质含量随距离变化的差异最为显著。土壤全氮、全磷含量和土壤pH值同样表现出随距离变化的明显差异性。其中，土壤全氮含量高于全磷含量，随着距离的增加，全氮含量明显减少，但0～2000m所有样点的全氮含量均大于背景值和排土场样点（除100m样点外）。全磷含量缓慢上升，变化幅度小于全氮。0～2000m各样点全磷含量均小于或等于背景值。土壤pH值也有明显增加。采煤活动形成的堆煤场和排土场对土壤可蚀性起到降低作用。土壤可蚀性因子在堆煤场处达到最低值，煤矿区土壤可蚀性因子数也明显小于周边地区。

神东矿区土壤主要有风沙土、黄土性土、栗钙土、黑垆土等。矿区主要土壤的共同特点是质地较粗，结构不良，肥力较低，抗蚀抗冲能力差。由于地表物质组成疏松，植被稀少，气候干旱，多风沙，雨季集中，导致自然灾害频发，水土流失严重，矿区水蚀、风蚀范围广，强度大。

（4）对生态环境的影响

煤炭开采导致水土流失加剧。开采沉陷造成中国东部平原矿区土地大面积积水受淹或盐渍化，造成西部矿区水土流失和土地荒漠化加剧。采煤塌陷还会引起山地、丘陵发生山体滑落或泥石流，并危及地面建筑物、水体及交通线路安全。

煤炭开采导致土地资源破坏及生态环境恶化。井下采煤造成的地表塌陷、下沉使得地表产生大量裂缝，近地表水位下降，松散层土壤含水率相应降低，裂缝发育导致地表生态植被根系阻断，土壤内部应力结构发生改变。植物受扰动影响，获取土壤水分的来源受阻，遭受缺水逆境胁迫而面临死亡。露天开采通过剥离表层土壤和植被等方式，直接导致植被群落的整体移除，同时加重区域水土流失，对区域植被的生长发育产生更为不利的影响。井工开采导致地表出现大量裂缝，影响植物生长的立地条件，引起土壤特性、地下水位的变化，破坏植物生长环境，间接影响植被生长发育，同时塌陷过程中土壤的拉伸和压缩变形造成植物根系拉伤，直接破坏植物个体，改变地貌并引发景观生态的变化。神东矿区煤炭资源赋存条件较好，开采强度高，给原本脆弱的生态环境带来更大的损害，主要表现为地裂缝对表层土壤水分的破坏，土壤水分成为制约当地生态环境的主要因素。

煤炭开采导致地表植被覆盖度降低。由于神东矿区本身生态阈值较低，抗扰动能力差，沙漠多次侵扰，形成独特的土壤理化性质，土壤颗粒组成较粗，疏松无结构，储水保肥能力差。地下煤炭采出后，不可避免地引起上覆岩层的垮落变形，进而引起地表变形。矿山开采对生态环境的影响首先表现在地表的移动变形，进而影响到植被和土壤理化性质的变化。我国因采矿直接破坏的森林面积累计达106万公顷，破坏草地面积为26万公顷。目前利用遥感获取植被信息的植被指数已有40多种，最普遍应用的归一化植被指数（NDVI）是反映植被生长及覆盖变化的最佳指示因子，植被是生态完整性损失类的主要指标，包括植被破坏面积、植被覆盖度、生物丰度、自然生产力等，可表征矿区土地退化状况。研究表明，1998～2019年间鄂尔多斯市采矿区与非采矿区的NDVI整体呈波动上升趋势，上升速率为每年0.0049。煤炭开采没有引起大规模植被覆盖及植被格局的改变，煤炭开采对局部植被覆盖的改善和退化效应并存。从植被退化方面来看，11.59%的露天煤矿区发生轻度退化，高于非采矿区域的6.12%；21.43%的露天煤矿区、14.29%的井工煤矿区发生退化型突变，高于非采矿区域的20.45%和13.33%。

（5）对大气环境的影响

煤炭开采导致废气排放，危害大气环境。因煤炭开采形成的废气主要有矿井瓦斯和地面矸石山自燃释放的气体。矿井瓦斯中的主要成分甲烷是一种重要的温室气体，其温室效应为CO_2的21倍。我国大部分煤矿都有瓦斯，瓦斯矿井和煤瓦斯突出矿井约占40%。煤炭开采时排放的瓦斯含量每年高达50亿～70亿立方米，瓦斯不仅是井下爆炸事故、严重威胁人员财产安全的元凶，同样也是温室气体，对环境的污染十分严重，危及农作物、森林及大气和人类本身。

煤炭燃烧造成的污染主要来自企业和工厂在进行生产加工过程中的煤炭燃烧，以及人们生活中的锅炉、炉灶等设备产生的煤烟。煤炭型大气污染的主要污染物为二氧化硫和烟气、粉尘，以及它们在大气环境中发生化学反应的产物。中国85%的煤炭是通过直接燃烧使用的，主要包括火力发电、工业锅（窑）炉、民用取暖和家庭炉灶等。高耗低效燃烧煤炭向空气中排放大量的SO_2、CO_2和烟尘，造成中国以煤烟型为主的大气污染。

扬尘污染是煤炭开采过程中大气污染的主要原因之一。很多煤炭生产企业一味地追求产量，而忽视了现场管理，对于扬尘防治管理办法中的规定重视程度不够，现场没有配备相应的洒水车辆，导致煤炭在开采出井运输的过程中粉尘四溢，再加上煤矿生产时的运输车辆，如水泥、砂石、土方以及垃圾等运输车辆没有采取覆盖运输，扬尘污染十分严重。煤矿在生产、贮存、运输及巷道掘进等各个环节都产生大量粉尘。随着有害气体及粉尘排向大气层，严重降低了当地的空气质量。

煤矸石的自燃是一个极其复杂的物理化学变化过程，它从常温状态转变到燃烧状态，其氧化过程不仅受到煤矸石的物理化学性质的制约，同时也与煤矸石的岩相组成、水分含量、比表面积、孔隙率以及矸石山所处的自然环境和堆积方式等有关。煤矸石发生自燃所需要的条件是：有可燃物质、氧气以及良好的蓄热条件。煤矸石的自燃实际上是煤的自燃，从缓慢升温阶段到自动加速阶段时的温度称为煤矸石自燃的临界温度。因成分不同，一般在80~90℃之间，煤矸石温度超过临界温度，即具备自燃条件。煤矸石的大量堆积，会严重地污染矿区的生态环境，尤其对于自燃的煤矸石所散发出的大量有害气体，在一定条件下会引起和加重区域内的酸雨问题，其危害还包括腐蚀金属设备和器材、腐蚀建筑物、土壤酸化、农作物和树木枯萎衰退，不仅造成不可估量的经济损失，而且会导致人类赖以生存的环境质量不断恶化。

1.2.3　典型"复合型"生态系统特征

随着现代化高产高效大型矿井的建设，矿区的生态环境问题也日益凸显。煤炭资源的开采破坏了地下水循环系统，同时污染了地表水，使得大部分矿区面临着水害威胁、水资源紧缺和生态环境恶化等问题，严重影响了人们的生产生活和生态平衡。采煤沉陷区破坏覆岩和地表完整性，使岩层失去隔水性和密闭性，横向流动的水系变为纵向渗漏，导致地面河流及泉水干涸，地下水资源枯竭，水资源和水生态破坏。煤炭资源的开采也会引起大气中扬尘问题以及其他危及周边大气环境的问题，对大气质量、人体健康都造成了一定的危害。煤炭开采后在地下形成的采空区可能造成地表塌陷，产生一定的生态环境影响和社会环境影响，是煤矿建设项目环评和生态环境保护与治理的重点。煤炭资源的开发也严重破坏了地表生态环境、农业生产、人居条件，造成农田无法耕种，水土流失加剧，矿区生态严重失调，给当地民生带来极大影响。堆积的煤矸石经过自然降雨的冲刷，造成重金属离子及有毒有害物质进入地表水，危害水体安全；煤矸石缓慢自燃、风化扬尘严重污染大气环境，对于城市周边生态环境的破坏力巨大。

综上所述，神东矿区位于生态环境较为脆弱的晋、陕、内蒙古三地交界处，其自然环境、地理环境、水文地质等环境条件相对比较脆弱，高强度煤炭开采所造成的人为扰动对其生态环境造成了一定程度的损伤，其生态受损较为复杂，是典型的"复合型"生态系统，煤炭开采造成生态系统的安全性以及生态系统服务价值下降。因此，复杂环境条件对"复合型"受损生态系统的修复和环境保护提出了更高的要求，探索一条适合于神东矿区的生态环境保护策略、方法和技术是实现高质量生态环境保护的关键，从而实现神东煤矿区山水林田湖草沙一体化的生态修复。

第 2 章　神东矿区生态保护理念

　　神东立足于特殊的地理位置、气候条件、煤炭开采、自然环境等条件，基于生态保护理念，即生态系统理念、生态节约理念、生态适应理念、生态协同理念以及生态循环理念，开创了自己独特的生态保护模式。

2.1　生态系统理论

　　所谓生态系统，就是指在自然界一定的空间内，生物与环境构成的统一整体。在这个整体中，生物与环境之间相互影响、相互制约，并在一定时期内处于相对稳定的动态平衡状态。生态本身就是一个有机系统，生态治理也应该以系统思维考量，以整体观念推进，这样才能顺应生态环保的内在规律。面对自然资源和生态系统，不能从一时一地来看问题，一定要树立大局观。梳理近年来生态文明建设取得的成绩，综合性、系统性是一个鲜明特点。

2.1.1　生态学基本理论

（1）生态位原理

　　生态系统中各种生态因子都具有明显的变化梯度，在这种变化梯度中能被某种生物占据利用或适应的部分称为生态位，它是生物种群所占据的基本生活单位。图2-1是两个物种的二维生态位空间模式图。生物的生态位大小反映的是种群的遗传学、生物学和生态学特征。每一种生物在不同梯度的生态因子中都占据一个最适宜

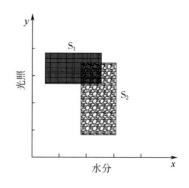

图 2-1　物种 S_1 和物种 S_2 的
生态位空间模式图

的生态因子，这些最适生态因子综合起来形成的环境称为该生物种的理想生态位，而生物生存的环境为它提供的是现实生态位，生物为寻求自己的理想生态位而不断迁移、抉择、进化并适应环境，实现生物和环境之间的相协调。

不同生物若占据相同的生态位，必然会在同一生态位上引起激烈的竞争，不利于生态系统的种群多样性，因而在对受损生态系统进行生态恢复和重建时，应尽可能考虑物种在水平空间、垂直空间和地下根系的生态位分布。例如，利用生态位原理进行塌陷区的生态复垦，在深水区养鱼，中等水区种植莲藕、菱角，浅水区种植芦苇、蒲草，岸边种植陆生农作物，使塌陷区得到综合整治，充分利用。在生态工程设计中，合理利用生态位原理，有利于构建一个物种丰富、运行高效的多功能生态系统。

（2）食物链原理

把自然生态系统中的物质循环和能量流动原理应用到人工生态系统中，对维持人工生态系统的平衡和提高生产效率都具有重要意义。在自然界中，植物可以利用太阳能将无机物转化为有机物供自身生长发育，草食性动物以植物为食，补充自身所需的能量，中小型肉食性动物吃草食性动物，又被大型肉食性动物所食，动植物的遗体残骸被微生物分解利用，这就构成了一条简单的食物链。但是生态系统中的食物链往往不是单一的，食物链之间相互交错形成更为复杂的食物网。食物链或食物网中的生物在捕食与被捕食的关系中存在着物质传递和能量转化。最终价值较低的生物转变为更高价值的生物为人类所利用。在生态工程建设中，良好的食物链和食物网关系对生态系统功能的发挥起着至关重要的作用。例如，氮、磷是矿井污水中的污染物，会引起水体富营养化，但利用氮、磷-浮游生物-鲢鱼这条食物链或氮、磷-浮游植物-浮游动物-鳊鱼这条食物链可把污染物转化为鱼类产品（图2-2）。

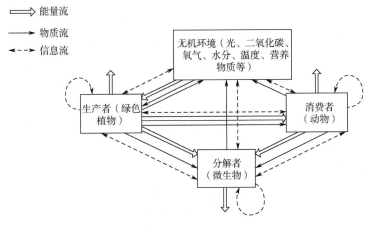

图2-2 自然生态系统的物质循环、能量与信息流动

（3）斑块-廊道-基质理论

Forman（1981）和 Godron（1986）在观察和比较各种不同景观的基础上，认为组成景观的结构和单元不外乎三种：斑块（patch）、廊道（corridor）和基质（matrix）。斑块泛指与周围环境在外貌或性质上不同，并具有一定内部均质性的空间单元。应该强调的是，这种所谓的内部均质性，是相对于其周围环境而言的。具体地讲，斑块可以是植物群落、湖泊、草原、农田或居民区等。廊道是指景观中与相邻两边环境不同的线性或带状结构。常见的廊道包括农田间的防风林带、河流、道路、峡谷、输电线路等。基质则是指景观中分布最广、连续性最大的背景结构。常见的有森林基质、草原基质、农田基质、城市用地基质等。景观结构单元的划分总是与观察尺度相联系，所以斑块、廊道和基质的区分往往是相对的。

在露天开采的过程中，为了使矿床充分暴露，采矿主体使用大量的推、挖机械，使原来支持健康景观的土壤迁移或深埋，形成大面积的生土斑块。生土因肥力低下，种子库丧失，微生物区系不健全，通过自然演替形成健康的生态系统需要相当长的时日；同时，采选出来的大量废石的堆放，也要占用大量的土地，形成寸草不生的废石岗；金属尾矿库是更为典型的退化生态系统，金属尾矿因其理化性质上的一些不良特征大多成为不毛之地，不仅占用土地，而且是持久且严重的重金属污染源，更有甚者，由于颗粒细小，易随风飘散，对周围环境产生大范围的影响；另外，在地下开采过程中，还形成了采矿井、采空区、塌陷地等景观类型。上述的景观类型以及道路、水渠、积水坑等景观要素，使原本均质的景观变得破碎化，整个矿区的景观形成了由斑块、廊道和基质组成的典型镶嵌格局。

（4）生态适应理念

生态适应是生物学上的一个重要概念，是生物随着环境生态因子变化而改变自身形态、结构和生理生化特性，以便与环境相适应的过程，是指生物（动物、植物、微生物以及人类等）与所处的环境之间取得一种动态的、均衡的原发能力，并且能够针对环境动态变化而做出相应的自我调节。生态适应的动态过程，让环境变异程度能够控制在系统适应能力的极限值以内，从而维持系统动态平衡，不断地适应自然生态环境、社会生态环境以及人造生态环境的协调发展。为保证生态系统的生存与进化，生态适应应以主动适应环境、动态发展演化来维持特征。

① 生态系统的自我调控。

生态系统是一个自我调控的系统。理论上，在一定程度和阈值内，一个生态系统对外界的干扰具有自动适应和自调控能力。人类要加强对自然、半自然和人工等不同生态系统自调控阈值的研究，以维持其正常运行机制；研究自然和人类活动引起的局部和全球环境变化带来的一系列生态效应；研究生物多样性、群落和生态系统与外部限值因素间的作用效应及机制。

② 生态系统的自我适应。

生态适应内涵主要体现在三个方面：模式的互动性、过程的动态性以及机制的双向性。适应包括主动适应与被动适应，而传统的适应是指生物体对外界环境的变化所做出的一种被动应对措施和反应，包括生物适应以及生理适应。随着对生态适应研究的不断深入，生态适应理论已经由最初的生物学逐渐应用到各个学科。

适应的目标是谋求自身的生存和发展。例如，在生态系统中，有机个体或种群为了更好地适应环境会主动去改善环境条件以更好地促进自身发展。生态适应性包括生态适应主体、生态适应对象及生态适应途径。它反映的是生态适应主体的适应能力、短期应对环境变化的能力和长期依据环境变化调整自身的潜力，同时也是适应主体对外部变化所做出的一系列主动和被动调节的一个动态过程。

③ 生态系统的反馈调节。

当生态系统中某一成分发生变化时，它必然会引起其他成分出现一系列的相应变化，这些变化最终又反过来影响最初发生变化的那种成分，这个过程就叫作反馈。反馈有两种类型，即负反馈和正反馈。

负反馈是比较常见的一种反馈，它的作用是能够使生态系统达到和保持平衡或稳态，反馈的结果是抑制和减弱最初发生变化的那种成分所发生的变化。例如，如果草原上的食草动物因为迁入而增加，植物就会因为受到过度啃食而减少，植物数量减少以后，反过来就会抑制动物的数量。

正反馈即生态系统中某一成分的变化引起的其他一系列变化，反过来不是抑制而是加速最初发生变化的成分所发生的变化，因此正反馈的作用常常使生态系统远离平衡状态或稳态。例如，如果一个湖泊受到了污染，鱼类的数量就会因为死亡而减少，鱼体死亡腐烂后又会进一步加重污染并引起更多鱼类死亡。因此，由于正反馈的作用，污染会越来越重，鱼类的死亡速度也会越来越快。

（5）生物与环境协同进化原理

生物与其生存的环境之间是相互依存的关系，生物的生存和发展离不开环境，同时生物也在积极适应环境。环境中的利导因子对生物生命活动有积极影响，而限制因子也能制约生物的生存和发展。因此，在矿区生态系统重建中，充分分析和了解制约系统发展的生态因子数量和质量，寻找恢复生态系统功能的关键因子，能够快速且有效恢复矿区生态系统。

生物既在不断地适应新环境，又对其生存的环境有改造的能力，这就是生物与环境之间的协同进化原理。当环境中影响生物生存的生态因子发生不同程度的变化时，生物生存的环境也就发生了改变，生物能够通过自调节机制适应变化后的新环境。此外，生物和环境之间存在物质、能量和信息的交换，生物由于自身生命活动反作用于环境，对环境有改造的能力。例如，在露天矿排土场筛选耐旱耐贫瘠植物，可使采矿迹地植被得到稳定持久的恢复。

2.1.2 系统和系统论

系统思想源远流长，但作为一门科学的系统论，人们公认的是美籍奥地利人、理论生物学家 L.V.贝塔朗菲（L.Von.Bertalanffy）创立的。1945 年，他发表论文《关于一般系统论》，创立了系统论，但他的理论直到 1948 年他在美国再次讲授"一般系统论"时，才得到学术界的重视。确立这门科学学术地位的是 1968 年贝塔朗菲发表的专著——《一般系统理论：基础、发展和应用》，该书被公认为是这门学科的代表作。

（1）系统论的基本思想

系统这一基本概念广泛应用于各学科领域，是由部分构成整体的意思。一般认为系统是各要素按照一定关系联结形成并向特定目标运动发展的、具有某种结构和功能的有机整体。该定义阐明了要素和系统、系统和结构以及系统和功能之间的关系。可见系统这一概念可指导我们更加有条理地解决科学问题。系统论作为一种科学的方法论，认为整体由部分构成，但是大于各部分之和，具有各部分所没有的功能。当各部分按照一定关系形成某种有组织的整体时，整体所表现出的功能大于各部分功能之和。同时系统内部结构是发展的、变化的，在组成系统要素不变的条件下，当系统结构发生变化时，其功能也会发生相应的变化。这就决定了所有系统共有的基本特征有整体性、相关性、结构性、动态变化性等。这些基本特征也是系统论的核心思想，反映了系统所具有的一般客观规律性。在系统论的指导下解决煤矿区生态修复问题是一个很好的着眼点。这就要求我们在开展生态修复工作时，要从整体出发，以生态系统功能的最大恢复为目标进行分析和综合评价，建立能够使生态系统良好运营的层次和结构，以落实资源和环境的可持续发展战略。

（2）系统论的基本原则

① 整体性原则。

系统论的一个基本原则是整体大于部分之和，即系统不是各要素之间简单地相加，而是各要素通过相互关联形成一个有组织的整体，新形成的整体具有各要素没有的新功能。对于一个结构完整的整体，每个要素在其中的特定位置发挥着不可或缺的作用，若将其中某一个要素单独拿出来，则其将失去作为要素本身的意义。要素和要素之间的关联关系决定了该系统形成的新功能，这也验证了整体大于部分之和的道理。将研究对象看作一个有机的整体，在空间或时间维度上探索整个系统的运行规律和功能，有助于我们更好地解决问题和推动系统向前发展。这种系统论的思想在各学科领域广泛应用，为解决一些现实问题提供了很好的思路。

② 相关性原则。

系统各要素之间的排列并不是杂乱无章的，而是彼此之间通过相互联系、相互影响和相互牵制，形成一个具有组织性、结构性和规律性的整体。例如，发动机的各个零件只有按照一定顺序和关系排列，形成一个有结构的主体时，发动机才能起到输出动能的作用。另外系统和要素、系统和外界环境之间也存在一定的相关性。组成系统的各要素通过相互作用决定系统的结构和功能，系统通过整体性原则调控和支配各要素，当系统整体性能发生改变时，组成系统的各要素也随之发生变化。每一个系统都存在一个边界，边界以外的部分称为外界环境。外界环境通常包括物质的、信息的、人际的、经济的等多种因素总和。系统和环境之间的物质、能量和信息交换决定了二者之间的相互依存关系。外界影响因素改变，导致因素输入系统或因素对系统的作用发生变化。反之，系统活动的输出作用，也会使得外界因素的属性和功能发生变化。

③ 层次结构性原则。

任何一个复杂的系统，其某一部分都可以是该复杂系统的子系统；同时该复杂系统又可以是另外一个更大更复杂系统的子系统。这就决定了系统的层次结构特性。任何系统都是由简到繁，由低级到高级的。系统的子系统在特定位置各司其职，子系统之间义相互联结形成更为复杂的系统，系统的要素和结构对外表现出其特定的功能。反过来，系统与外界环境相互作用，当系统功能为适应环境而被迫发生改变时，系统内部的要素结构也会随之改变。例如，对人体器官来说，其子系统是组织，构成组织的子系统是细胞，而器官又构成了人体中不同的系统。人类进化史就是很好的系统适应环境的例子。

④ 动态性原则。

任何系统都不是固定不变的。系统内部要素之间或要素和部分之间联结形式的变化，都会导致系统结构的改变。另外系统为适应外界环境的变化、达到一个稳定的状态，也在不断地发展和变化着。系统在适应外界环境的过程中不断地调试自身的功能，从而迫使系统内部结构发生改变。

⑤ 目的性原则。

任何系统的运行都是有目的的,有方向的。系统具有自组织性,为适应环境,达到稳态而自发地组织内部结构。系统运行目的由系统自身特性以及系统与外部环境间相互作用决定。

⑥ 优化原则。

自然系统和生物系统的优化模式往往不同。生物系统一般是通过与环境相互作用,调节自身属性和结构达到最优,以适应环境,最终被环境所选择。自然系统一般是在人为干预和操控之下,向一个最优的目标发展。系统优化要遵循以下三个原则。一是局部服务于整体的原则。在系统优化过程中,可能存在局部功能达到最优,但是并没有使得系统整体功能达到最优,这时候就要调节局部结构以使整体功能达到最佳的效果。二是遵从多级优化原则。即在系统长期高目标的优化过程中,分阶段、分目标完成系统的优化任务。不同阶段采用不同的评判标准和优化模式对系统进行优化,从而达到系统最终优化的目标。三是坚持系统优化绝对性和相对性结合。一个完整系统的形成,其终极目标是实现某种特定的功能,以达到人们预期的结果,并且预期结果越佳越好。因此在人为干预系统活动时,要协调各部分关系,使整体功能达到人们预期的结果。在保证时间和经济成本不超过预期的前提下,系统优化结果越佳越好。

2.1.3 煤矿区生态系统

煤矿区生态系统是退化生态系统。生态系统的动态发展在于其结构的演替变化。正常的生态系统是在生物群落与自然环境取得平衡的位置上作一定范围的波动,从而达到一种动态平衡状态。但是,生态系统的结构和功能若在干扰的作用下发生位移,位移的结果打破了原有生态系统的平衡状态,使系统的结构和功能发生变化,形成破坏性波动或恶性循环,这样的生态系统称为受害生态系统或退化生态系统。

矿区生态系统是原有的自然生态系统在人为活动干扰之下形成的,其生态功能大大下降。矿产资源开发导致矿区地表塌陷、地面景观遭到破坏、废石废渣堆放占用土地、耕地面积大幅减少、土壤污染等土地问题。同时地下水系统遭到严重破坏,空气污染严重。由于人类生产活动的影响,原生生态系统的生物多样性日益减少,导致其生态系统结构和功能从根本上发生变化。

(1) 矿区生态系统特征

① 结构特征。

矿区生态系统是矿区工业与农业相互结合、自然与社会环境相互作用所形成的自然-经济-工程-社会复合系统。根据复合生态系统的观点，矿区复合生态系统可分为社会、经济、自然环境三个亚系统。矿区自然环境亚系统，包括非生物系统的环境系统（大气、水体、土壤、岩石等）和资源系统（矿产资源和太阳、风、水等）以及生物系统的野生动植物、微生物和人工培育的生物群体。矿区经济亚系统是指矿区生态系统能够利用矿区内外系统提供的物质和能量等资源，生产出满足国民经济需要的矿产品的全过程。矿区社会亚系统以矿区居民为中心，该系统以满足矿区居民的就业、居住、医疗、教育及生活环境等需求为目标，为经济系统提供劳动和智力。

② 功能特征。

矿区复合生态系统功能是指系统及其内部各子系统或各组成成分所具有的作用。矿区复合生态系统是一个开放型的人类生态系统，它具有外部功能和内部功能。

外部功能是联系其他生态系统，根据系统的内部需求，不断从外系统输入和输出物质和能量，以保证系统内部的能量流动和物质流动的正常运转和平衡；内部功能是维持系统内部的物流和能流的循环和畅通，并将各种流的信息不断反馈，以调节外部功能，同时把系统内部剩余的或不需要的物质与能量输出到其他外部生态系统去。外部功能是依靠内部功能的协调运转来完成的。因此研究矿区生态系统的功能实质上就是研究这些流。为了做到矿产资源的合理开发利用，保证矿区生态平衡，实现矿区资源-环境-经济-社会协调发展，必须人工控制这些流。因此矿区生态系统的发展主要受控于人的决策，决策能影响系统的有序或无序发展，研究矿区生态系统功能、揭示影响系统稳定性的主要因素是提出调控系统的关键。

综上而言，矿区生态系统具有其典型特征：a.以人为中心的生态系统，受自然生态规律和社会经济规律的双重支配，是一个开放型系统；b.组成发生改变、结构不完整、功能不健全，是较脆弱的生态系统；c.物质循环和能量流动加速，一般需要补充大量的辅助物质和能源；d.土地生产力下降，环境污染问题严重。

（2）矿区生态系统与自然生态系统的区别

矿区生态系统是一个人为改变了结构的生态系统，其物质循环和部分能量转换受人类活动影响较大，它既具有一般自然生态系统的特征，即生物群落和周围环境的相互关系，以及物质循环、能量流动和自我调节的能力，但它同时又受社会生产力、生产关系以及与之相联系的上层建筑所制约，使得自我调节能力变得很弱，而与一般自然生态系统有所不同。

矿区生态系统改变了自然生态系统的属性。矿区生态系统环境主要部分变成了人工环境，矿山为了生产、生活等需要，在自然环境的基础上，建造了大量的建筑物、交通、通信等设施。因此，矿区生态系统的生态环境，除具有阳光、空气、水、土地、地形地貌、地质、气候等自然条件以外，还大量地加进了人工环境的成分。在矿区高强度的经济生产活动，大大地改变了原来的自然生态系统的组成、结构和特征，大量的物质、能量在矿区生态系统中的输入、输出、排废都大大超过了原来的自然生态系统，剧烈的人类活动不仅改变了自然环境，而且也在不断地破坏自然生态系统。由于矿区的自然环境条件很大程度上受到人工环境因素和人的活动的影响，使得矿区生态系统的环境显得更加复杂和多样化。

矿区生态系统是一个开放的、不稳定的和依赖性很强的非自律系统。处于良性循环的自然生态系统，其形态结构和营养结构比较协调，只要输入太阳能，依靠系统内部的物质循环、能量交换和信息传递，就可以维持各种生物的生存，并能保持生物生存环境的良好质量，使生态系统能够持续发展（称为自律系统）。而矿区生态系统则不同，一方面维持矿区生态系统所需要的物质和能量需要从系统外的其他生态系统输入；另一方面矿区生态系统所产生的各种废物，也不能靠矿区生态系统的分解者将有机体完全分解，而要靠人类通过各种环境保护措施加以分解，所以矿区生态系统是一个开放的、不稳定的和依赖性很强的非自律生态系统。矿区生态系统恢复重建研究特殊性主要在于矿山开采周期长，短则十几年，长则几十年甚至上百年，尤其是大中型矿山；加之生物气候带、地貌类型、土壤类型、植被类型、开采工艺、复垦工艺、复垦目标和标准的差异性，有的科学问题在中小尺度已找到答案，但大尺度下的科学问题亟待回答，如矿产资源开发后，受损后的黄淮海平原矿区生态系统结构与功能如何优化，受损后的草原矿区生态系统能否恢复成草原，受损后的黄土高原是否需要恢复成沟壑纵横的原地貌，沙漠戈壁矿区可否维持平衡，青藏高原矿区生态恢复重建如何适应极端高寒，等等。

（3）系统论指导下的矿区生态保护

党的十八大以来，以习近平同志为核心的党中央提出了关于生态文明建设的一系列新理念、新要求。在生态文明理念方面，明确提出要树立尊重自然、顺应自然、保护自然的理念，树立"绿水青山就是金山银山"的理念，树立自然价值和自然资本的理念，树立空间均衡的理念，树立"山水林田湖草"是一个生命共同体的系统理念。矿区生态恢复的目标主要是生态系统功能的恢复。因此需要了解目前矿区生态系统的整体性规律，以保护环境为前提，自然恢复为主要，统筹人类活动，以达到合理构建矿区生态系统结构的目的。

矿区生态重建过程中的生态系统演变分三个阶段、四个类型。由原脆弱生态演变为极度退化生态为第Ⅰ阶段，即矿区生态系统破损阶段；由极度退化生态演变为重建生态雏形为第Ⅱ阶段，即矿区生态系统雏形建立阶段；由重建生态雏形演变为重建生态相对稳定型为第Ⅲ阶段，即矿区生态系统动态平衡阶段（图2-3）。"三大效益"配置在不同阶段效果迥然不同。第Ⅰ阶段为效益完全丧失阶段，并会产生较大的负效益。第Ⅱ阶段为结构与功能骨架恢复与调整阶段，其主要工程技术是重塑地貌、重构土壤、重建植被，目的是保水、保土、防风固沙、提高肥力、改善生境。产生的效益以生态效益为主；此阶段的社会效益仅体现在减轻自然灾害方面，如保护新造土地不发生地质灾害、沟蚀、石化与沙化，减轻矿区及下游洪涝灾害与泥沙危害等；此阶段也可获得少量的经济效益。进入第Ⅲ阶段后，因保水、保土效益和生态效益较好，矿区生态系统已具备生产性功能的基本条件，即可考虑以经济效益为主导。同时，此阶段的社会效益不仅体现在减轻自然灾害上，而且已上升到可促进社会进步上，如改善农业基础设施，提高土地生产率，失业农民及剩余劳动力有用武之地，提高劳动利用率，调整土地利用结构和农村生产结构，适应市场经济，提高环境容量，缓解人地矛盾，促进脱贫致富奔小康等。此阶段才可能是矿区经济效益、生态效益和社会效益高度统一阶段。

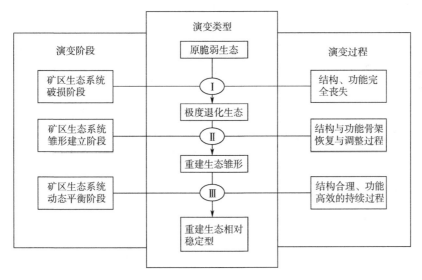

图2-3　生态系统的状态与演变

（4）矿山公园建设及景观恢复

景观是一种地表现象，景观生态学是以整个景观为对象，通过在地球表层的传输和交换物质流、能量流、信息流与价值流，运用生态系统原理研究景观结构及其动态变化，并分析其中的相互作用机理和景观的美化格局，从而实现环境合理利用和保护。景观生态学主要强调人与自然环境的直接联系。由于我国存在大量的采矿区，矿区环境在采矿这种大尺度的活动干扰下，景观结构发生了强烈的变化。采矿地原生植被被破坏，土壤理化性质被改变，原本适合动物、植物、微生物生存繁衍的土壤变成不适合原生态系统的生土，甚至毒土；原本有利于景观流动的各种廊道被截断，形成新格局障碍；景观结构异质化，形成各种斑块，各斑块间的空间隔离度增大，连接度减小，形成了破碎化景观。近些年来，景观生态学已经在全国矿区环境治理中得到了广泛的运用。

在对矿区的地质环境进行治理、对采矿沉陷区的景观进行生态规划时，其主要目的在于恢复沉降废弃地的利用，提高该地区的生产力，从而恢复生态系统的平衡性，并促进其稳定发展。同时，将景观生态学应用到矿区地质环境的治理中，还能够使以往地质结构遭受破坏的区域与周边的景观格局相协调，实现区域生态的完整性与统一性。基于上述情况，应用景观生态学治理矿区地质环境时，需要遵循以下几项原则：①整体化原则。在应用景观生态学治理矿区地质环境时，遵循整体化原则主要是指对将要打造的景观要与周边的景观格局进行全面的考虑，将二者融为一体，站在整体上进行管理，并对规划区域内的景观与当地未来的整体发展做出整体考虑。②异质性原则。异质性是将景观生态学应用到矿山地质环境治理当中应该遵循的主要原则，同时该原则也是景观的重要属性，本质内容就是在生态景观设计的过程中要因地制宜。③多样性原则。在对矿山地质环境进行治理的过程中，不同类型的景观要素或者生态系统构成的景观，在时间动态、功能机制以及空间结构等方面的差异被称为多样性。这种特性能够有效地丰富景观，增加生物的多样性，从而使生态系统的结构与功能稳 定性得到有效提升。

基于以上理论，为促进矿山环境治理和生态恢复，研究者们提出了通过景观手法来解决废弃矿山治理的新思路，矿山公园应运而生，废弃矿山的恢复治理进入了一个新的发展阶段。矿山公园是以供公众游览观赏、进行科学考察与科学知识普及的特定空间地域。其融自然景观与人文景观于一体，采用生态恢复和文化重现等手段，达到生态效益、经济效益和社会效益的有机统一。建设矿山公园是实现矿山废弃地生态恢复的重要手段，对维护生态系统、保护环境都具有重要意义。神东矿区是矿山公园建设的践行者，其建设理念符合习近平生态文明思想，在一定程度上推进了我国西部矿区的生态环境治理，是习近平生态文明思想的先驱者。

2.2 恢复生态学理论

2.2.1 与退化原因有关的理论——干扰控制理论

当生态系统的结构被迫发生变化时，必然会对生态系统的功能造成影响。生态系统结构和功能的改变可能导致生态系统的退化。导致生态系统结构和功能改变的因素有很多，统称为干扰。生态系统的干扰可分为自然干扰和人为干扰两大类。有些自然干扰属于生态系统的内在机制，对生态系统的正常高效运行起着必不可少的作用。还有一些自然干扰和大多数人为干扰一样对生态系统来说是不必要的，可能会制约生态系统的发展。生态系统的退化程度与人为干扰的时间、强度和频率有关。当干扰停止后，生态系统有自我恢复的能力，但其恢复程度受干扰时间长短和干扰强度的影响。减少外界干扰的产生或者改变人为干扰的机制，有利于退化生态系统的恢复。

干扰是自然界中普遍存在的现象。干扰对生命系统（包括个体、种群、群落和生态系统各个水平）的结构、平衡等有很强的塑造力，对生命系统及其所处环境都有非常重要的影响。干扰具有如下特征。

① 离散性和周期性。

由于干扰有突发性且在时间上不连续，因而干扰是离散性的。据统计，很多自然干扰因子的发生具有一定的周期性，例如台风、虫害等发生的频率。干扰的这一性质将生态系统的演替过程分为干扰阶段和非干扰阶段。一个生态系统可能有若干个干扰阶段和非干扰阶段。

② 异源性和相关性。

对生态系统产生干扰的动力来源是多样化的，即干扰的异源性。不同干扰源之间存在时序上或成因上的相关，例如林木的风倒因子与虫害干扰因子是时序上的相关，土壤营养缺乏干扰因子与水土流失干扰因子是完全成因上的相关等。通常情况下，对生态系统的干扰是多种干扰因子共同作用的结果，因而干扰的性质和强度与各个干扰因子本身的性质和干扰强度有关。

③ 非一致性与层次性。

性质和强度均相同的同一干扰对不同区域环境中的同一类型生态系统有不同程度的干扰。有时候会出现同一性质物理强度小的干扰对另一地区的同一生态系统有更强的干扰。这种干扰性质与干扰强度的非一致性是由环境空间和生态系统之间的异质性决定的。同一性质和强度的干扰对不同发展水平的生命系统有不同程度的干扰；同一性质而物理强度不同的干扰对同一生命系统干扰程度不同，这表明干扰具有层次性。

2.2.2　与退化程度有关的理论——阈值理论

Hobbs 和 Norton（1996）提出，对大多数生态系统来说都具有若干不同的状态，并可能存在恢复阈值。在没有人为干预的情况下，退化生态系统很难越过该阈值而恢复到先前的轻度退化状态。如图2-4所示，假设生态系统存在4种状态，状态1是原始状态，状态2和状态3是轻度退化状态，状态4是高度退化状态。在同种干扰的不同强度干扰下或不同种同等强度的干扰下，生态系统可以由状态1退化到状态2或状态3；当停止干扰时，生态系统又可从状态2或状态3恢复到状态1。但是当生态系统从状态2或者状态3退化到状态4时，此时的生态系统已经越过了一个临界阈值，生态系统已经不能通过自我调节恢复到轻度退化的状态，这时只有人为投入大量资金和技术，才能迫使生态系统向原始的状态进行演替。

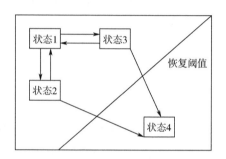

图 2-4　生态系统的状态与生态恢复阈值

例如，采矿导致了原脆弱生态系统变为极度退化生态系统，如果不及时整治，在现有的技术经济条件下，将变为不可逆转的生态系统。这是由于矿区生态系统退化演化除部分为渐变型退化外，大多为突变型或跃变型退化。渐变型退化是矿区在生态系统受干扰因素的影响超过生态系统的抵抗力时发生的退化，其作用是渐进的、隐匿的、平稳的，如井工开采引发的轻度塌陷区及矿区周边受影响的土地、石油天然气（含油气田）管线建设影响的土地等。而井工开采引发的中度和重度塌陷区，露天开采引发的土地挖损、压占以及形成矿坑，排土（岩）场、赤泥堆等大型松散堆积体发生崩塌、滑坡、泥石流等，由于人为干扰的频率和强度过度强烈，使生态系统退化在短时间内推演到更严重的阶段，属于突变型或跃变型退化。矿区生态系统的恢复重建大多在极端条件下进行，前期需要人工支持诱导。经过长期的实践证明，如果及时恢复重建，矿区生态系统可恢复到原来的结构与功能，如西部的大部分荒漠戈壁矿区；也可重建一个比原生态系统结构更合理、功能更高效的生态系统，如大部分的黄土高原矿区、黄淮海平原矿区；但恢复不到原生态系统结构与功能的也有，如大部分的内蒙古草原矿区、青藏高原矿区以及金属矿开采矿区。

Whisenant（1999）进一步指出，可能存在两种类型恢复阈值，即由生物因素形成的恢复阈值和由非生物因素引起的非生物恢复阈值（图2-5）。若生物因素导致了生态系统的退化，例如放牧引起草场植物成分的改变，则需要通过采取生物措施恢复草地生态系统，例如新引入消失的植物或转移草场动物。另外，如果生态系统的退化是由非生物因素引起的，例如土地沙漠化、环境污染等，则首先需要控制退化因子，同时改良土壤物化性质。

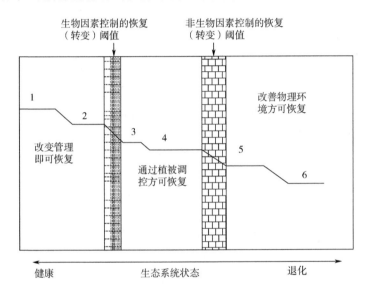

图2-5　生态系统退化中的两种阈值

例如，草地常常由于过度放牧而退化，若在草地退化较轻的情况下，则可以通过控制放牧，草地即可很快恢复；但当草地已被野草入侵并且土壤理化性质已经改变时，控制放牧已不能使草地恢复，而需要投入更多的人力、物力改造草地生态系统的物种组分和土壤的理化性质。同样，在亚热带区域，顶级植被常绿阔叶林在干扰下会逐渐退化为落叶阔叶林、针阔叶混交林、针叶林和灌草丛，每一种状态之间的转变就相当于越过一个阈值，每越过一个阈值，恢复投入就更大。

退化生态系统恢复的可能发展方向包括退化前状态、持续退化、保持原状、恢复到一定状态后退化、恢复到介于退化与人们可接受状态间的替代状态或恢复到理想状态（图2-6）。然而，也有人指出，退化生态系统并不总是沿着一个方向恢复，也可能是在几个方向之间进行转换并达到复合稳定状态。因此，对于不同退化状态的生态系统，采用的恢复方法和手段是不同的；此外恢复目标所希望达到的恢复状态不同，恢复的方法和手段也不相同。

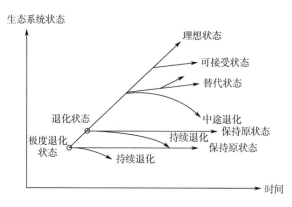

图 2-6 退化生态系统恢复的方向

矿区生态系统恢复与重建目标的设定是：应结合生态文明建设和资源型城镇转型发展面临的形势与任务，从矿产基地、市域（若干矿山组成的矿区）和矿山（独立的矿山）不同角度，对矿产资源开发集中区生态安全进行定量研究，提出保障矿产资源开发集中区生态安全"宏观上指导、中观上控制、微观上操作"三位一体的关键技术。其过程管控应遵循"山、水、林、田、湖、草、沙"生命共同体的理念，从土地资源、水资源、生物资源、景观资源、人居环境损毁与复垦利用角度，揭示矿产资源开发集中区生态安全的规律，提出统筹解决矿区所在地居民的生产、生活、生态问题的控制对策。

2.2.3 与恢复途径有关的理论——自我设计与人为设计理论

自我设计与人为设计理论是唯一得到公认的从恢复生态学中产生的理论。自我设计理论认为，只要有足够的时间，随着时间的进程，退化生态系统将根据环境条件合理地组织自己并最终改变其组分。

生态系统通过自我组织、自我优化、自我调节、自我再生、自我繁殖和自我设计等一系列机制来维护系统相对稳定的结构、功能及状态，在自我稳定中达到可持续发展。自我组织设计是系统不借助外力自己形成具有充分组织性的有序结构，即生态系统通过反馈作用，依照最小消耗原理建立内部结构和生态过程，使之发展和进化的过程，在这个过程中，自然界扮演着工程师的角色。

人为设计理论认为，通过工程方法和人为重建可直接恢复退化生态系统，但恢复的类型是多样的。这一理论把物种的生活史作为植被恢复的重要因子，并认为通过调整物种生活史的方法就可以加快植被的恢复。

这两种理论的不同点在于：自我设计理论把恢复放在生态系统层次考虑，未考虑到缺乏种子库的情况，其恢复的只能是环境决定的群落；而设计理论把恢复放在个体或种群层次上考虑，恢复的可能是多种结果。另外，这两种理论均未考虑人类干扰在整个恢复过程中的重要作用。

在神东煤矿区进行土地损伤动态监测过程中，发现了与原有这些描述不同的"自修复"现象，即不依靠自然营力，而是在采煤驱动力的前提下，地表形变和裂缝等地表物理特征在开采过程中呈现先损伤后自动恢复的过程。在神东补连塔矿设置监测区，其煤层赋存条件呈现出浅埋深、厚煤层以及近水平等特点，属于典型的高强度、超大工作面开采范畴。在矿山的一个工作面上方布设地表移动观测站和地表环境损毁监测区域，在开采前、开采中和开采后进行定位动态观测，发现地表生态环境的损毁主要表现为地表变形和地表裂缝。在开采结束后，地表形成了下沉盆地，在盆地边缘存在不均匀陷变形和裂缝，但在盆地中部（即工作面上方）的沉陷变形和动态裂缝呈现了"自修复"现象：工作面上方地表的变形随着开采的不断推进而向前迁移，不均匀沉陷的地表逐渐恢复原有的地形；这些区域的动态地裂缝也自动闭合，这些裂缝自修复的周期约18天。这种自修复现象是采矿驱动力导致的地表损伤，同时也是采矿驱动力使其自动恢复的，是开采过程中产生的，符合开采沉陷学原理。

2.2.4　与自然有关的理论——基于自然的解决方案

基于自然的解决方案（nature based solution 或 NbS）是指对生态系统加以保护和修复，并对其进行可持续管理，从而使生态系统造福人类的行动。这些行动可能会减缓气候变化、推动经济发展、提高粮食安全、改善人类健康状况或增强人类抵御自然灾害的能力。

"基于自然的解决方案"是指保护、可持续管理和恢复自然的和经改变的生态系统的行动，有效和适应性地应对社会挑战，同时提供人类福祉和生物多样性效益。2020年，IUCN 正式发布了标准和指南，提出了基于自然的解决方案8大准则及28项指标。

准则1：NbS 应有效应对社会挑战；准则2：要求应根据尺度设计 NbS，从关键的空间因素进行考虑，也就是通常所说以景观方法来指导 NbS 的设计；准则 3：NbS 应带来生物多样性净增长和生态系统完整性；准则 4：NbS 应具有经济可行性；准则 5：NbS 应基于包容、透明和赋权的治理过程；准则 6：NbS 应在首要目标和其他多种效益阈之间公正地权衡；准则 7：NbS 应基于证据进行适应性管理；准则 8：NbS 应具可持续性，并在适当的辖区内主流化。

准则 1 强调明确解决方案，强调应对社会挑战的重要性。该准则的目的是确保在改善人类福祉需求方面有深思熟虑和针对性设计。准则 2 指导 NbS 根据问题挑战的尺度进行规划设计。准则 3、4、5 分别对应可持续发展的三个关键方面：环境可持续性、社会公平和经济可行性。准则 6 讨论了在大多数自然资源管理决策中对权衡进行引导和平衡的实际问题，包括协调长期和短期需求。强调在进行权衡时，所有受影响的利益相关方都要充分透明、披露信息和达成共识。准则 7 介绍了适应性管理方法，通过学习和行动相辅相成，标准的使用者可以发展和改进解决方案。准则 8 强调要将 NbS 纳入国家政策，促进其主流化，对 NbS 的长期可持续发展及延续至关重要。可以通过与政策结合、纳入国家与国际承诺以及分享经验教训、为其他解决方案提供案例等方法推动其主流化。

这些理念及准则在《山水林田湖草生态保护修复工程指南》中得到了充分应用，为提高山水林田湖草生态保护修复工程的整体性、系统性、科学性和可操作性，避免过往工程中不同程度地存在问题诊断不清晰、项目布局零散随机、修复手段单一化、干扰措施过度化等现象，提供了解决路径。

神东矿区深刻贯彻生态适应理念，坚持做到适度开采、适度保护、适度修复，尤其是不要进行过度修复。神东集团正确处理了自然恢复与人工修复的关系。坚持以自然恢复为主，不是放弃人工修复，更不是不管不顾的"无为而治"。不能把"以自然恢复为主"简单理解为不需要人工干预，放任自流，完全顺其自然，甚至将自然恢复与人工修复对立起来，非此即彼。神东集团深知，生态修复的目的在于通过协助已退化、损害或破坏的自然生态系统获得改善、恢复或重建，进而增强其自我调节、自我修复功能，维护生态平衡。对于已经受损或破坏的生态系统，由于其原有的生态平衡已被打破，单独依靠自然恢复很可能无法逆转已受损的生态系统，或逆转周期长，必须借助适度的人工修复措施。通过人工修复的辅助，可快速制止损害、逆转损害，为自然恢复创造条件和环境，加速修复进程，提升修复效能。

2.3 生态节约及循环经济理论

2.3.1 生态节约理论

党的十八大报告明确提出，推进生态文明建设，要坚持节约优先、保护优先、自然恢复为主的方针。这一方针充分体现了生态文明建设规律的内在要求，准确反映了我国生态文明建设面临的突出矛盾和问题的客观现实，明确指出了推进生态文明建设的着力方向，为建设生态文明提供了重要指导。

生态节约包括节约利用生态资源。生态资源是一个很大的概念，森林、草地、农田等各种类型的生态系统都归入生态资源，生态资源提供各种生态服务，为社会经济发展以及人类生存提供最基本的保障。生态资源主要分布在农村，但城市里面也有。在世界范围内，少数国家攫取世界生态资源实现自身发展的传统发展模式已经无法支撑世界数十亿人口走向工业化和城市化的历史进程。

中国人口众多，大部分地区自然环境先天脆弱，加上经济快速发展以及发展方式粗放，生态资源退化和环境污染加剧现象非常严重，生态对中国经济社会发展的制约已经非常明显。中国未来的发展，无论是反映空间组合的区域发展，还是同区域在不同时期的发展战略都需要考虑走经济生态化和生态经济化相结合的道路，即在我国经济发展水平较高而生态资源稀缺的区域推进经济生态化，在生态资源丰富而经济发展水平较低的欠发达地区推进生态经济化，更好的节约生态资源。

自开发建设以来，神东集团秉持"节约优先、保护优先、自然恢复为主"的生态节约理念，形成了节约资源和保护环境的空间格局、产业结构、生产方式、生活方式，还自然以宁静、和谐、美丽。神东矿区深入研究了矿井水生态灌溉与湿地建设技术、"零水泥"柔性防护技术、生态监测技术等一系列专项技术，有针对性地解决了生态建设的难点与重点；在研究总结沙棘、野樱桃等生态经济林栽培技术的基础上，探索研究了蛋白桑、果树等新的经济树种，并研究了"茶园式"造林技术和产业化经营技术。

在产业发展、增值增效的同时，神东矿区始终坚持"生产与生态并重、开发与治理同步"的原则，建成了环保型矿井与生态型矿区，创新清洁生产、环境保护、生态建设、节能减排技术，努力建设世界一流的环境友好型、资源节约型现代化煤炭生产基地，为区域人民创造良好的生产生活环境。

2.3.2　循环经济理论

循环经济是一种与环境友好的经济发展模式，它是在可持续发展的思想指导下，按照清洁生产的方式，对能源及其废弃物实行综合利用的经济活动过程。循环经济亦称"资源循环型经济"，所有的物质和能源均能在这个不断进行的经济循环中得到合理和持久的利用，以把经济活动对自然环境的影响降低到尽可能小的程度。

循环经济"减量化、再利用、再循环"——"3R"原则的重要性不是并列的，它们的排列是有科学顺序的。减量化属于输入端，旨在减少进入生产和消费流程的物质量；再利用属于过程，旨在延长产品和服务的时间；再循环属于输出端，旨在把废弃物再次资源化以减少最终处理量。处理废物的优先顺序是：避免产生—循环利用—最终处置。我国自 20 世纪 90 年代开始探索发展循环经济，取得了显著的资源环境效益和社会效益，推动了产业绿色转型，促进了生态文明建设。持续推动循环经济发展，既是顺应国际绿色发展潮流的必然趋势，也是我国推动绿色转型的客观要求。应以提高资源利用效率为核心，完善循环经济政策体系，加强循环经济关键技术研发，调动多方力量参与，构建发展循环经济的长效机制。

煤矸石与矿井水的综合利用就是生态循环理论的应用之一。对含碳量高的煤矸石，即含碳量≥20%，可以直接用作流化床锅炉的燃料，也可用煤矸石发电。煤矸石发电不仅解决了煤矸石堆放所带来的环境问题，而且可以缓解我国能源紧张的局面。除此之外，煤矸石还可用来生产水泥、陶粒轻骨料等建材。而矿井水也具有一定的经济效益、社会价值和环境价值，若是矿井水达到了农业用水的标准，可以将矿井水用于周边农田的灌溉，有效地发挥出了矿井水资源的利用价值，合理地降低了农业生产的成本。在矿井水资源开发之后，工业用水和农业用水得到了很好的调节，这在一定程度上改善了矿区的整体生态环境，促进了矿区人民生活质量的提高，对社会稳定和经济发展作出了突出的贡献。

2.4　生态协同理念

协同论主要研究远离平衡态的开放系统在与外界有物质或能量交换的情况下，如何通过自己内部协同作用，自发地出现时间、空间和功能上的有序结构。协同论以现代科学的最新成果——系统论、信息论、控制论、突变论等为基础，吸取了结构耗散理论的大量营养，采用统计学和动力学相结合的方法，通过对不同领域的分析，提出了多维相空间理论，建立了一整套的数学模型和处理方案，在微观到宏观的过渡上，描述了各种系统和现象中从无序到有序转变的共同规律。

客观世界存在着各种各样的系统：社会的或自然界的，有生命或无生命的，宏观的或微观的等。这些看起来完全不同的系统，却都具有深刻的相似性。协同论则是在研究事物从旧结构转变为新结构的机理的共同规律上形成和发展的，它的主要特点是通过类比对从无序到有序的现象建立了一整套数学模型和处理方案，并推广到广泛的领域。它基于"很多子系统的合作受相同原理支配而与子系统特性无关"的原理，设想在跨学科领域内，考察其类似性以探求其规律。

协同理念是指系统内各个要素所能寻求到的各种共同努力的效果，也就是"1+1>2"的效果，使得各种分散的作用在联合中的总效果优于单独的效果之和。生态环境协同治理的过程，是一个人与自然和谐的良性互动过程，要求人类的活动维持在自然可承载的范围之内。环境协同论认为解决矛盾的基本方式是协合，它倡导一种整体论的思维方式。它强调以整体性思维处理人与自然的关系。环境协同论把世界看成一个相互联系、相互依存、相互作用的整体，整体对于部分来说有更高的价值，这就要求人类转变自己传统的思想意识和思维方式，从整体论出发处理人与自然的关系。以整体论的思维方式看待人与自然的关系，才能最终推进人类生态文明建设的进程。

2.4.1　煤炭开采与环境保护协同

环境容量有限，环境污染给社会经济造成了巨大损失，在某些情况下这种损失不可逆转。我国的环境形势非常严峻，如果不做好环境保护工作，那么我国社会事业的发展将受到阻挠。我国生态文明建设仍落后于经济发展，生态环境保护与经济发展不平衡是我国当前社会发展的主要矛盾之一，协调好这一矛盾是我国当前社会的工作重点。我国的传统经济增长方式，比如矿业、农业是我国环境污染的根源。因此做好能源开采和环境保护的协同工作是十分必要的。

2.4.2　废弃物与资源利用协同

矿山废弃物是在矿山挖掘和开采过程中产生的一切没有经济价值的非目标金属或矿物的所有物质。矿山废弃物包括露天矿场表土、采矿过程中产生的废石以及煤矿洗选过程中产生的尾矿或废渣。在国有重点煤矿区每年都有大量固体废弃物排放和堆积，其组成成分和化学性质十分复杂，难以处理和利用，因而成为矿区环境保护和生态建设的一大问题。矿山固体废弃物的大量排放带来了一系列环境、安全和社会问题，这既不利于我国煤炭产业的发展，又阻碍了我国社会经济的进步。

（1）矿井水资源化利用的途径

矿井水是煤炭开采过程中向地面排出的液体废弃物。为确保煤矿井下安全生产，必须及时排出大量的矿井涌水。由于它含有大量的煤泥、硫化物、石油类、COD 等污染物，直接外排会污染周边环境，还要缴纳水资源费和排污费，因此矿井水处理回用是煤矿急需解决的问题。我国煤矿矿井水中普遍含有以煤粉和岩粉为主的悬浮物以及可溶性无机盐类，有机物含量很少，一般不含有毒物质，矿井水水质较好，为矿井水回收再利用提供了可能。目前，国内对矿井水的处理多采用混凝、沉淀、过滤、除盐、消毒的工艺。未来矿井水的综合利用方向可能涉及井下消防、工厂抑尘洒水、洗煤补水、电厂生产用水、设备冷却水、绿化用水、储煤场用水、矸石山灭火用水等。

（2）煤矸石资源化利用的途径

煤矸石是在煤炭开采和加工过程中排出的废弃物。主要产生于巷道挖掘、露天开采剥离和煤炭洗选过程中。煤矸石大量堆放不仅占用土地资源，而且由于煤矸石的自燃特性，长时间堆放可能导致空气和水体污染。对煤矸石资源化利用不仅可以减少矿区环境污染、减少占地面积，而且可以变废为宝，符合煤矿区清洁生产和循环经济的理念。煤矸石的资源化利用包含以下几个方面：①煤矸石在循环流化床锅炉里燃烧产生的热量既可用于发电，又可以用于采暖供热。燃烧后的灰渣具有较高活性，是良好的建筑材料；②煤矸石可用来制砖、水泥等建筑材料；③使用煤矸石和玻璃粉为主要原料，添加适量发泡剂和稳定剂可制成泡沫玻璃，泡沫玻璃具有吸声、质轻、不易老化、方便加工等优点；④煤矸石还可复垦回填或做土壤改良剂；⑤目前国内多用煤矸石做路基或地基。

2.4.3　环保效益与经济效益协同

在资源有限的前提下，人类生存环境的保护与经济发展之间至少在短期存在着矛盾。人类必须对如何在经济发展与环境保护之间分配资源的问题作出取舍。在其中任何一方面增加资源的投入，在短期内必然会减少另一方面资源的投入。对资金短缺的发展中国家，这一矛盾尤其尖锐。但是从长期看，环境保护与经济发展并不一定是矛盾的。环境的改善能有助于经济的发展，而经济的发展则能为环境保护提供资金和技术支持。

从客观上来分析，经济发展和环境保护的关系是彼此依托、互相推动的。一方面，21 世纪提倡可持续的经济发展，其最大的特点就是将环境作为经济成本的一个部分，因而环境保护成为了降低成本、提高经济效益的途径。经济发展速度的持续性和稳定性，依赖于自然资源的丰富程度和持续生产能力，因而保护和改善环境提供了经济稳定持续发展的物质基础和条件。另一方面，今天所说的环境保护，不只是单纯的保护，或者是消极的防治，而是在保护的前提下，对环境进行治理，并开发和利用。要求人类倒退文明来保护自然的原始是荒谬可笑的。发展经济必须保护环境是发展经济的本质要求。可持续发展理念的提出，为经济发展与环境保护提供了一种可行战略。经济、社会、资源和环境保护协同发展，它们是一个密不可分的系统，既要达到发展经济的目的，又要保护好人类赖以生存的大气、淡水、海洋、土地和森林等自然资源和环境，使子孙后代能够永续发展和安居乐业。

第 3 章 神东矿区生态保护模式

3.1 "三期三圈"生态防治模式

3.1.1 "三期三圈"生态防治模式的形成

随着国民经济的快速发展，以煤为主的能源结构决定了煤炭在国民经济中的重要地位和作用。我国东部煤炭资源已逐渐萎缩，开发西部优质煤炭资源是国家重大的能源战略，神东矿区作为国家能源战略西移的重点建设工程，是我国"八五"期间规划建设的大型煤炭生产基地。该矿区地处毛乌素沙地与黄土高原过渡地带，干旱缺水，地表植被退化严重，植被覆盖率仅为11%左右，生态环境十分脆弱，是国家水土流失重点监督区。

传统煤炭开采方式造成的矸石占用土地、污水排放、地下水流失及煤层自燃等一系列生态环境问题，严重影响着煤炭行业的健康发展。据统计，近50年来，全国累计排放煤矸石近45亿吨，目前每年仍以2.5亿吨的速度在增加，既大量占用土地，又严重污染环境；每年全国煤矿的工业废水排放量约34亿吨，利用率仅为26%左右；全国已查明煤层自燃面积约720km²，每年损失煤炭1000万吨以上。

神东将要在脆弱生态环境地区建成亿吨煤炭生产基地，如果继续沿用传统开采方式，每年将会产生矸石2000万吨、污水5000万吨和大量的粉尘，同时神东矿区的浅埋煤层极易造成大面积自燃，不但损失大量煤炭资源，而且给区域环境带来极大的危害。

因此，神东公司结合自身生产建设与区域自然环境特点，创新了"三期三圈"水土保持生态防治理念、模式与配套技术。从时间、空间两个维度来防治水土流失，做到了主动防治、系统防治，解决了神东矿区大规模开发与水土流失的突出矛盾。神东公司在"产环保煤炭，建生态矿区"理念的指导下，致力探路打造治理沉陷区的"样板"，从"三期"治理入手，创新了"三圈"治理的模式，矿区生态环境得到显著改善。"三期"是指采前防治期、采中控制期和采后营造期，"三圈"是指由外向内依次构建外围防护圈、周边常绿圈、中心美化圈。

3.1.2　"三期三圈"生态防治模式的组成和结构

随着时代的进步，煤炭开采理念发生了一系列变化，由最初的开采后治理，到后续的边开采边治理，再到未开采先治理，体现了煤炭企业先进的环保思想以及对环境的重视程度。"三期三圈"生态防治模式是神东的一大创新成果，该模式从时间角度和水平空间角度（图3-1，图3-2）对矿区实施水土保持新技术，即以控制外围风沙为前提、内外围结合治理、促进矿区整体生态环境恢复和改善的思路，将矿区生态环境建设布局划分为"三期三圈"进行大范围治理，在荒漠化地区建成了一片绿洲。这也贯彻了神东生态保护理念中的生态协同理念。

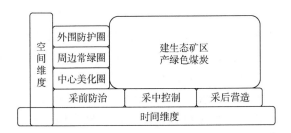

图 3-1　"三期三圈"生态防治模式二维概念图

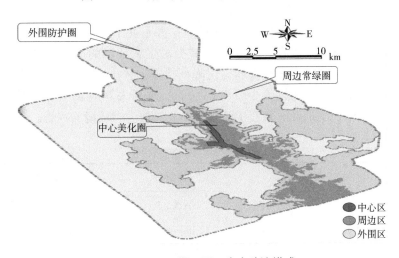

图 3-2　"三期三圈"生态防治模式

（1）"三期"生态防治模式

神东结合生产影响与自然生态特征，创新"三期"防治理念——"先治后采""以大治小"的主动型治理理念。在采前大面积高标准治理，增强区域水保功能，使生态环境具有一定的抗开采扰动能力；在采中创新井下绿色开采技术，最大限度减少对生态环境的影响；在采后构建持续稳定的生态系统，实现生态资源永续利用。

① 采前防治期。

在对矿区进行煤炭资源开采前，该地区原本的生态环境十分脆弱，是国家水土流失重点监督区。通过实施防风固沙、水土保持等措施不断增强地表生态系统功能，在采前进行大面积高标准治理，提高生态系统的抗开采扰动能力，避免大规模开采导致生态退化，对矿区建设发展构成威胁，为接下来矿区生态系统的服务功能健全并稳定增强打下了坚实的基础。矿区开采时的扰动面积是 $140km^2$，生态治理面积却达到了 $245km^2$，实现了"以大治小"的理念。通过采前大面积风沙与水土流失治理，系统构建区域生态环境功能，增强抗开采扰动能力。

采前的防治期主要是控制性治理流动沙地。沙地是指表层为沙覆盖、基本无植被的土地，不包括滩涂中的沙地。按照植被覆盖度和沙地（沙丘）形态的差异，地理学上的沙地又可分为流动沙地（植被盖度小于10%）、半固定沙地（植被盖度为10%~29%）、固定沙地（植被盖度大于30%）。其中，固定沙地和半固定沙地的植被盖度大于10%，土地利用调查可能被调绘为草地或林地。

② 采中控制期。

通过采取井下超大工作面整体沉降、矿井水井下存储净化利用、井下煤矸石置换等绿色开采技术，最大限度减少对生态环境的影响，从源头防控"三废"的产生，实现地表整体均匀沉降少破碎、矿井水井下存储净化利用少外排、煤矸石井下填充置换少升井，从而实现开采对地表生态影响最小化（表3-1）。采中控制期及时修复了开采对地表局部生态环境的损伤。

表 3-1　采中控制内容及方式

类别	源头减少	过程治理	末端利用
废水	保水开采，水库贮存	三级处理	三区循环，三类利用
废气	封尘采运，通风降尘	废气防治	乏风热源，瓦斯发电
废渣	煤矸置换，井下填充	矸石处置	制砖，发电

③ 采后营造期。

神东以"开采一次性煤炭资源，建设永续利用的生态资源"为目标，采后构建持续稳定的区域生态系统，实现生态资源持续利用（图3-3）。首先采取封育围护、人工促进自然恢复、微生物复垦等技术措施，全面修复开采对地表生态的影响；其次采取沉陷区生态功能优化等技术措施，大力营造沉陷区生态经济林，建设永续利用的地上生态资源宝库。目前已建成沙棘林、长柄扁桃（野樱桃）林及相应的微生物复垦提升经济林等3个生态经济林试验示范基地，形成了政府、企业、农民三方共赢的和谐局面，实现了沙漠增绿、企业增效、农民增收，推动区域社会经济的发展。

图 3-3　采后营造期

（2）"三圈"生态防治模式

根据生态功能圈构建理论，结合矿区生态环境脆弱与生产特点，将神东矿区划分为外围防护圈、周边常绿圈、中心美化圈3个生态功能圈，由大到小，由外到内，层层递进，层层保护，互为关联、依次增强、动态扩展，促进矿区整体生态环境的恢复与改善。

① 外围防护圈。

神东结合自身矿区外围大面积流动沙地的实际情况，大面积治理风沙危害，建设矿区绿色外套，形成"外围防护圈"，是第一层也是最基础的保障。它包括风沙治理、小流域及水源地治理、铁路公路风沙防治、排矸（土）场复垦、开采沉陷区治理工程、沉陷治理科研示范基地、采后生态经济林示范基地、地企义务植树基地和公益林建设等9大项工程，累计治理面积162.50km²，占整个生态圈总面积的77.38%。外围防护圈生态功能构建以植物措施为主，机械措施为辅，多手段、快速度、大范围相结合，对占矿区总面积79%的风沙区进行控制性治理，为整体生态功能的构建打下基础（图3-4，图3-5）。

图 3-4 巴图塔沙柳林基地建设初期
（2000 年）

图 3-5 巴图塔沙柳林基地完成
（2010 年）

② 周边常绿圈。

矿井周边生态常绿圈建设是指围绕矿井及其生活区周边丘陵山体水土保持常绿林，在外围防护圈与中心美化圈之间形成了一层重要生态屏障，其目的在于减轻丘陵山地水土流失、保障煤矿安全生产，同时发挥重要的优化矿区生态景观作用。主要包括大柳塔东山、西山和上湾 C 形湾 3 大项常绿林工程，累计面积 33.64km²，占整个生态圈总面积的 16.02%（图 3-6），对中心区起着重要的生态景观作用。周边常绿林建设采取工程措施和生物措施相结合的方法，开挖高标准水平沟和鱼鳞坑，栽植大规格常绿乔木与阔叶灌木混交林，配套污水灌溉系统，设置防火道路。

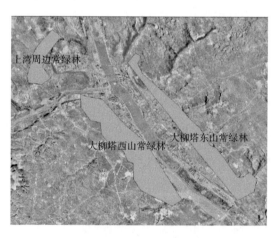

图 3-6 周边常绿圈位置图

③ 中心美化圈。

神东矿区中心美化圈是指矿井厂区与生活小区全面实行园林化建设。包括集中生活区公园与公共绿地（15 个）、集中生活区附属绿地与生态停车场、矿厂工业区园林化建设、景观道路与防护林建设、景观水体与中水灌溉等 5 大项工程，合计面积为 13.86km²，占整个生态圈总面积的 6.6%。

3.1.3 "三期三圈" 生态防治模式的创新性

（1）创新防治理念

神东矿区结合所在地自然生态环境特征，依据煤炭开采过程（采前、采中和采后）对生态环境的不同影响，从煤炭开采全生命周期出发，创新 "三期" 防治理念，在采前、采中和采后有针对性地采取不同的生态保护策略，实现生态资源永续利用。并构建了 "三圈" 防治结构，由外向内，渐次增强，动态扩展。"三期三圈" 生态保护模式分时空两个维度，时间维度 "三期" 为采前防治、采中控制、采后利用；空间维度 "三圈" 为外围防护圈、周边常绿圈、中心美化圈。从生态环境保护和污染防治角度，摒弃先生产后防治再修复的末端治理方式，在清洁生产基础上进一步外延和发展到采前、采中和采后的防治。

"末端治理" 概念起源于 20 世纪 60 年代，是 "先污染后治理" 模式的体现。它是指在工业生产末端，增建构筑物和采取相应的措施，对排放物进行处理，使之达到排放要求。通过工业废料的无害化处理，减轻环境污染，降低环境自净压力，从而实现人与环境和谐相处。斯德哥尔摩环境大会的召开也标志着 "末端治理" 进一步得到人们的认可，成为了人类环境保护道路上不可或缺的关键一步。与早期的 "稀释排放" 相比，"末端治理" 开始关注污染物的治理，这种观念的改变，也是人类从 "利用自然" "征服自然" 到 "顺应自然" "尊重自然" 的体现。由此，人类开始反思自己，逐渐意识到环境保护的重要性，进一步探索更多污染治理的新道路。

"清洁生产" 是指由一系列能满足可持续发展要求的清洁生产方案所组成的生产、管理、规划系统。是一种积极有效的理念，主要思想是将污染物消解在生产流程中。清洁生产的实施贯彻包括产品生命周期全过程控制和生产的全过程控制两个全过程控制。通过对生产工艺的优化，生产设备的改进，不需要额外的基建费用，节约了成本，使企业全方位受益。"清洁生产" 从根本上减少了污染物的排放量，使污染物的产生量、流失量、治理量达到最小，提高了原料的利用率，特别是对于某些不可再生资源的利用具有极为重要的意义。

神东矿区地处黄土高原丘陵沟壑区与毛乌素沙漠过渡地带，是黄河上中游风蚀沙化和水土流失最为严重的地区之一，生态环境十分脆弱。采煤造成地质环境和土地受损、土壤质量和肥力发生变化，生态环境受到损伤。系统治理大面积风沙与水土流失，系统构建区域生态环境功能，从而增强矿区抗开采扰动能力。将污染防治和生态修复工作提到开采工作之前是清洁生产理念的延伸。

在"三期三圈"生态防治建设的基础上，系统研究了矿山"山水林田湖草"生态模式与系列技术（图 3-7）。

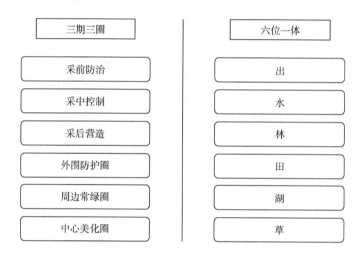

图 3-7 "三期三圈"与六位一体

（2）创新防治措施

不同时期所采用的措施不同，在不同的角度和方面进行生态防治是完整性思想指导下的理念（图 3-8）。

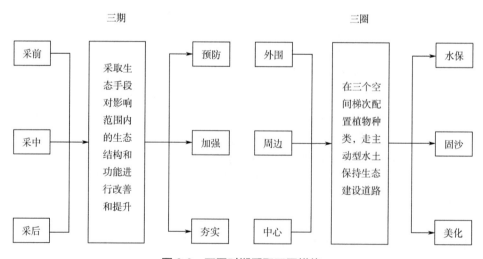

图 3-8 不同时期采取不同措施

（3）创新防治过程

研发了"先治理后开采、边治理边开采、治理后再开采"系列生态防治技术。神东矿区自然环境差，开采规模大，开采层数多，针对这三个特点研发了一套生态防治技术，主要包括。

① 先治后采技术。在开采之前，控制性治理流动沙地；在开采之中，及时修复了开采对地表局部生态环境的损伤。

② 治大采小技术。对矿区进行大范围水土保持治理，面积达到330km^2，提升了区域整体水保功能，有效控制了开采扰动对矿区生态环境的影响。

③ 采治互动技术。针对煤炭开采中矿井水、矸石、煤尘三大主要污染因素，通过采空区过滤净化技术、煤矸置换技术、煤炭采装运全环节封闭技术，结合地面生态修复，有效保护了地表生态环境。

④ 柔性防治技术。塌陷区柔性铺装试验示范——区域内广场铺设、湿地建设、道路等采用了当地石块或煤矸石砖进行干砌，防渗材料采用了土工防渗膜，塌陷影响后可短时间内进行修复，且修复成本低。

3.1.4　"三期三圈"生态防治模式的适用性和成效性

（1）适用性

神东五项生态资金保障机制的应用，形成了"以煤业促生态，以生态保煤业"的良性循环局面，解决了生态治理资金制约生态治理的矛盾（图 3-9）。

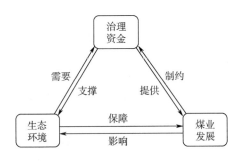

图 3-9　生态资金保障机制

神东创新资源环境要素协调理念，利用水、土地、植物的双重属性，将煤炭开采中的主要环境要素转变为资源要素，既解决了环境问题，又开拓了发展途径（图 3-10）。

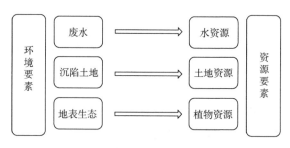

图 3-10　煤炭开采中的要素转换

神东集团不仅在煤炭开采上有着十分先进的技术与政策，同时还具备先进的环保意识。煤炭开采过程中出现的各类问题在"三期三圈"模式中已得到良好的解决，该模式有利于企业的良性发展，同时对生态起着重要保护作用。故"三期三圈"生态防治模式对其他煤炭开采地区的恢复和治理有借鉴意义。

（2）成效性

① 对开采产生的环境污染的抑制效果。

采前防治期。进行大范围高标准生态治理，完成防风固沙与水土保持治理 $103km^2$，公路、铁路、生产区、生活区风沙危害得以根本性控制，区域生态功能显著提升，将原生脆弱生态系统建成了具有抗开采扰动能力的生态系统。

采中控制期。创新井下绿色开采技术，从源头控制煤炭开采三大环境问题，实现了矸石不出井，矿井水井下净化存贮（分布式地下水库）利用，煤尘在生产过程中全封闭。最大程度减小开采对地表生态环境的影响，从根本上保护地表生态环境。

采后营造期。开采一次性煤炭资源，建设永续利用的生态资源。在生态治理基础上营造生态经济林，实现生态、经济、社会三大效益与政府、企业、农民三方共赢。

共营造沙棘生态经济林 $30km^2$，预期实现经济价值 1600 万元/年。其中与水利部沙棘开发管理中心合作，建成了大柳塔沉陷区沙棘生态经济林试验示范基地 $15km^2$，沙棘果和叶富含维生素、氨基酸、黄酮等 200 多种生化成分，有维生素 C 之王的美称，在医药、食品、保健等方面均有广阔利用前景，增加属地农民的收入。

与中国矿业大学（北京）合作在大柳塔矿沉陷区建设微生物复垦示范基地 $1km^2$。开展丛枝菌根真菌大规模野外扩繁和菌根机理研究，解决干旱、贫瘠、裂缝断根等制约沉陷区生态建设的关键技术难题。与陕西省水保局合作建设长柄扁桃（野樱桃）示范种植基地 $2km^2$。野樱桃根系特别发达，吸收水分、抓沙固土和适应能力强，存活期长达 100 多年，是防沙治沙、水土保持、生态环境建设的优势树种。回采"三期"治理体系如图 3-11 所示。

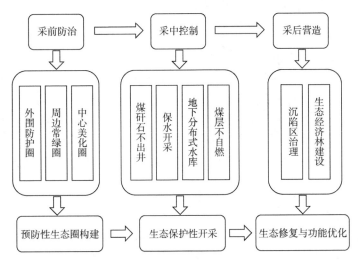

图 3-11　回采"三期"治理体系

② 生态环境质量提升。

外围防护圈。

针对矿区外围大面积的流动沙地，不断创新流动沙丘治理、半固定沙丘植被恢复和铁路、公路沙害防治技术，人工调控植被演替方向与速度，优化草本为主、草灌结合的林分结构，构建了矿区外围宽幅立体生态防护体系 224km²。

周边常绿圈。

针对矿井周边水土流失严重的裸露山地，优化水土保持整地技术，创新针阔与乔灌综合混交造林技术，建设了"两山一湾"周边常绿林与"两纵一网"生态长廊 20km²。既控制了山地水土流失，又营造了常绿景观。建成了连接外围防护圈与中心美化圈的主要生态林带与保护中心区的重要生态屏障。

中心美化圈。

中心美化圈建成后，形成森林化工业厂区、园林化工业厂区 12km²，生活小区绿地率达到 35%，绿化覆盖率为 39%，人均公共绿地超过 10m²，配合外围防护圈与周边常绿圈，形成"三圈"整体生态功能，营造了优美和谐的生产生活环境，形成了人才、环境、效益的良性互动，并多次被评为省、市、县文明示范小区，被国家环保总局命名为全国"绿色社区"（图 3-12～图 3-15）。

图 3-12　景观道路与防护林

图 3-13　集中生活区公园与公共绿地

图 3-14　园林化矿厂工业区

图 3-15　集中生活区附属绿地与生态停车场

河道治理及水景建设。乌兰木伦河纵贯矿区中部，区内流长约 75km，是黄河粗沙物质的重要来源区。河道治理及水景建设是神东矿区"三圈一水"生态治理模式的重要环节。"一水"治理工程有效利用废水资源，形成"一水"生态灌溉系统，主要包括：沿乌兰木伦河两岸修建混凝土防洪护堤 10km，栽植河道护岸林 $6.61km^2$，植树 36 万株；在大柳塔小区段建设橡胶坝，既治理河道、蓄水灌溉，又提供集游、赏、玩为一体的水景。

3.2　"五采五治"生态协同模式

3.2.1　"五采五治"生态协同模式的形成

神东矿区基于以"三期三圈"为主的生态环境防治技术体系的创新，在保护中开发、在开发中保护，构建了"先治后采、治大采小、采治协同、以治促采、以采促治"的"五采五治"主动型生态治理方式，深刻贯彻了生态协同理念。"五采五治"即生态保护理念的五个维度，时间维度"采后治先"，水平维度"采小治大"，垂直维度"采下治上"，资金维度"采黑治绿"，地企维度"采山治域"。

3.2.2　"五采五治"生态协同模式的组成和结构

"先治后采"即在采前进行大面积风沙与水土流失治理，系统构建区域生态环境功能，增强抗开采扰动能力；"治大采小"即对矿区进行大范围水土保持治理，面积达到 330km^2，提升了区域整体水保功能，有效控制了开采扰动对矿区生态环境的影响；"采治协同"即在采中进行全过程污染控制与资源化利用，全面保护地表生态环境，减少对生态环境的影响，及时修复了开采对地表局部生态环境的损伤；"以采促治"即在采后进行大规模土地复垦与经济林营造，永续利用水土生态资源，发挥生态环境效益；"以治促效"即在治理过程中充分考虑经济效益和生态效益，以获得更大的效益，促进矿区和谐发展（图3-16）。

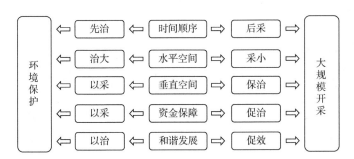

图 3-16　"五采五治"生态协同模式的组成和结构

3.2.3　"五采五治"生态协同模式的创新性

（1）创新防治理念

"五采五治"以协同理念为理论依据，创新地将煤炭开采过程与生态环境保护有效对应，实行一体化、多层次、多方位环境保护治理。彻底实现煤炭开采与生态环境保护同步进行，甚至生态保护先于开采而进行，有效提高了生态保护的效果和程度。

（2）创新防治措施

"五采五治"从时间、空间、水平、垂直等维度，多角度、多层次进行生态修复，以资金保障为基础，进行"先采后治、治大采小、采治协同、以治促采、以采促治"的综合治理措施，将煤炭开采和环境保护视为整体，相互协同，相互促进。

（3）创新防治过程

"五采五治"生态协同模式充分体现了环境保护先于煤炭生产，预防先行、保护贯穿生产全过程的防治方法，是全过程管理和治理的模式。

3.2.4 "五采五治"生态协同模式的适用性和成效性

（1）适用性

"先破坏后治理"的末端治理方式缺乏超前决策和设计，忽视开采源头主动减损，早已被证明不适用于生态环境保护。随着环境保护工作的推进，矿产开发模式将实现"谁开发、谁修复，边开采、边修复"。此外，现代煤炭开采向规模化、智能化、无人化转变，伴随着强扰动及条件的复杂多变，修复治理难度加大，研发适合黄河流域煤炭开采特征的关键治理技术迫在眉睫。"五采五治"的生态协同修复模式实现了煤炭开采和生态环境保护的有机结合，开辟了一种"边开采、边修复"的新模式，具有广泛的适用性。

（2）成效

① 先治后采。

时间角度：开采之前，控制性治理流动沙地 $103km^2$；开采之中，修复性治理开采对地表局部生态环境的影响（图3-17 和图3-18）。

图3-17　应用沙障网格固沙技术防治风沙 　图3-18　十年后外围风沙区沙柳生长效果
（2000 年）　　　　　　　　　　　　（2010 年）

② 治大采小。

水平空间角度：对矿区生态环境进行大范围防治，治理面积达到 $256km^2$，是开采面积的 1.5 倍，提升了区域整体生态功能，有效控制了开采扰动对矿区生态环境的影响（图3-19 和图3-20）。

图 3-19　大柳塔沉陷区生态建设初期
（2006 年）

图 3-20　大柳塔沉陷区生态建设效果
（2012 年）

③ 以采保治。

垂直空间角度：针对煤炭开采中矿井水、矸石、煤尘三大污染影响因素，通过采空区过滤净化、煤矸置换、煤炭采装运全环节封闭，结合生态修复，有效保护了地表生态环境（图 3-21）。

图 3-21　沉陷区裂缝人工封堵

④ 以治促采。

资金角度：开发建设之初，每开采一吨煤提取 0.45 元专门用于生态环境防治，在全国煤炭系统中率先建立了生态治理资金长效保障机制。通过积极缴纳补偿费、保证金，大力实施生态建设工程，形成了"以煤业发展促进生态治理，以生态治理保障煤业发展"的良性循环局面。

⑤ 以治促效。

发展角度：神东从 2006 年开始在生态治理的基础上，建设沙棘、野樱桃、文冠果三个生态经济林示范基地。2015 年以来，创新了茶园式造林模式，种植水利部推广大果沙棘 200 万穴，既为属地农民增加收入，又为创新沉陷区治理模式奠定了坚实基础，有力地推动了区域生态经济与社会协调发展（图3-22）。

图 3-22   沙棘人工采集

3.3   "山水林田湖草"生态发展模式

3.3.1   "山水林田湖草"生态发展模式的形成

长期以来，受高强度的国土开发建设、矿产资源开发利用等因素影响，我国生态历史遗留问题多、保护修复任务重，生态保护修复缺乏系统性、整体性，客观上存在各自为战的状况。当前，我国的环境形势依然十分严峻，各类污染事故频发，突发环境事件增加，生态灾害不断加剧，危害程度逐步加大，已严重影响群众健康和社会稳定。落实科学发展观，构建社会主义和谐社会，建立新型的人与自然关系，建设资源节约型、环境友好型社会在当前比任何时候都显得迫切和重要。

习近平总书记在关于《中共中央关于全面深化改革若干重大问题的决定》中指出，要认识到，山水林田湖是一个生命共同体，人的命脉在田，田的命脉在水，水的命脉在山，山的命脉在土，土的命脉在树。用途管制和生态修复必须遵循自然规律，如果种树的只管种树，治水的只管治水，护田的单纯护田，很容易顾此失彼，最终造成生态的系统性破坏。由一个部门负责领土范围内所有国土空间用途管制职责，对山水林田湖进行统一保护、统一修复是十分必要的。

党的十八大以来，以习近平同志为核心的党中央提出了关于生态文明建设的一系列新理念、新要求。在生态文明理念方面，明确提出要树立尊重自然、顺应自然、保护自然的理念，树立"绿水青山就是金山银山"的理念，树立自然价值和自然资本的理念，树立空间均衡的理念，树立"山水林田湖草"是一个生命共同体的系统理念。

神东秉承"产环保煤炭、建生态矿区"的理念，坚持开发与治理并重，不断创新治理技术与模式，累计投入生态环境治理资金41.5亿元，累计实施生态治理与建设面积330km^2，构建了山水林田湖草的生态空间结构，植被覆盖率由3%提高到64%以上，走出了一条主动型绿色发展之路。

3.3.2　"山水林田湖草"生态发展模式的组成和结构

在传统的空间内涵上，山水属于一个空间系统，林田草属于另一个空间系统，其指标均单独统计，但"山水林田湖草"是有机的自然生态系统。林田草空间互不交叠，但是共同依存于山水之上，与人类共同组成了一个有机、有序的"生命共同体"。

中国40余年的高速城市化和经济发展持续加剧了生态系统的退化，距离生态文明建设的"生态安全、环境友好、资源永续"的要求还有很大差距。中国的生态环境高度敏感区占到国土面积的40.6%，生态环境脆弱区占国土面积的60%以上，荒漠化总面积约占国土面积的27%，人均森林覆盖率只占世界人均的1/4，导致生态服务功能严重不足，优质生态产品匮乏。山水林田湖草系统治理不仅有助于恢复和提升自然资本，而且能够改善人居环境和社会福祉，为生态文明建设夯实物质基础。

神东矿区在生态环境治理过程中，始终坚持"一张蓝图绘到底"的原则，在系统规划和布局中，统筹分析大区域范围内山水林田湖草各要素的关系，依据当地地形、气候、水文、植被状态等条件，以系统理论为指导，从整体出发，有机设置山水林田湖草相互之间的关系和协同处理模式（图3-23）。

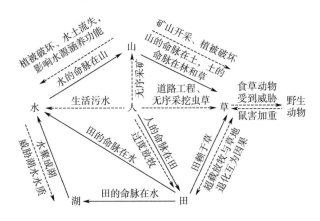

图 3-23　山水林田湖草关系及相互影响示意图

61

3.3.3 "山水林田湖草"生态发展模式的创新性

（1）丰富生态发展理论

根据山水林田湖草生命共同体理论（图 3-24），结合神东矿区特点，将"山"的外延进一步扩展为建设绿色矿山，结合神东矿区气候条件和水文地质条件，"水"既包含矿区的地表水，又包含矿区大量的矿井水，进一步丰富了水的内涵，而且矿井水在神东矿区的生态环境保护中起着重要的调节作用。

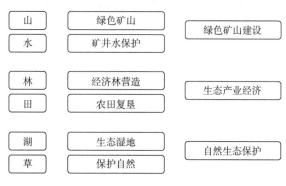

图 3-24　山水林田湖草关系图

（2）创新生态发展过程

经过模拟和实践摸索，初步确定了适合神东矿区生态环境条件的湖、田、林、草比例（1\2\3\4），按治理技术重点突出"选地适树、选树适地"等原则进行"山水林田湖草"生态治理。

3.3.4 "山水林田湖草"生态发展模式的适用性和成效性

（1）适用性

"山水林田湖草生命共同体"自提出以来得到了社会各界的广泛关注，其科学内涵、理论基础以及实践方案等内容得到不断丰富。概括来说，是一个由山、水、林、田、湖、草等自然要素构成的，同时与人共存、共生、共荣的有机整体。生命共同体各要素有机关联、互为影响、不可分割，人类在利用和开发自然资源的过程中，应更为注重对生态环境的保护。神东集团积极响应国家号召，建设"山水林田湖草"生态发展模式，该模式不仅对神东矿区的生态有积极意义，对其他矿区的生态也有良好影响。

（2）成效性

神东生态示范基地位于大柳塔镇区北侧，示范面积 10000 亩，扩展面积

50000亩。集中展示了神东矿区绿色开采、清洁生产、生态建设的理念、技术与模式。基地以公司哈拉沟煤矿采区生态治理为基础，以生态科研科普为主题，以生态文明示范基地建设为目标。涵盖地质环境、土地复垦、水土保持、生态建设等专业，建有十二个科技示范区；承载神东愿景与时代使命，建有农耕文明、工业文明、生态文明和神东文化广场；融合生产、生活、生态等气息，建有森林、草地、农田、湿地、湖泊、园林等内容；系统构建人与自然相和谐、工业文明与生态相和谐、企业与区域相和谐的复合生态基地。

① 生态修复初级阶段。

神东矿区位于水土流失最为严重的黄河中游地区，建设初期不仅没有因大规模开发而造成环境破坏，而且使原有的脆弱生态实现正向演替。开建以来，矿区始终不渝地认真遵循"山水林田湖草"的生态发展模式，坚持开发与保护并重，建设与治理同步，累计投入环保水保和生态环境建设资金2.7亿元，占总投资的3.38%；按照同时设计、同时施工、同时竣工验收的"三同时"制度，与主体工程同步，配套建设了"三废"治理设施；按照矿井水"三级处理"模式，通过采空区过滤净化系统、地面污水处理厂、矿井水深度处理厂"三级处理"，实现了矿井水综合循环利用。

神东矿区在煤炭开采的同时，及时实施地表裂缝填充和土地平整措施，杜绝了塌陷裂缝造成的井下漏风和地面人员、牲畜被困现象，针对334.27km²的沉陷区全部实施了地表裂缝填充和土地平整，撒播草籽面积超过沉陷区面积。对沉陷区居民及时搬迁和安置。同时针对121.47km²的治理区进行了重点治理，布设了灌溉设施，配套修建了道路工程，修建了水平沟、水平阶和梯田，实施了护坡措施，有计划地逐步完善了林草措施。有效防止了因塌陷造成的土壤肥力下降和水土流失，同时改善了区域生态环境。

与此同时，治理风沙区沙漠土地、整治小流域水土流失103.85km²，提前一年完成一期规划治理100km²的任务，有效控制了开采扰动对矿区生态的影响，在荒漠化地区建成了一片绿洲。

② 生态修复系统发展阶段。

神东通过构建"山水林田湖草"的生态空间结构，将植物群落以油蒿为主的草本群落演替为以沙棘为主的灌草群落，植物种由原来的16种增加到近100种，微生物和动物种群也大幅增加。植被覆盖率由开发初的3%～11%提高到60%以上。改善了降雨量少且年内年际不均匀的现象，逆转了原有脆弱生态环境退化方向，在荒漠化地区建成一片绿洲，实现了人与自然和谐共生。

对神东矿区大气环境的治理取得了明显效果。由神东矿区空气质量指数（AQI）变化趋势（图3-25）可以看出，空气中度及以上污染天气数量明显减少，尤其是2018年以后，空气质量指数基本集中在优良之间，很少出现严重污染天气。

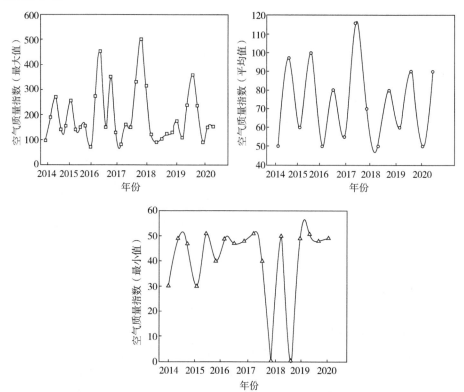

图 3-25　神东矿区空气质量指数（AQI）变化趋势

③ 生态文明建设阶段。

神东改变了按生态要素或资源种类保护治理的工作模式，在明确生态环境主要矛盾和问题的基础上，全面开展水环境保护治理、农牧用地保护、水土流失预防、生物多样性保护、矿山开采治理等，研究出一套包含树种选择、生物廊道建设、水质处理等方面的，针对性和适用性都很强的生态保护与修复技术，实现山水林田湖草的整体保护修复，生态治理前后对比明显（图 3-26）。

（a）沉陷区生态建设初期　　　　　　（b）沉陷区生态建设效果

图 3-26　神东矿区生态治理前后对比

矿区以煤业快速发展为支撑，为生态治理和环境保护提供体制、资金保障。神东分公司成立了环保处，建立了晋、陕、内蒙古接壤一带最大的环保监测站，组建了三支专业化队伍，生态治理和环保工作走上规范化、制度化。在资金保障上，从吨煤成本中提取0.45元环保资金，专门用于生态治理和环境保护。煤炭生产的快速发展，不仅为企业创造了良好的经济效益，而且为实施生态治理和环境保护提供了可靠的资金保障，在发展中解决环境问题。

第 **4** 章 神东矿区生态保护技术

4.1 水土保持与荒漠化防治技术

神东受其地理位置与气候条件的制约，生态环境十分脆弱，加之煤炭资源的开采，使矿区生态环境进一步恶化。煤炭资源主要以侏罗纪煤田为主，煤炭具有低硫、低磷、低灰和高发热量的特点，煤层埋藏浅，主要集中在0～800m深度，易开发。大规模的煤炭资源开采，进一步加剧了矿区生态环境的破坏。矿区主要受风蚀、水蚀交替的影响，水土流失与荒漠化现象严重，矿区地处北方，受地形地貌的影响，风蚀荒漠化严重，风力作用使得阶地上的沉积物逐渐变为风沙，最终形成风积沙砾。矿区部分处于黄土高原区，易发生水蚀荒漠化，最终形成光秃秃的、沟壑纵横的、破碎的荒漠景观，即黄土沟壑区。神东矿区典型黄土沟壑区的主要特征为地形起伏大，地表切割破碎，厚黄土层覆盖，沟壑密度大等。为改善水土流失与荒漠化现象，神东对矿区采取了一系列生物措施与工程措施相结合的方法，以预防为主、防治结合、主动治理等为原则，在水土保持与荒漠化防治方面取得了很好的效果。

4.1.1 神东矿区水土流失与荒漠化特征

神东矿区本身生态环境脆弱，加之矿区大规模开发和建设产生的排弃物以及其他人为活动的影响，势必使原来的环境进一步恶化，水土流失加剧，神东矿区的水土流失地主要分布在神东矿区西南部、东南部和西北部，行政上隶属神木市与府谷县，水土流失，尤其是土壤侵蚀风险很大，是黄河中游水土流失最为严重的地区之一，治理难度较大。采矿、筑路等人为活动也是导致水土流失的因素。据测定，矿区水土流失面积占总面积的30%以上，部分地段风蚀水蚀交替进行。此外，矿区沙漠化土地自然增长率为0.5%，沙化土地面积达57%，风沙灾害频繁，沙丘平均移动速度2～5m/a。

该地区处于毛乌素沙漠与陕北黄土高原的过渡带，属于生态环境脆弱区，土质疏松，原生植被稀少且单调，平均覆盖率仅3%～11%，地表主要以风积沙为主，无储水能力，因此矿区干旱季节严重缺水，雨季又洪涝，储水蓄水的能力极差，而大气降水常常携带泥沙造成水土流失，加之沟道、陡坡、陡壁多，易产生重力侵蚀；矿区特定的地貌、气候、土壤等因素的相互作用，使水力、风力、重力侵蚀相伴而生，加剧了矿区的水土流失。

矿区在选址、建设过程中，对涉及的土地产生了严重影响，破坏了原生地表植被、土壤结构，减弱了原有地表土层及植被的水土保持能力，使土壤中的营养成分逐渐流失，土地肥力下降。在煤矿开采过程中，往往会造成地表裂缝、塌陷。地表裂缝会引起土壤结构松动、土体内浅层地下水沿裂缝下渗流失，从而导致裂缝区周边的农作物和植被因缺少生长所需的水分而受损，地表植被的破坏进而又会加剧水土流失；煤矿区的开采活动所引起的地表沉降、塌陷等，会逐渐形成台阶，进而改变开采区周边的局部地貌，使周边土地出现标高变化不均匀等分层现象，从而改变土层表面的植物结皮、生物结皮的赋存状态，引起土体侵蚀强度增大，同时又加剧了水土流失。总的来说，矿区水土流失和沙漠化现象严重，水资源短缺。

4.1.2 神东水土保持与荒漠化防治技术

4.1.2.1 水土流失治理技术

水土保持的治理措施主要为工程措施和生物措施。工程措施实质是改变地形，拦截地表径流，增加土壤下渗的水分。生物措施指在水土流失地区栽种植被来涵养水分，保持水土。

（1）工程措施

目前针对水土流失的工程措施主要有以下几种。

① 拦渣措施。开发建设项目在基建施工期和生产运行期会产生大量弃土、弃石、弃渣、尾矿和其他固体废弃物质等，根据弃土、弃石、弃渣等堆放的位置和堆放方式，结合地形、地质、水文条件等，布置拦渣工程，有效地控制水土流失。拦渣工程主要有拦渣坝（尾矿库）、挡渣墙、拦渣堤三种形式。

② 坡脚与坡面的防护措施。开挖、填筑、弃渣、取料等活动形成的斜坡，根据所处位置的地形地貌、气象、地质、水文等条件，在边坡稳定的基础上，采取坡脚与坡面的防护措施。

③ 截排水措施。生产建设项目施工破坏原地表水系的，需要布设截排水措施。根据项目具体情况和所在区域特点，因地制宜地采取截水沟、排水

>>

沟、排洪渠（沟）等形式。

④ 降水蓄渗措施。在干旱缺水地区，应因地制宜采取蓄水池、渗井、渗沟、透水铺设、下凹式绿地等降水蓄渗措施。

⑤ 土地整治措施。应对项目占地范围内除建（构）筑物、场地硬化占地外的扰动及裸露土地进行整治，主要内容包括场地清理、平整和覆土等。同时还应根据占地性质、类型和适宜性确定土地利用方向，由此来决定土地整治的具体内容。

⑥ 防风固沙措施。沙漠、沙地、戈壁等风沙区，应采取防风固沙措施；在流动沙丘和半固定沙丘地区，应因地制宜采取植物固沙、机械固沙、化学固沙等措施；在戈壁风蚀区宜采取砾石压盖措施。

为减少水土流失，神东矿区采取整地技术这一工程措施。整地技术是水土保持最普遍与最有效的技术。通过改变小地形，改变了地表径流的条件，并形成一定的积水容积，从而改善土壤水分条件、温度条件与养分状况。神东矿区应用的整地技术主要是开挖水平沟（图 4-1）与鱼鳞坑（图 4-2），利用水土保持原理，在采煤沉陷区高点周围沿等高线自上而下开挖水平沟（鱼鳞坑），鱼鳞坑为形似半月形的坑穴，通过 PVC 半管连接相邻水平沟，上层水平沟达到设计蓄水量后，自动转移至下层水平沟，实现自流灌溉。水源与主

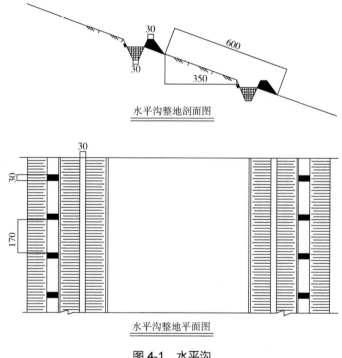

水平沟整地剖面图

水平沟整地平面图

图 4-1　水平沟

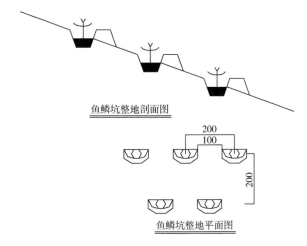

鱼鳞坑整地剖面图

鱼鳞坑整地平面图

图 4-2 鱼鳞坑

供水管道深埋冻土层以下，水源由矿井直接提升至就近沉陷区，避免了长距离铺设主管道。缩减支管道，保证停泵后支管道内的水能迅速回流至主管道内（冻土层以下），快速退水实现支管网与出水口防冻。

对于井田范围内的丘陵坡面，沿其等高线人工挖筑水平沟、鱼鳞坑；水平沟布设在＜15°坡面，鱼鳞坑布设在≥15°坡面。鱼鳞坑的规格有大小两种：整地时沿等高线自上而下开挖。大鱼鳞坑长 0.8～1.5m，宽 0.6～1m；小鱼鳞坑长 0.7m，宽 0.5m。坑内水平或稍向下方，围成弧形土埂，土埂高 0.2～0.3m，埂应踏实，再将表土放入坑内。坑与坑多排列成品字形，以利保土蓄水。鱼鳞坑整地使坡地减少径流量74.1%，减少土壤冲刷量83.7%。

（2）生物措施

工程扰动后的裸露土地以及工程管理范围内未扰动的土地，应优先考虑治污措施。生物措施的布局应符合生态和景观要求，设计城镇的应与城镇绿化相结合。设计应依据立地条件，因地制宜，适地适树（草），确定树（草）种、整地技术、栽种方法，优先采用乡土树（草）种。

生物措施的重点是要依据治理地区的实际情况，合理选择适宜的植被配置模式，该措施易受气候、地形、物种间关系等多方面的影响。在水土保持的物种选择方面，要求种植的生物种需要拥有很强的保持水土功能，并且还要能够获得一定的经济效益以及社会效益，但最根本的目标还是要增加植被覆盖率，保持水土。

神东为治理"两山一湾"，即神东小区周边的大柳塔东山（图 4-3）、大柳塔西山（图 4-4）和上湾 C 形山湾（图 4-5）的水土流失，采取了针叶树与灌木混交造林的生物措施。在树种选择上，选用了根系较浅、对土壤具有改良作用的乡土树种，主要是油松、樟子松、侧柏、桧柏、榆树、沙棘、柠条、杨柴等。实施了污水灌溉管网，应用了水土保持鱼鳞坑整地。神东公司共在"两山一湾"营造针叶树 131295 株，灌木 300838 株。五年后，常绿林将全面郁闭，成为神东矿区集中生产生活区的重要生态屏障与绿色景观林。

（a）南区　　　　　　　　　　　（b）中区

（c）北区（一）　　　　　　　　（d）北区（二）

图 4-3　大柳塔东山常绿林景观照片

（a）南区　　　　　　　　　　　（b）北区

图 4-4　大柳塔西山常绿林景观照片

（a）治理前　　　　　　　　　（b）治理后

图 4-5　上湾 C 形山湾常绿林景观照片

（3）工程与生物措施结合

神东公司采取工程措施和生物措施相结合的办法，以调整土地利用结构、治理与开发相结合为原则，对白敖包、红石圈渠、饮马泉、沙沟等四条小流域进行了治理。在沟口筑坝拦洪，在沟沿植树，在坡面修挖高标准的水平沟、鱼鳞坑。坑内植树种草，共完成治理面积 3835.4 亩。

红石圈渠小流域（图 4-6）流域面积为 2.07km²，其下游是年产 300 万吨规模的上湾煤矿主井口。1994 年开始综合治理，先后实施了坡面水土保持工程、沟口拦洪坝工程和针阔混交、乔灌草结合的绿化工程。截至 2012 年，累计投入治理资金 854 万元，完成坡面水保工程 123.3hm²，其中水平沟 98hm²、鱼鳞坑 25.3hm²；加固拦洪坝 1 座，设计库容 23.6 万立方米，控制流域面积 1.48km²；栽植杏树 20000 株，樟子松、油松、侧柏和新疆杨等乔木树种 356574 株，柠条、杨柴和紫穗槐等灌木 589234 穴。经有关方面测定，红石圈渠小流域治理后可具有百年一遇的防洪能力，被水利部评为全国水土保持示范工程。

图 4-6　红石圈渠小流域

神东公司实施了乌兰木伦河矿区段护岸工程。先后构筑混凝土护岸工程10km，稳定了河道，确保了两岸矿井、露天采坑和生活小区的安全；在稳定河道的同时，实施了乌兰木伦河和呼和乌素沟两大护岸林工程，营造护岸林9914亩，降低了两风口风速，有效控制了乌兰木伦河两岸的径流冲刷，总体上对整治河道起到了巨大作用。

2012年底，大柳塔橡胶坝竣工。2014年监测结果显示，坝上乌兰木伦河水面面积较2012年增加了24.63hm^2，坝下水面有增有减，净增面积8.72hm^2（图4-7）。

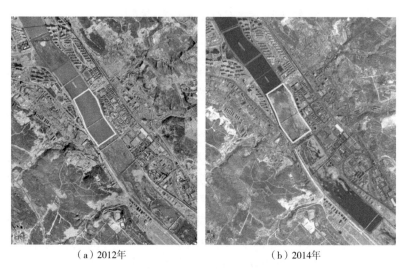

（a）2012年　　　　　　　（b）2014年

图4-7　2012年、2014年乌兰木伦河河道对比图

4.1.2.2　荒漠化防治技术

（1）荒漠化防治技术介绍

荒漠化的防治技术主要有生物措施和工程措施。生物措施是通过封育、营造植物等手段，达到防治沙漠、稳定绿洲、提高沙区环境质量和生产潜力的一种技术措施。依据沙漠化发展程度和治理目标，植物治沙的内容主要包括人工植被或恢复天然植被以固定流动沙丘；保护封育天然植被，防止固定半固定沙丘和沙质草原向沙漠化方向发展；营造大型防沙阻沙林带，阻止绿洲、城镇、交通和其他经济设施外侧的流沙侵袭；营造防护林网，保护农田绿洲和牧场的稳定，并防止土地退化。由于植物固沙目的不仅在于防沙治沙，更在于改善生态环境，在提高资源产出效益上有巨大功能，从而成为最主要和最基本的防治途径。工程措施主要是通过设置沙障来达到防治流沙的目的。在实际防治中，往往需要将生物措施与工程措施相结合，以达到更好

的固沙效果。

① 农田防护林造林技术。

在干旱荒漠区的绿洲或是旱地，农田防护林网在防止或减轻风沙危害、改善农田小气候、防止盐渍化方面，均起到十分突出的作用。建立农田防护林网，已成为保障干旱农业持续高产的基本途径。农田防护林设计的基本目标是建立防护效益显著而占地面积又小的林网结构。农田林网结构类型可划分为三类，各类的防风距离效益见表 4-1。林带由主林带和副林带组成，主林带通常与风沙方向垂直布设，副林带则与主林带直交，亦与风向纵行构成护田林网。

表 4-1　林网结构类型及防风状况

林网结构类型	基本特征防风状况
紧密结构林带	由乔木、亚乔木、灌木 3 个层次结构组成，上下不透风，林带背风处形成静风区，气流通过时，从林带顶部越过，林带有效防护距离不足林的 40 倍
疏透结构林带	林带由 1～2 行的窄灌乔木构成，整个林带上下间呈疏透状态，透风且间隙较均匀，气流通过林带时，一部分越过林带，一部分通过林带，有效防护距离相当于林高的 40～45 倍
通风结构林带	仅有乔木层片，无灌木。林带上部林冠稠密、不透风，而下部为树干通风，通常由 3～5 行高大乔木组成，气流通过林带时，上部不透风，下部透风，有效防护距离为林高的 50 倍

② 流动沙丘造林固沙技术。

流动沙丘在风力作用下，往往沿主风向前移埋压绿洲、渠道、居民点，危害极大。采用生物固沙为主，辅以人工沙障，并与化学固沙制剂相结合的技术措施，来达到固定流动沙丘、发展经济的目的。沙障的结构主要根据风沙流运动规律、风沙流速度、风沙流方向及地貌形态等因素来确定。沙障又称机械沙障、风障，是用柴草、秸秆、黏土、树枝、板条、卵石等物料在沙面上做成的障蔽物，是消减风速、固定沙表的有效的工程固沙措施。主要作用是固定流动沙丘和半流动沙丘。沙障主要由主带和副带构成，主带要垂直于主风向，副带要垂直于主带（平行于主风向），或主副带成 45°夹角。沙障的常见类型见表 4-2。沙障是防治流沙的主要工程措施，合理布设沙障是治理流动沙地的关键。根据防护效果的需要，设置沙障主要考虑沙障方向、沙障高度、沙障结构和沙障规格等，依据治理区具体条件选出较为理想的配置模式。

表 4-2 沙障常见类型

类型	材料	固沙原理	适用范围
直立式	一般是柴草，有时采用黏土	风沙流在所通过的路线上，无论碰到任何障碍物，风速都会因受到阻挡而降低，挟带沙子的一部分就会沉积在障碍物的周围，以此来减少风沙流的输沙量，从而起到防治风沙危害的作用	在灌溉渠道和农田防沙上应用普遍，铁路、公路和重点开发建设项目上采用防沙栅栏
平铺式	用柴草、秸秆、枝条、黏土、卵石等材料铺设	利用铺盖的物质，隔绝风与松散沙层的接触，使风沙流经沙面时，起不到风蚀作用，不增加风沙中的含沙量，达到风过沙不起，就地固定流沙的目的	适用于铁路和公路两侧或项目区周围地段

③ 丘间低地造林技术（沙湾造林技术）。

沙丘丘间低地风力较小，风力场平缓，沙粒较易受阻堆积；低地水分条件较好，植物较易成活，造林难度较小。一方面进行人工造林，另一方面利用风力拉削沙丘，导沙入林，形成"前挡后拉"的治沙形势。经过数年，便能达到固定沙丘，改善生态、生产条件目的。沙湾造林地必须选择在沙丘背风坡的丘间，但不宜紧靠沙丘，必须留出一段空地。留出空地的宽度应根据沙丘高度和沙丘年移动速度与林木生长高度来测算。在树种选择方面，一般应选择耐旱沙生性能强、具有一定经济价值的"适地适树"树种。这些树种多数具有叶枝旱生，形态突出，抗风蚀沙埋能力强，适宜瘠薄土地环境的特性。

④ 沙丘固沙造林技术。

临近绿洲边缘及绿洲内部的流动沙丘，环境条件不像高大流动沙丘那么严酷，通过人工沙障的辅助，植物固沙也能取得较好的效果。在植物固沙实施前，要先对流动沙丘设置人工沙障，减缓侵蚀，改善造林沙地处境，为固沙植物创造适生环境。由于流动沙丘具有物质结构松散与易受风蚀移动的特点，沙丘造林首先应选择迎风坡中下部安排丘顶部造林，削低风吹蚀。

⑤ 防风阻沙林带造林技术。

防风阻沙林带适用于绿洲外围与沙漠、戈壁、风蚀地相毗连的地带。防风阻沙林带的布局应以"因地制宜，因害设防，由近及远，先易后难"为原则。在林带结构与树种选择上，应由乔灌木树种组成，以行间混交为宜。防风阻沙林带的宽度取决于沙源状况：在大面积流沙侵入绿洲的前沿地区，风沙活动强烈，农业利用暂时有困难，应全部用于造林，林带宽度小者 200～300m，大者 800～900m 乃至 1km 以上。流沙迫近绿洲，前沿沙丘排列整齐地区，可贴近沙丘边缘造林，林带宽度为 50～100m。绿洲与沙丘接壤地区若为固定、半固定沙丘，林带宽度可缩小到 30～50m。绿洲与沙源直接毗连地带，若为缓平沙地或风蚀地，因风成沙不多，防风阻沙林带的宽度可为 10～20m，最宽不超过 30～40m。

⑥ 沙漠沙源带封沙育草保护技术。

绿洲阻沙林带与大型高大密集流沙群之间，是一片由流动沙丘，固定、半固定沙丘及沙质荒漠组成的过渡地带，亦是干旱区域沙源向外扩张的区段。防止沙源物质向外扩张，对其进行封沙育草保护治理，是保护绿洲、改善沙区环境的重要组成部分，是干旱区生态环境建设的基本环节。因干旱沙区沙源物质、风力强度、绿洲规模、绿洲水源和植被破坏程度不同，封沙育草带的宽度与规模应有所差别。如果沙源广（流动沙丘高大，连绵分布），残留植物少，植被覆盖度低（<10%），则封育面积应广，封育带宽度应在 1000m 以上；如果沙丘较低矮，残留植物覆盖度较高（>10%），则封育宽度可规划为 500～1000m。在对绿洲能构成生存威胁的地段，均应划出封沙育草带，形成绿洲外围的生物保护屏障。通过封育，促进沙生植物的生长和固沙效益的发挥。

⑦ 弃耕还林还草防止土壤退化技术。

人类在开发利用资源时，必须依据资源的生产属性因地制宜进行。在半干旱、干旱地区，某些类型的土地，如固定、半固定沙地，沙质平地，覆沙梁地等，生态特征属脆弱类型，只要过度利用，如不适当地开垦、滥牧、滥伐和滥挖，就容易超过其自身环境容量的限值，招致土地退化，并使土地生产潜力不断丧失。需退耕的基本类型有风蚀严重的轮歇沙丘地、风蚀严重的起沙旱平地、未开垦前为波状式沙质平地、覆沙梁旱地等。

⑧ 小流域治理与营造水土保持林。

小流域是具有相对独立的水系，地形上包括坡面与沟谷的完整地域单元。水土流失的治理应采取综合治理路线，建立综合防护体系，主要包括三个方面：a.工程技术主要是指应用工程技术，达到合理利用山区水土资源、防治水土流失危害的目的。b.生物工程技术通过生物措施途径，以达到防治水土流失，提高土地生产潜力的目的。c.农业工程技术指对坡耕地实施农业技术的工程技术，从而有效地达到防治水土流失，改良土壤，提高农业生产的目的。

营造水土保持林对于实现小流域综合治理目标具有举足轻重的作用，被认为是山地生态环境建设的主体技术。该技术要解决的关键环节是：水土保持林类型的确定；水土保持林类型的选择；水土保持林树种的选择及其他造林技术。依据水土流失与地貌条件的关系，可划分为坡面水土流失类型和沟谷水土流失类型两大类，因而水土保持林的营造分为坡面水土保持林和沟谷保持林两类。防护林类型，一般分为乔灌草混合结构防护型、灌草复合结构防护型、草本结构防护型三大类。对水土流失较轻，土层较厚的半湿润山地，宜造乔灌草混合型水土保持林；水土流失较重，土层较薄的半湿润山地，宜营造灌木草本混合型水土保持林；土层薄，半湿润-半干旱山地，宜营造草本为主要建群群落的水土保持林。当水土流失逐步得到控制，立地条件不断改善后，水土保持的营造方向应逐渐从草本型向灌草型乃至乔灌草类型转变。树种的选择应贯彻适地适树的原则，应根据立地条件选择树种。对水湿条件好，土层较厚的宜林地，均营造乔木林，类型应达到乔灌有机结合。

（2）神东荒漠化治理技术选择

合理化、规模化地种植水土保持植被是防止水土流失和荒漠化等现象的最为经济有效的方式之一。绿色植物防治属于水土保持中的生物防治措施。其能够利用绿色植被的丰富根系，对已经或将要发生水土流失的位置重新加固相应区域的土壤。在治理荒漠化时，要在保护现有植被的情况下，合理选择恢复植被，即重视天然林的保护，加大人工林的建设，减缓荒漠化速度。在荒漠化严重地带，要建立防风固沙林，一般种植沙生植物，比如不需要水分的乔木灌木，紫花苜蓿草等来降低沙丘移动的速度。并且要因地制宜，分区治理，根据不同地区的地域差异做好防风固沙工作，建立更多的防风固沙林带。

推广植树种草、退耕还林等活动也能为风沙危害较为严重的区域尽快恢复到理想的植被覆盖率创造可能。通过设置围栏封育与科学进行放牧等方式也能够对荒漠化的治理起到一定的促进作用。

针对风沙对矿区生产及生活的影响，并分析矿区土壤性质及周边环境，依据不同的沙地类型（表4-3），神东矿区总结出一套以植物防护措施为主，机械防护为辅，多种手段联合治理的主动型生态环境综合防治技术体系——神东环境防治模式，从而达到了快速、大面积、高效率治理流沙的效果。

表4-3　沙化土地的主要类型

沙地类型	主要特征
流动沙地（丘）	植被盖度<10%的沙地或沙丘
半固定沙地（丘）	植被盖度在10%～29%之间，分布均匀，风沙流动受阻，但流沙纹普遍存在
固定沙地（丘）	植被盖度>30%，风沙活动不明显，地表稳定或基本稳定

① 高大流动沙丘治理技术。

神东矿区高大流动沙丘（图4-8）主要分布在西北上风向地带。对矿区高大流动沙丘采取的综合治理技术是前期人工大面积设置网格机械沙障

（表 4-4），以加大地表粗糙度，降低起沙风速，为植物成活与生长营造出相对稳定的微环境；继而在沙障内（旁）视沙丘不同部位栽植灌乔草绿化植物；造林作业后，立即实施围封抚育管护管理措施。以哈拉沙沙地和巴图塔沙地为例，沙丘高度 5～7m，最高可达 15m，密度 0.7。沙丘以新月形沙丘和新月形沙丘链为主，年平均前移 5～10m，迎风坡干沙层厚 15～20cm，背风坡干沙层厚 0.5～3cm，湿沙含水率 2%～3%。除在丘间低地有零星沙米、沙蒿分布外，基本无植被覆盖，风蚀沙埋十分严重。因此，采取了先设沙柳、沙蒿机械沙障，再在沙障中种植植被的办法。沙障的规格为 5m×2.5m，垂直于主害风方向作为主障，行距为 2.5m，副障垂直于主障，控制侧向风的干扰与危害。沙障条长 60cm，埋深一半，每延米用料 500g 左右，为疏透结构。

造林树种以当地适生的沙蒿、杨柴、花棒、沙打旺、紫穗槐、沙柳等灌草为主。栽植密度以 1m×2.5m 为最佳。沙障设置与沙柳造林宜同时进行，以秋季为佳，春季次之。沙障设置控制风沙流后，植被迅速生长恢复，造林树种成活率也可达到 90% 以上，三年后即可成林，流沙全面固定。

表 4-4　神东矿区固沙机械沙障设置技术规格

沙障类型	沙障结构	材料用量 /（kg/m）	材料长度 /cm	埋深 /cm	设置规格 /m
网格式	沙柳材料　紧密结构	3.5～4	50～100	25～40	(2.5～5)× (2.5～5)
	沙蒿材料　紧密结构	1.5	40～60	20～30	(2.5～3)× (2.5～5)
带状式	沙蒿材料　疏透结构	0.75	30～50	15～25	带距 3

图 4-8　高大流动沙丘治理工程示范

② 半固定沙丘植被恢复技术。

半固定沙地（丘）指植被盖度在10%～29%之间，且分布均匀，风沙流活动受阻，但流沙纹理依然普遍存在的沙丘或沙地。治理这类沙丘的主要目标是增加植被覆盖率，改善生态环境，实现治理和利用的有机结合。半固定沙丘治理的主要技术措施是植树造林。在挑选造林树种时，以选择湿地松为宜，其生长快，能尽早改善半固定沙丘的生态环境。营造高大的乔木树种（如湿地松），能减缓沙丘移动的速度。灌木和草本植物有改良土壤的作用，并能促进乔木的生长。

在神东矿区分布的半固定沙丘，植被覆盖率在15%～30%，主要植物种为沙蒿、沙米、沙地柏，沙丘高度3～5m。这一类沙丘的治理，采取人工促进天然植物恢复的措施，其技术难点是人工植被与天然植被融合，并形成稳定群落结构的植物配置，以及在不设沙障的情况下保证人工植被成活率的具体措施。

技术措施要加强保护，严防形成新的破坏。对面积较大的裸地，特别是丘间低地适当进行人工补植，以加快植被恢复的速度。补植的树种以柠条、沙柳等乡土树种为主，自然条件较好的丘间低地可引进榆树、樟子松、油松等，形成人工植被与天然植被相结合的防护体系，栽植密度以60～100株/亩为宜。

矿区石圪台沙区、补连塔沙区、马家塔沙区主要采用了这一技术进行治理，如图4-9所示。既加快了治理的速度，又节约了资金。据测定，经治理后风速降低50%，风蚀量及风沙流过境流量降低83%，沙面形成结皮，沙丘趋于全面固定。

图4-9 半固定沙丘植被恢复工程示范

③ 铁路、公路沙害防治技术。

公路防沙体系的设计原则为以预防为主、因地制宜，对不同的沙害形式采取不同的防护措施。要充分利用当地材料，针对不同的地貌、地质和地形特点，设置不同的防沙绿化体系，以发挥其综合效益。公路防治沙害措施包括路基本体防护、沙障防护、植物固沙、化学固沙四种。

铁路的防沙体系需结合综合环境工程地质条件，注重预防，因地制宜，就地取材，充分利用当地资源，长期坚持，建立"整体防沙结构体系"，即将封、固、阻、输导、拉、改相结合，选多种组合模式，尽量以植物固沙为主，工程措施为辅，从而取得较好的防沙效果。另外，铁路防沙工作还应在勘测选线、设计、施工、养护、维修的各个阶段给予高度重视。铁路沙害有沙漠型、戈壁型、平沙地型三种分布类型。西北地区主要是沙漠型和戈壁型；东北地区主要是平沙地型。一般的沙漠型沙害以沙丘危害为主，其次是风沙流危害；戈壁型沙害以大风和风沙流危害为主，沙丘危害次之；平沙地型沙害以风沙流危害和流动性小的沙丘危害为主。

神东公司煤炭外运铁路——包神铁路（图4-10）全长171km，穿越毛乌素沙地和库布齐沙漠，有严重风沙危害的路段87km，占铁路总长度的47%。矿区公路（图4-11）总长110km，有严重风沙危害的路段78km，占公路总长的71%。建矿之初，风沙流侵袭，埋压交通线的现象经常发生，公司用于路面清沙的开支每年高达上百万元，每年因沙害影响交通造成停运达25天以上。

图4-10　铁路风沙治理区

图4-11　公路风沙治理区

防治技术采取因地制宜、因害设防、宜乔则乔、宜灌则灌、草灌乔结合、机械措施与生物措施相结合的方法，构筑沙害防治体系。路基两侧先设100m宽的固沙带，再设100m宽的阻沙带，再向外设100m以上的封育带。固沙带设格状沙障，沙障中栽植乔灌木。阻沙带设高立式带状沙障，带间种植乔灌木。封育带禁牧、禁垦、禁樵采，努力促进天然植被的恢复。

通过以上措施，既固定了防护带内的流沙，又阻挡了上风方向的来沙，有效地保护了公路、铁路的畅通。共在交通线两侧设置机械沙障 1680 万延长米，种植固沙灌木 1160 万株，乔木 10.52 万株。目前，交通线两侧防护体系已经形成，公路、铁路沙害已全面控制。

④ 沙地阔叶树造林技术。

防护林可有效降低沙地的风速和水面蒸发速度，可有效减少土壤水分蒸发；利用防护林来改造沙地，可以减轻风蚀和沙化。沙地阔叶树造林首先要采取防止风蚀沙埋的措施。造林以秋季为宜，秋季造林使苗条经冬季催芽促根，第二年春季尽早抽枝成苗，避开了夏季的干旱与高温时期，更有利于成活、生长。栽前将苗条浸水 10d 左右，并将侧枝全部修剪，有利于苗木水分与养分的平衡，使苗条有充足的水分与养分生根发芽。栽植深度应在 60cm 以上，以保证苗木生根部位处于湿沙层中。为形成有利于生根的土壤结构，栽植时应踏实栽植坑。

⑤ 沙地针叶树造林技术。

我国北方沙区防风固沙林主要选用灌木树种和杨、柳一类软阔叶树种。因树种单调，林带结构简单，防风固沙效果不理想，病虫害也比较严重，而且乔木树种只能栽在丘间低地上，不能栽在沙丘上。为了改变这种状况，在矿区流动沙丘上种植了樟子松、油松等针叶树木并获得成功，营造乔灌草固沙防护林的成效见表 4-5。

表 4-5　矿区乔灌草固沙防护林营造成效

植物苗树种	造林部位	造林方式	种苗规格	株行距/m	当年成活率/%
樟子松、油松	丘间地	带根系苗造林	2~3 年生苗	2×3	70~82.6
杂交杨	丘间地	带根系苗造林	胸径 2~3cm	3×3	75.8~85
沙柳	迎风坡、丘顶	扦插造林	五指条长 60cm	1~3	71~78
杨柴	迎风坡、丘顶	带根系苗造林	2~3 年生苗	1~3	65.73
沙打旺	丘间地	雨季播种	播种量 18kg/hm²	均匀撒播	72~77

沙地针叶树造林的技术要点如下。树种选择上，樟子松优于油松，油松优于侧柏。樟子松可以种植在流动沙丘上，也可种植在覆沙的石质丘陵区、黄土区；油松则在黄土丘陵区生长最好，流动沙丘次之。流动沙丘上造林必须先设置机械沙障，以防风蚀沙埋。苗木规格以高 1.5m、地径 3cm 左右、6~7 年生苗最好，太大太小都影响成活率。造林季节以冬季带土坨移栽效果最好。由于沙层含水率仅 3%~4%，大气降水是主要的水分来源，栽植密度

要控制在 60 株/亩之内。在大柳塔、上湾周边山地营造的油松、樟子松林，保存率、成活率均达到 93%以上。在补连塔沙区营造的高 50cm 油松及樟子松林，5 年树高达 1～2m，新梢年生长量最大为 25cm，林下沙丘普遍形成结皮，沙丘已全面固定。针叶林与软阔叶林交错分布的生态体系使治理区形成初步的森林草原景观，对矿区生态系统的创建具有重大意义。

4.2　地质环境恢复治理与土地复垦技术

4.2.1　神东矿区地质环境与土壤环境质量特征

矿山地质环境是指矿产资源开发区及其影响范围内，由岩石圈、水圈和大气圈组成的环境系统。矿山地质环境问题特指因矿产资源勘查开采等活动造成的矿区地面塌陷、地裂缝、崩塌、滑坡、含水层破坏、地形地貌景观破坏等。矿山地下开采引起的地表变形和岩层移动涉及地表构筑物的安全使用与保护问题。地表变形与岩层移动受矿山地层岩性、地质构造、地应力场、矿体赋存条件、采矿方法等多种因素影响，在不同情况下各因素的影响程度不同。在长期、高强度的煤炭开采过程中，矿区生态环境遭受严重的破坏。主要表现是：①井下采空区规模宏大；②地裂缝、地面塌陷普遍发育；③土地、植被和水资源破坏严重。相关研究结果表明，神东矿区地面塌陷对原始地貌的破坏不明显，对农业生产的影响相对较轻；地面塌陷、地裂缝和疏干排水导致地表水面积缩减、河流断流、地下水位下降和泉水干枯等，成为采煤塌陷区最大环境负效应；在妥善安置塌陷区村民、确保重要水源地不被破坏和塌陷区土地沙漠化不恶化的情况下，可以最大限度地开采煤炭资源，实现地区经济发展和环境效益的统一。

4.2.2　神东矿区地质环境恢复治理与土地复垦技术

神东在沉陷区的地质环境恢复治理中，梳理地质环境、水土保持与土地复垦所有措施内容，统筹规划治理，形成了综合治理方案。神东在治理过程中，同步实施地裂缝治理、崩塌治理、滑坡治理、土地平整、表土回覆、翻耕工程、土壤培肥、鱼鳞坑（水平沟）整地、水平阶（梯田）、撒播草籽、造林等 13 项内容，实现了地质环境保稳定、水土保持减流失、土地复垦提质量的目的，大幅简化管理，降低成本。对神东采煤造成的裂缝、错台、滑坡等地质环境问题，创新应用了裂缝封堵种草、错台水保整地、滑坡锚固植树等措施。神东自主研发柳杆障蔽生态锚固坡技术并获国家发明专利，该技术实施面积达 10 万平方米，有效解决了风力、水力和重力综合侵蚀问题，在黄土区治理效果显著。

4.2.2.1 地质稳定技术——地裂缝治理技术

（1）采煤沉陷地裂缝发育规律

西部矿区具有埋藏浅、基岩薄、厚松散层覆盖、地形起伏大等特点，地裂缝受到地质采矿环境及地形地貌条件的双重胁迫作用，发育规律更为复杂。基于开采沉陷理论、覆岩破坏理论、坡体滑移理论，将采动地裂缝进行分类。根据发育时段，分为采动过程中临时性地裂缝和地表稳沉后的永久性地裂缝。根据形成机理，将采动地裂缝分为拉伸型、挤压型、塌陷型、滑动型 4 种类型。

① 风积沙区采煤沉陷地裂缝发育规律。

动态地裂缝往往超前于当前工作面的开采位置向前发展，发育过程与地质采矿条件密切相关，地表下沉速度趋于最大值时，该处的裂缝会首次愈合。发育包含两个时长近似相等的"开裂-闭合"过程，即裂缝的发育呈"M"形的双峰波形，且第 1 个峰值明显大于第 2 个峰值。发育周期 T 与裂缝超前角以及最大下沉速度滞后角成正比，与日平均开采速度 v 成反比。基于此，有关学者建立了 T 与采矿地质条件的函数模型：

$$T = 2H_0(1/\tan\delta + 1/\tan\Phi)/v \qquad (4\text{-}1)$$

式中，Φ 为最大下沉速度滞后角；δ 为动态裂缝超前角；H_0 为煤层埋深（采深），m；v 为平均开采速度，m/d。

边缘裂缝以"带状"形式、"O"形圈的形态分布在工作面的开采边界，并且风积沙区高强度开采导致边缘裂缝带整体向工作面内部收缩，临近工作面采动会减轻原有地裂缝的影响，具有一定的自修复功能。

② 黄土沟壑区采煤沉陷地裂缝发育规律。

地裂缝平面分布规律呈"倒裂缝"字形，与基本的"顶"形、"圈"形形态相似，同一条裂缝在工作面中央位置宽度和落差最大，至工作面边界逐渐减小；垂直发育形态为楔形，到一定深度达楔形顶端。随着工作面的推进，地裂缝发育呈现动态性，宽度、深度、落差均呈现先增大后减小的变化规律，待地表稳定后，工作面正上方的裂缝在一定时期内愈合，边界处发育为永久性裂缝。受沟谷地形的影响，裂缝发育方向大致与地形等高线平行，坡体上发育最充分，至沟底逐渐消失。

（2）地裂缝治理的原则

地裂缝治理一般因其形成机理、发育规模的不同而采取不同的治理措施。西部黄土沟壑区采动地裂缝是由于地下资源开采而造成的一种人为次生灾害，因此，在治理时应遵循以下原则。

因地制宜，遵循自然。 充分结合黄土沟壑区地形地貌、生态环境、采动破坏特征，严格遵守当地生态系统发展规律，避免对采后生态系统的再次扰动，科学配置、优化布局、因地制宜地提出地裂缝综合治理技术体系。

可持续发展，引导自修复。 充分考虑矿区生态修复的可持续性，地裂缝治理是进行黄土沟壑矿区生态修复的必然环节，因此必须根据采动裂缝的发育规律、深度、大小，考虑裂缝的动态发展及后续开采计划，充分利用地表塌陷及裂缝发育规律，避免二次治理。

经济合理，便于推广。 大量的采动地裂缝灾害的治理必须考虑治理成本及推广前景，作为一个功能完善、效果明显、经济合理的黄土沟壑区地裂缝综合治理技术体系，应具有良好的可操作性与推广应用前景，达到生态、经济、社会效益相协调的目标。

（3）地裂缝差异化治理技术

根据地裂缝发育时段，采动地裂缝可分为采动过程中的临时性裂缝和地表稳沉后的永久性裂缝两种类型。临时性裂缝随着工作面的推进而呈现动态规律，稳定性差；而永久性裂缝是地表稳沉后形成的永久性破断。根据以上特点，提出了临时性裂缝和永久性裂缝差异化治理技术。

① 临时性裂缝治理技术。

一般而言，采动过程中的临时性裂缝是在地表动态沉陷过程中形成的。随着工作面的推进，地表趋于稳定，大部分裂缝终将愈合。但考虑到井下生产的安全性，对于严重威胁安全生产的临时性裂缝必须治理，以避免发生井下漏风、地面漏水、馈沙等事故，比如由于覆岩整体破断而导致的塌陷型裂缝。除此之外，对于其他临时性裂缝，当地表裂缝与导水裂缝带贯通时，也必须采取措施，即：

$$H_l + H_d \geq H \tag{4-2}$$

式中，H_l 为地裂缝深度，m；H_d 为导水裂缝带高度，m；H 为埋深，m。

需治理的裂缝最小宽度和落差分别为：

$$W_{min} = \frac{H - H_d - 0.7197}{13.081} \tag{4-3}$$

$$h_{min} = e^{\frac{H - H_d - 5.7425}{1.517}} \tag{4-4}$$

临时性裂缝治理的技术措施为：建立健全地裂缝监测机制，现场监测。根据式（4-3）或式（4-4）确定需治理的裂缝宽度或落差。对于大于此值的裂缝，采取就地掩埋、地表推平的方法，以防止发生地面渗水、井下漏风等情况；对于宽度或落差小于此值的裂缝，一般不会威胁安全生产，可不做处理，待工作面推过，大部分裂缝会自行愈合。

② 永久性裂缝治理技术。

地表稳沉后的永久性地裂缝，很难自愈，长时期内将对生态环境产生不可逆的破坏，治理此类裂缝的措施为深部充填、表层覆土、植被建设，如图4-12所示。即用充填材料充填裂缝底部；在裂缝内部，充填材料以上覆土，在覆土的上表面构建弧形裂缝槽，以形成鱼鳞坑；在裂缝槽内进行植被建设，以提高生态治理效果。

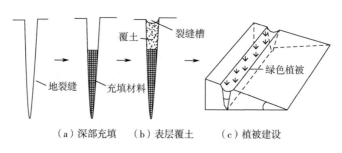

（a）深部充填　（b）表层覆土　（c）植被建设

图 4-12　永久性地裂缝治理技术

（4）超高水材料地裂缝充填治理技术

地裂缝治理的关键是寻求一种能够完全充填至裂缝底部、充填密实、不易变形的充填材料。普通沙土、矸石、粉煤灰等充填材料，存在工艺复杂、成本较高、充填不实、不易保水、留有安全隐患等缺点。总体而言，由于采动地裂缝形态各异，深浅不一，平面分布及剖面形态极不规律，传统的治理方法成本较高，难以从根本上消除地裂缝的安全隐患，对西部矿区脆弱生态环境的修复能力有限。而超高水材料作为一种新型绿色环保的充填材料，最早用于井下采空区充填，以控制地表沉陷，由于其凝结速度快、强度高、易于泵送，已在多个矿区进行了工程实践，并有效控制了地表变形。

超高水材料由A、B两种主料以及AA、BB两种辅料组成，其中，A料主要由铝土矿、石膏，独立炼制而成，AA料由复合超缓凝分散剂构成；B料主要成分为石灰、石膏，经混磨而成，BB料由复合速凝剂构成。

深部充填。采用超高水材料地裂缝充填系统，生产出水体积大于90%的超高水材料，通过输送管路将混合浆液输送至裂缝内部，充填至距地表约0.5m处，如图4-13（a）所示。

表层覆土。待超高水材料混合浆液充分凝固后，在裂缝内的固结体上覆土，并夯实，在覆土的上表面构建弧形裂缝槽，如图4-13（b）所示。

植被建设。为提高生态修复效果，在裂缝槽内进行植被建设。根据治理区生态环境特点及现状，可选取抗旱性能较强的草灌木，采用生态草毯技术或种植低矮的灌木类植物，如图 4-13（c）所示。

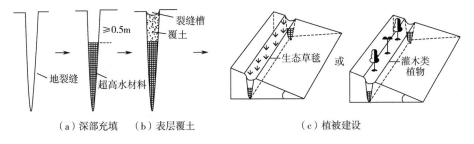

（a）深部充填　（b）表层覆土　　　　　　（c）植被建设

图 4-13　超高水材料地裂缝充填治理技术

（5）滑坡区锚固植树措施

柳杆障蔽生态锚固技术是结合黄土高原区的土层深度、土质疏松、地形破碎、垂直节理发育、干燥时坚如岩石、遇水易溶解、水土流失严重等特点总结出来的一种专门针对黄土高原区的滑坡崩塌治理技术。由生态植被与工程措施相结合的柳杆障蔽生态锚固技术克服了黄土高原区以往工程措施护坡的弊端，整体实现了固土护坡、防水土流失、美化环境的目标。

榆家梁煤矿地处黄土丘陵区，地带性区域降水少，植被覆盖度低，水土流失严重，切沟深，原生生态环境较差，滑坡区治理难度和成本较大。根据榆家梁煤矿地貌地形和土质特征，先设置沙蒿沙障阻挡雨水对坡面的直接冲刷及风直接吹侵坡面，再种植适应本地环境的乡土树种，并依据人工建植生物群落向自然植物群落逐步正向演替的规律，由人工先期建植的先锋植物过渡到中期植物和目标植物，运用植物群落不同生长深度的根系固定不同部位的滑坡体。通过物理学、生态学、植物生理学、生物学等学科的理论知识与工程实践有机结合，全方位阻挡重力侵蚀、水力侵蚀和风力侵蚀，确保坡面持续稳定，最终实现了沉陷区生态环境恢复、环境保护、景观美化的目标。

柳杆材料固坡。柳杆障蔽生态锚固技术根据黄土高原的原位土体具有的结构整体性强、抗剪强度较低、抗拉强度极弱的特点，柳杆采用生命力强的活柳条，旱柳埋杆萌发力强，易生根，可用作固定障蔽支架，在土体中设置柳杆，并与土体间相互作用，柳杆能够紧束骨架、传递和扩散应力、分担荷载、缩小土体变形等作用，有效阻挡了重力侵蚀。

障蔽材料固坡。障蔽材料使用本土草本植物沙蒿，其根系特点是具有茂密的须根，能紧紧包裹土壤，提高土壤的抗剪强度和抗冲刷能力，有效缓解风蚀和水蚀，提高土壤表层的固土护坡作用，且草本植物具有适应能力强、生长速度快、覆盖度高等特点，是固土护坡的先锋植物。

>>

灌木固坡。灌木根系比草本植物根系长且深入地下较深，固土护坡的范围也相对较大，进一步提高了中间层土壤的抗剪强度。但由于灌木根系的平均直径较小，发挥根系锚固作用的强度相对乔木较弱。

乔木固坡。种植以乡土树种为主的乔木，主要为深根性强的油松、樟子松、侧柏等树种，其垂直根系及水平根系均发达，在深厚土层中主根可达 4m 以上，能耐干旱瘠薄土壤，适应性强，树形美观，是良好的植物固坡树种。首先，与灌木丛相比，乔木的根径比灌木大，根系向地下生长更深，根系的锚固坡作用更强，能将浅层不稳定土层与较深处稳定的土层连接为整体，且受影响的范围大于灌木根系和草本根系。其次，由于乔木根系具有较强的新陈代谢能力，在一定程度上吸收了土壤深处的水分，降低了土壤中的自由含水量，增加了边坡的稳固性。"柳杆-草-灌-乔"锚固结构，从滑坡区土体的不同层次发挥植物群落各自的护坡优势，最大限度降低了滑坡区的重力侵蚀、水力侵蚀和风力侵蚀。

4.2.2.2 土地复垦技术——工程技术措施

土地复垦分为工程复垦和生物复垦两个阶段。工程复垦要依据今后被破坏土地的用途或复垦方向来进行规划，并实施回填、平整、覆土及综合整治等措施。生物复垦则要依据土地复垦的方向，采取相应的生物措施来维持矿区的生态平衡，该阶段重点是要恢复被破坏土地的肥力及生物的生产效能。矿区土地复垦的主要步骤可简化为地貌重塑、土壤重构和植被恢复。地貌重塑要依据植物生长要求、地表排水条件及土壤来源进行土方平衡与调配；土壤重构需要根据植物生长要求按照土壤质量演变规律，重构土壤剖面和各项理化及生物学指标；植被恢复需要按照生态演替规律，优选植物品种和生物群落。

采煤沉陷地的治理一直是煤矿区土地复垦与生态修复的研究重点。塌陷地的复垦方式分为非充填复垦和充填复垦两种。非充填复垦根据积水状况及地貌特征，主要包括疏排法复垦、挖深垫浅、平整土地与修建梯田复垦等技术。充填复垦主要利用矸石回填、粉煤灰回填及其他固体废弃物或客土回填。

（1）非充填技术

在采煤沉陷地复垦高潜水位方面，由最初提出的疏排法、挖深垫浅法、泥浆泵法等非充填复垦技术方法，到使用煤矸石、粉煤灰、黄河泥沙等作为充填材料的充填复垦技术，都有很大进展。

非充填复垦技术主要包括疏排法和挖深垫浅法。其中疏排法是采用合理的排水措施（如建立排水沟、直接泵排等），使采煤沉陷地的积水排干，再加以必要的地表整修，从而使得采煤沉陷地不再积水并得以恢复利用。该方法适用于潜水位不太高，地表下沉不大，且正常的排水措施和地表整修工程能保证土地的恢复利用的矿区。其优点是工程量小，投资少，见效快，且不改变土地原用途，但需对配套的水利设施进行长期有效的管理，以防洪涝，并保证沉陷地的持续利用。疏排法复垦的关键是疏排水方案的选择及排水系统的设计。

挖深垫浅法：运用机械或人工方法，将局部积水或季节性积水沉陷区下沉较大的区域挖深，以适合养鱼、栽藕或蓄水灌溉，用挖出的泥土垫高开采下沉较小的地区，使其形成水田或旱田。它主要用于沉陷较深且有积水的高、中潜水位地区，同时应满足挖出的土方量大于或等于充填所需的土方量，并且蓄水的水质适合水产养殖。其优点是操作简单，适用面广，经济效益高，生态效益显著，被广泛用于采煤沉陷地的复垦。

（2）充填技术

充填复垦技术主要有煤矸石充填、粉煤灰充填等固体废弃物充填。其中，煤矸石充填是指利用矸石作为塌陷区和露天矿区复垦的充填材料。各矿区均可采用此技术进行复垦。其优点是在使土地得到恢复的同时，还可以减少矸石占地，消除矸石对环境的影响。当矸石复垦作为建筑用地时，一般采用分层回填、分层振压的方法，从而来提高地基的稳固性；当用作农林种树时，矸石层应下实上松，从而利水保肥，利于植物生长。粉煤灰充填的土地一般用于农林种植。对于含氟较高的粉煤灰复垦土地，要尽量种植不参与食物链循环的林木。充填法既可解决煤矿矸石、粉煤灰等固体废物的存放问题，又可解决土地复垦问题。

晋、陕、内蒙古生态脆弱区地质条件和生态条件相对复杂，且具有很强的代表性，尤其是干旱和半干旱的黄土沟壑区和风沙区，生态条件显得尤为脆弱，水土流失严重，风沙大，不利于植被的生长，塌陷后一般不形成积水，适合东部地区的疏排法、挖深垫浅法、充填法等原有治理技术已经不适合这些区域的采煤塌陷地治理，工程措施的大量施用有可能加剧土体的扰动和水土流失。为此，对此类地区的塌陷地进行治理，应以生物措施（特别是植物修复措施）为主，辅以工程措施。

4.2.2.3　土地复垦技术——植物技术措施

植物修复型采煤塌陷地生态治理技术是在充分研究晋、陕、内蒙古生态脆弱区环境受损机理的基础上，结合矿区特定的干旱条件，以控制矿区沙漠化和水土流失为前提，以研究矿区塌陷地先锋植物选取与培植以及快速恢复为基础内容，突出植被修复为塌陷地治理的主要措施，辅以适应不同类型的采煤塌陷地治理工程措施，从而实现矿区整体生态环境的恢复和改善。

植物修复型采煤塌陷地治理技术主要包括环境适应型植被的选择与配置、植物快速恢复（生长促进）技术和不同类型区塌陷地治理技术模式。

（1）环境适应型植被的选择

植物修复的关键在于选择适宜的植物种类、群落配置和种植技术。为达到生态环境效果，在矿区植被配置中，依据矿区地质、地貌、气候、植被条件，通过分析植物的生物学特征，尤其是植物的生理生态特性，以乡土植物种类为主要对象，筛选适宜植被种类。

神东矿区自然生态环境原本就非常脆弱，加之资源开采对环境又造成较大的影响和破坏，在这种特殊的立地条件下，只有具有一定特殊抗性的树种才能与之相适应。生态环境条件适应型植物物种的选择要按照适地适植物（或适地适树）、优先选择乡土树种、水土保持与土壤快速改良、植被恢复效益最优和灌草相结合的原则。

神东矿区地处毛乌素沙漠边缘与黄土高原丘陵沟壑区的过渡地带，其土壤类型以风积沙土和黄土为主，土壤肥力比较贫瘠，自然生态环境非常脆弱。因此需要筛选具有一定特殊抗性的树种。神东矿区共有210种植物，分属于50个科。其中乔木34种（本地种4种，引进种30种）；灌木20种（本地种10种，引进种10种）；藤本2种；草本154种（全部是本地种）。

在具有灌溉的条件下，各树种成活率高，长势较好。当地树种造林成活率高且长势好的乔木树种有樟子松、云杉、杜松、油松、垂柳、新疆杨、国槐、垂榆；花灌木树种有紫穗槐、榆叶梅、珍珠梅、丁香、玫瑰等。在野外管理比较粗放的条件下，除尽量选用当地的乡土树种外，针叶树种选择樟子松较好；阔叶树种可选新疆杨，紫穗槐等。

（2）不同区域的环境适应性植被配置模式

① 黄土沟壑区环境适应性植被配置模式。

针对黄土沟壑区土壤和气候条件，根据矿区不同区域条件特点，因地制宜，选择基于地形地貌和植被特点的植被配置模式（表4-6和表4-7）。

表4-6 基于地形地貌的植被配置模式

配置模式	适用条件及目标	配置方式
分水岭防护林	在山丘地区的分水岭地带一般是风大、土薄、坡陡、石多、水土流失严重的地方。为蓄水保土，调节径流，防止沟头进一步侵蚀，营造分水岭防护林	采用乔木灌木行间混交方式，沿等高线布设
护坡林	对于坡度大于25°、坡面较大、侵蚀严重的坡面，护坡林布置在荒坡上或坡耕地的边缘，局部成片、成块或短带状。为控制坡面径流，固土护坡，防止水土流失，保护农田，增加林果收入而布设护坡林	乔（木）、灌（木）、草相结合，采用针阔混交、乔木带与灌木带混交、乔木灌木隔行混交等方式
梯田地坎林	充分利用土地和保护梯田安全。保护和固持梯田地坎，减少水土流失；改善梯田的小气候环境条件；改良土壤，促进作物稳产高产	采取矮生密植的方法，栽植对农作物影响较小的灌木和草类。如花椒、苜蓿、柠条、沙棘等
沟道防护林	沟道自上而下分为侵蚀区、流过区和沉积区三个不同地段。保护工程措施的正常运行	配合沟道内的工程防护措施，分别布置不同的林木

表 4-7 基于植被特点的植被配置模式

配置模式	适用条件	配置方式
灌（木）草结合型	适于黄土丘陵沟壑区的阴坡、半阴坡上部及残塬区的梁峁顶	以沙棘、山桃、柠条为主的水保林和以紫花苜蓿为主的牧草，实行林草间作
乔（木）灌（木）草结合型	适于黄土丘陵沟壑区的阳坡、半阳坡、阴坡、半阴坡下部，残塬区的阳坡、半阳坡上部	以山杏、仁用杏为主的水保经济林，以柠条为主的水保饲料林，实行乔（木）灌（木）草混交
果灌（木）草结合型	河谷残塬区的阳坡、半阳坡下部	以核桃、花椒为主的干鲜果，以柠条为主的水保饲料林和以紫花苜蓿为主的优质牧草
灌木混交型	黄土丘陵沟壑区宜林荒山的阳坡半阳坡上部、阴坡、半阴坡	以沙棘、山桃、柠条为主的混交型水保林
乔（木）灌（木）混交型	黄土区宜林荒山的阳坡半阳坡下部	以山杏、柠条为主的水保经济林，沟道发展以刺槐、臭椿、沙棘为主的水保林，实行行间混交
四旁综合效益型	村庄周围	以梨、桃、李、核桃、花椒为主的干鲜果和以油松、云杉、新疆杨为主的护路林
农林复合型	梯田地埂	以山桃、杞柳为主的地埂防护林，川台塬、农田地埂发展以新疆杨为主的农田防护林

② 风沙区环境适应型植被配置模式。

干旱、半干旱沙区植被建设选择树种必须具备耐干旱、抗性强、枝叶茂密、根系发达、防风固沙作用强等特性，同时还应具备繁殖容易、经济利用价值高等特点，使其能在干旱、风大的环境中持续生长，充分发挥其生态和经济价值，改善恶劣的生态环境，提高经济利用价值。

针对神东矿区现有的植被恢复技术和特定的地质环境条件，选择沙柳和沙棘作为先锋植物，沙柳和沙棘以其良好的固沙和防沙能力，为沙生植物的生长提供必要的生存条件。选择适应当地环境条件的乡土植被，灌草结合，可以达到植被快速恢复的效果。神东矿区采取多树种、多林种混交，乔灌草相结合的植被配置模式。

多树种、多林种混交型：多树种主要为新疆杨、刺槐、侧柏等，按照统一设计的株行距种植，林内树种成行成列分布整齐，外观呈较规则的带状或片状。混交林以刺槐为主，在刺槐内混交白蜡、白榆、油松、火炬等树种，混交的树种自然、随机地分布在刺槐林内，林内混交树种呈团、呈簇，行、列不分明，整体外观为规则的块状。

乔（木）灌（木）草结合型：主要应用在防风林带配置中，配置为新疆杨（3行）+侧柏（1行）+刺槐（2行），同时在行内混交种植沙柳或沙棘。

>>

（3）植物快速生长促进技术

植物保水技术。为促使植被恢复，栽种过程中会添加无毒无害、吸水性强、保水力大、有效期长的保水剂。它在很短的时间里可吸收超过自身重量几百倍的水分，呈凝胶状态把水贮存起来，在植物根部长期保持恒湿，待干旱无雨时缓慢释放，供植物吸收利用，被称为植物根部的"微型水库"。

植树带塑料薄膜覆盖技术。通过覆盖栽培改变土壤表面蒸发条件和植物的小气候条件，改变土壤水热状况，从而促进农作物和林木的生长。目前，国内外普遍使用的几种地表覆盖材料有地膜、草纤维膜、秸秆、枯草等。覆盖技术有效地提高了地温，调节了植物的生长季节，保持了土壤水分。

水利播种与覆盖技术。它是利用水力喷播机械进行水力播种。为了提高植物成活率，减少侵蚀，在种液中添加肥料和各种纤维覆盖物。纤维覆盖材料通常是木质或纸质纤维制成的碎屑物，与种子一起混合成种液。主要应用于较难生长植被的土地，能迅速有效播种且促进种子发芽，添加的纤维覆盖物还可以防止侵蚀，加速植被成活。

ABT 促进技术。在云杉、圆柏、油松及插条等树种造林前，应用 ABT 生根粉溶液对根系进行提前处理，可加快苗木根系的恢复速度，提高造林成活率。

培肥地力技术。矿区土壤一般有机质和腐殖质较少，土壤的透气性偏高或偏低，保墒性差，土质偏砂或偏黏，pH 值偏酸或偏碱。通过土壤改良，以迅速改善复垦土壤条件，提高土壤肥力，恢复植被。

沙棘快速生长促进技术。沙棘的种植对于生态脆弱区减少水土流失具有特殊的作用。研究其生长技术对于风沙区减少水土流失、改善生态环境有着重要的作用。从土壤水分角度讲，沙棘种植可以尽量选择土壤水分条件较好的区域。对易出现季节性水分亏缺的土壤水分敏感区域以及塌陷裂缝周围要改变种植沙棘的时间；种植时可采用生根粉等促生根剂促进沙棘早发根、多发根；要注意踏实，可减轻土壤水分的损失，达到保墒育苗的效果。种植沙棘和促进生长还要采用沙棘幼苗生长防晒、沙棘灌丛密度调整优化、降低沙柳沙障破损度技术。

针阔混交林分有序更替技术。针阔混交阶段的关键是林分主次位置的互换。林分从造林之初的以阔为主，过渡到针阔平等，最后发展到以针为主。新疆杨树为油松发挥了遮阴、辅佐作用后，完成历史使命，最后退出了混交类型。因此，在造林之初要促进新疆杨的生长，而在油松进入中龄林后，要人为逐渐抑制新疆杨的生长，促进混交林分向油松的过渡。

合理确定造林密度技术。造林密度和幼林郁闭早晚与林木生长有密切关系，并不是密度越大，产量越高。只有根据造林目的、林种及树种的生物学特性，并结合当地条件和具体要求确定合理的造林密度，才能取得预期的生态、社会、经济效益。

（4）不同类型的采煤塌陷地治理技术模式

遵循生态学原理，结合神东矿区的生态环境与生产建设特点，将采煤塌陷地划分为黄土沟壑区和风沙区，针对不同类型提出矿区土地生态系统建设必须采用综合控制原理，结合植物修复关键技术，给出采煤塌陷地治理技术模式。

① 黄土沟壑区采煤塌陷地治理

黄土沟壑区是水土流失较为严重的区域，土地复垦工程措施只是少量的修整，黄土沟壑区采煤塌陷地治理的主要技术和流程如下。

非小流域区域： 水土保持整地技术（修整法、煤基营养剂）—灌草混植技术（植被选择与配置、保水剂、植被快速生长技术）—节水灌溉技术。

小流域区域： 沟口修筑拦洪土坝—水土保持整地技术（修整法、煤基营养剂）—灌草混植技术（植被选择与配置、保水剂、植被快速生长技术）—节水灌溉技术—封育管护。

② 风沙区采煤塌陷地治理。

在植被状况较差的流动、半流动沙区域，尽量不采用任何工程治理措施，将治沙与植被恢复相结合，为沙生植物的生长提供相对稳定的生长空间。风沙区采煤塌陷地治理的主要技术和流程如下。

高大流动沙丘治理技术—灌草混植技术（植被选择与配置、保水剂、植被快速生长技术）—节水灌溉技术。

半固定沙丘植被恢复技术—灌草混植技术（植被选择与配置、保水剂、植被快速生长技术）—节水灌溉技术。

道路沙害防治技术—灌草混植技术（植被选择与配置、保水剂、植被快速生长技术）—节水灌溉技术。

4.2.2.4　土地复垦技术——微生物技术措施

微生物复垦技术是利用微生物的氧化、还原、分离、转移和变换元素周期表中的大部分元素的能力去除和解毒土壤、底泥沉积物和地下水中的污染物，从而使污染的土壤部分或完全恢复到原始状态。

神东于2008年开始和中国矿业大学（北京）合作开展微生物复垦关键技术研究与试验，并在大柳塔矿沉陷区建设微生物复垦示范基地$1km^2$（图4-14）。微生物复垦是利用微生物的接种优势，对矿区土壤进行综合治理与改良的一项生物技术。该技术指向新建植的植物接种微生物（AMF）。利用植物根际微生物的生命活动改善植物营养条件，促进植物生长发育，使失去微生物活性的矿区土壤重新建立土壤微生物体系，从而改良矿区土壤的基质，提高土壤肥力，加速植被恢复，进而实现生态系统功能的恢复。

试验从当地土壤中筛选出适宜的丛枝菌根真菌，扩繁培育后接种于植物根系，增强植物对土壤水分和养分的吸收能力与吸收量，并利用菌丝特性修复断根，实施应用 $10km^2$，植物成活率和植株生长量均显著提高，有效解决了干旱、贫瘠、沉陷、伤根等难题。

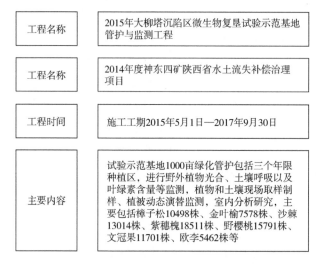

工程名称	2015年大柳塔沉陷区微生物复垦试验示范基地管护与监测工程
工程名称	2014年度神东四矿陕西省水土流失补偿治理项目
工程时间	施工工期2015年5月1日—2017年9月30日
主要内容	试验示范基地1000亩绿化管护包括三个年限种植区，进行野外植物光合、土壤呼吸以及叶绿素含量等监测，植物和土壤现场取样制样、植被动态演替监测，室内分析研究，主要包括樟子松10498株、金叶榆7578株、沙棘13014株、紫穗槐18511株、野樱桃15791株、文冠果11701株、欧李5462株等

图 4-14　大柳塔矿区微生物复垦试验区

（1）微生物复垦对典型植物的影响

采煤塌陷对矿区生态环境造成一定的破坏和干扰，造成了土壤结构破坏，土壤养分流失，对植物及生态产生不利影响，同时土壤中的微生物缺失，也不利于土地复垦工作的进行。

土壤中的微生物能够促进植物的正常生理代谢，同时可以分泌一些酶活性物质和有机酸等，促进土壤中养分的释放，改善土壤质量，对于矿区土壤的可持续发展具有重要的意义。整体来看，微生物复垦就是利用能够与植物产生良好共生或者促生关系的微生物等，改善植物生长的水土环境，促进植物的生长，从而促进矿区土壤及植被向着良好方向发展、生态系统得到良性循环的技术手段。据统计，经过几年的努力，利用菌丝修复了植物的断根，植物成活率和植株生长量平均提高10%。

（2）微生物复垦对植物生长状况的影响

外业实地调查发现，接种丛枝菌根（G.m）与未接种丛枝菌根（CK）相比，丛枝杆菌能够极显著提高紫穗槐成活率，促进紫穗槐生长发育（$P<0.01$）（表 4-8）。随着接种时间的延长，接种处理植株成活率总体保持稳

定，约为92.7%～95.1%，平均成活率93.7%；不接种植株成活率约为83.6%～87.8%，平均成活率85.6%，各时期差异不显著（$P<0.05$）。与不接种植株相比，接种2、11、14个月后，处理植物成活率分别显著提高了7.3%、7.2%、9.7%（$P<0.01$）。接种丛枝菌根能极显著促进紫穗槐株高、冠幅的增加（$P<0.01$）。接种处理、不接种处理株高动态变化分别为55.4～91.8cm和34.2～68.3cm，前者是后者的1.3～1.6倍，差异极显著（$P<0.01$）。冠幅动态变化接种处理、不接种处理分别为38.7～85.1cm和23.4～61.0cm，前者是后者的1.4～1.7倍，差异极显著（$P<0.01$）。

表4-8　不同处理对植物生长的影响

处理	时间/月	成活率/%	株高/cm	冠幅/cm
	2	95.1±0.8[a]	55.4±0.9[c]	38.7±1.9[d]
G.m	11	92.7±2.5[ab]	57.7±1.0[c]	44.8±0.6[c]
	14	93.3±1.1[ab]	91.8±0.8[a]	85.1±1.4[a]
	2	87.8±1.7[cd]	34.2±0.8[e]	23.4±0.8[ef]
CK	11	85.5±1.5[cd]	37.9±0.9[d]	25.8±0.5[e]
	14	83.6±0.7[d]	68.3±1.2[b]	61.0±0.6[b]

注：数据后的上标同列字母不同表示差异显著（$P<0.01$）。

总体来看，接种菌根能够促进紫穗槐的生长发育，解决了紫穗槐成活率低的问题，紫穗槐的良好长势对增加复垦区植被盖度、减少水土流失、增加生物多样性、防治风沙危害、改善生态环境意义重大。

（3）微生物复垦对土壤理化性质的影响

接种丛枝菌根前到接种14个月期间，随着植物的生长发育，接种处理（G.m）、不接种处理（CK）根际土壤有效磷、速效钾、碱解氮、全氮含量总体表现显著降低趋势；同一监测时段，前者显著高于后者（接种后11个月碱解氮除外）（$P<0.05$），说明接种微生物有效提高了根际土壤氮、磷、钾养分有效性或总含量（表4-9）。接种处理的紫穗槐株高、冠幅好于不接种处理植株，紫穗槐迅速生长，对养分需求大，土壤养分贫瘠，回落到根际中的枯枝落叶在短时间内降解成可吸收的养分少，从而表现出氮、磷、钾养分含量总体降低。

随着复垦时间的延长，根际土壤有机碳含量各处理均表现出极显著下降趋势；同一采样时间，不接种处理的有机碳含量大于接种处理（接种后14个月相反），处理间差异显著（$P<0.05$）。这可能是因为接种复垦11个月期间，根际土壤中有机物质更多地转移到植物体内，或者是因为根际土壤微生物细

胞中的许多成分由碳元素构成，它们的运动和各项生命活动进行需要碳源提供能量。接种 14 个月后，由于接种处理植物的快速生长，根系分泌更多的有机物或是部分根系死亡脱落，使有机物质含量表现出接种处理高于不接种处理。

土壤 pH 值是土壤重要的理化性质，由表 4-9 可见，种植紫穗槐能够降低根际土壤 pH 值，各处理在不同复垦时间均表现出极显著差异（$P<0.01$）。与不接种处理相比，接种处理根际土壤 pH 值各阶段下降幅度较大，总体上由 8.33（接种前）下降到 6.77（接种后 14 个月），降低了 1.56 个单位，而不接种处理总体降低了 1.27 个单位；接种后 2 个月，两个处理 pH 值未表现出差异显著性（$P>0.05$），接种后 11 个月和接种后 14 个月，两个处理 pH 值则表现出极显著差异（$P<0.01$）。可以看出，随着复垦时间的增加，根际土壤 pH 值逐渐降低，接种 G.m 更能显著改善矿区土壤碱性环境。

表 4-9 不同处理对土壤理化性质的影响

处理	时间/个月	有效磷/（mg/kg）	速效钾/（mg/kg）	碱解氮/（mg/kg）	有机碳/（g/kg）	全氮/（g/kg）	pH 值	电导率/（μS/cm）
G.m	2	7.56±0.56a	47.13±2.22a	28.80±0.47a	5.45±0.16b	0.517±0.002a	8.33±0.02a	148.14±5.74a
	11	5.74±0.34b	45.10±0.59a	19.83±0.76b	4.95±0.05c	0.421±0.010c	7.43±0.02c	79.96±7.63c
	14	3.98±0.20c	32.66±3.64b	16.68±0.07c	3.13±0.08d	0.184±0.005e	6.77±0.04e	38.18±2.97d
CK	2	5.86±0.12b	37.46±2.98b	15.26±0.47c	6.11±0.14a	0.482±0.005b	8.29±0.02a	135.78±5.41b
	11	3.94±0.27c	36.57±0.35b	20.30±0.63b	5.34±0.05b	0.337±0.006d	7.55±0.08b	79.30±2.20c
	14	2.39±0.10d	23.34±1.65c	7.79±0.19d	2.80±0.01c	0.107±0.004f	7.02±0.00d	28.60±0.97d

注：数据后的上标同列字母不同表示差异显著（$P<0.01$）。

土壤电导率是测定土壤水溶性盐的指标，水溶性盐也是土壤的一个重要属性，是判定土壤中盐类离子是否限制作物生长的因素。随着复垦时间的延长，根际土壤电导率极显著下降（$P<0.01$）；各处理在同一采样时间，接种处理的电导率高于不接种处理，差异不显著。这说明植物的生长对水溶性盐的需求不断增加，从而使电导率逐渐下降，接种能够相对提高电导率，一定程度上能缓解盐类离子对植物生长的限制。

接种微生物能有效降低复垦区土壤 pH 值，改善碱性环境对植物生长的危害，提高矿区根际土壤全氮、有效磷、速效钾等养分含量。土壤有机质和氮素的消长，主要决定于生物积累和分解作用的相对强弱、气候、植被、耕作制度等因素，特别是水热条件，对土壤有机质和氮素含量有显著的影响。

4.2.2.5　生态农业复垦技术

生态农业复垦技术是依据生态学、生态经济学原理，应用复垦工程技术和生态工程技术，通过合理配置植物、动物、微生物等，进行立体种植、养殖和加工的一种技术。

神东矿区沉陷区农田复垦技术示范工程建设区选定活鸡兔矿的高家畔和补连塔。活鸡兔高家畔采区工作面处于硬梁地，坡面上多为农田。沉陷后，部分农田受损，农民不再耕种，变为弃耕地。因此选择此地作为农业复垦试验示范区，主要目的是试验沉陷对农作物的生长是否有影响，影响的程度以及影响的方式。

（1）活鸡兔农业复垦试验示范区

活鸡兔农业复垦试验示范区位于高家畔，横跨 2005 年沉陷区和未沉陷区，有利于进行对比。以两种适合此地生长的一年生作物高丹草和燕麦作为观察植物，播种之前进行了施肥、耕翻土地、清除杂草等常规田间管理措施；播后用移动式喷灌浇水，之后定期中耕除草。

于 2005 年 10 月 5 日在采空区、非采空区分别随机选取燕麦和高丹草各 50 株，测得株高；并随机选取 1 延长米内植株，齐地面刈割，10 次重复，用天平称量其鲜重。

对所测得的数据进行统计并进行方差分析，结果显示，在 0.05 水平上，采空区和未采区之间，燕麦和高丹草在植株高度上有差异，采空区的株高较未采区的高，而鲜草产量两个区之间没有差异（图 4-15）。

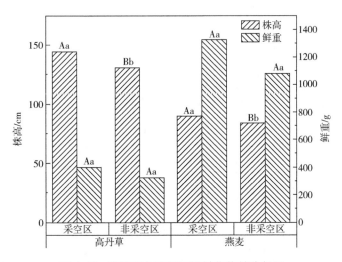

图 4-15　采空区与未采区两种作物的生长量

字母相同表示没有显著差异；字母相异表示有显著差异。

大写字母为 $P<0.01$ 极显著水平，小写字母为 $P<0.05$ 显著水平

由两种作物在采空区与未采区的生长量可知，采煤沉陷未对植物的生长产生负面影响，反而有所改善。结合土壤水分调查的结果分析其原因，可能是黄土硬梁区土壤紧实度大，而沉陷使得土壤松动，改善了土壤结构，田间持水量增加，有利于植物生长。

（2）补连塔风沙区生态恢复试验区

示范区位置及试验实施区位于风沙区补连塔矿采空区。在此范围内未见大面积裸露地表，沙丘上都有人工种植的沙柳或杨树防风固沙林带。但林带间沙地表面裸露，因此选择杨树防风林带间作试验地。林带植被除杨树外，有少量的一年生草本，如沙米、虫实等，沙面不稳定。防风林带株距3m，行距8m。

首先在迎风坡和背风坡的部分林带间设置沙障，沙障为带状，间距1m，与林带垂直，以稳定沙面。选多年生禾本科牧草及草原2号杂花苜蓿分别与燕麦同行保护播种，在雨育条件下对禾本科牧草与苜蓿进行适应性评价。在杨树林带间条播并与防风林带平行，行距50cm。具体见表4-10。

表4-10 混合播种植物种组合

播种材料	播种组合				
	1	2	3	4	5
1	蒙古冰草	无芒雀麦	新麦草	杂花苜蓿	蒙古冰草
2	燕麦	燕麦	燕麦	燕麦	新麦草
3	—	—	—	—	燕麦

蒙古冰草、无芒雀麦、新麦草分别与燕麦同行播种二个林带间距；草原2号杂花苜蓿播种一个林带间距；蒙古冰草、新麦草、燕麦同行播种一个林带间距。

① 燕麦出苗与坡位关系。

燕麦作为保护材料，它的出苗情况直接影响被保护的多年生牧草的生存状况，因此，对同一组合的不同林带间及不同坡位上燕麦的出苗情况作了差异性调查，并进行了方差分析，结果见图4-16、图4-17。从图中可看出，与不同种混播材料同播的燕麦在不同的林带间及不同坡位上出苗情况基本一致，在置信度0.05水平上，燕麦的密度和植株高度在不同的林带间及不同的坡位间无显著差异，表明燕麦的出苗与林带位置及坡位无明显关系。

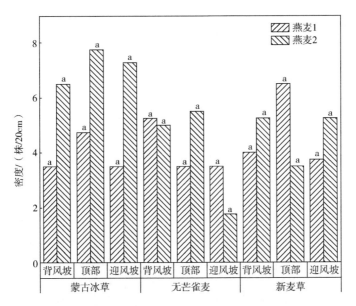

图 4-16　各混播组合不同坡位上燕麦出苗的密度

字母相同表示没有显著差异，字母不同表示有显著差异（*P*<0.0.1）

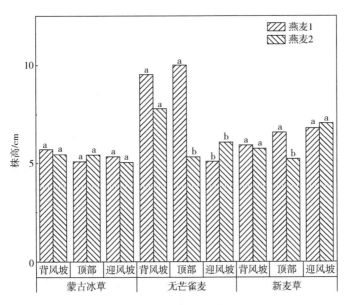

图 4-17　各混播组合不同坡位上燕麦出苗的株高

字母相同表示没有显著差异，字母不同表示有显著差异（*P*<0.0.1）

② 被保护的牧草出苗与坡位的关系

蒙古冰草、无芒雀麦、新麦草等作为固沙植物，它们的出苗状况是该植被恢复方案是否可行的关键。为此，对这三种牧草在不同林带间及不同坡位上的出苗密度和植株高度作了测定，并进行了方差分析，结果见图 4-18、图 4-19。从图中可看出，与燕麦混播的三种多年生牧草在不同的林带间及不同

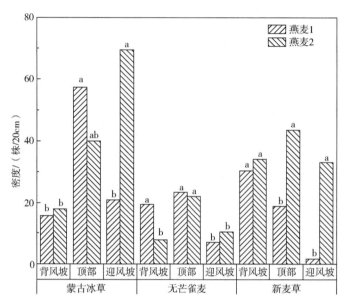

图 4-18　蒙古冰草、无芒雀麦、新麦草在不同林带间及不同坡位上的密度

字母相同表示没有显著差异，字母不同表示有显著差异（$P<0.01$）

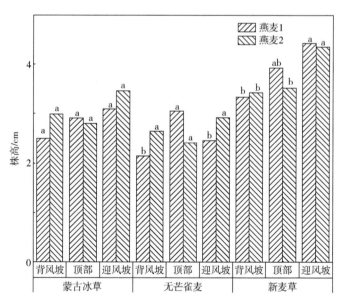

图 4-19　蒙古冰草、无芒雀麦、新麦草在不同林带间及不同坡位上的株高

字母相同表示没有显著差异，字母不同表示有显著差异（$P<0.01$）

坡位上出苗情况有所差异。在置信度 0.05 水平上，蒙古冰草在坡顶的出苗密度要高一些，但植株高度在不同的坡位间无差异；无芒雀麦与蒙古冰草情况相似，在坡顶的出苗密度高一些，但植株高度在不同的坡位间无差异；新麦草在背风坡出苗密度较高，但在迎风坡幼苗生长得较快，植株较高。

燕麦与不同种播种材料播种时，在相同坡位的出苗情况的差异性如图 4-20 所示。

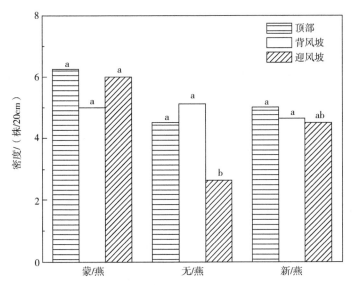

图 4-20　不同种播种材料相同坡位的出苗情况比较

字母相同表示没有显著差异，字母不同表示有显著差异（$P<0.0.1$）

单独播种蒙古冰草、无芒雀麦和新麦草在相同坡位的出苗情况的差异性如图 4-21 所示。

在同一林带间燕麦与同种播种材料播种时，在不同坡位的株高情况的差异性如图 4-22 所示。蒙古冰草与燕麦、新麦草与燕麦、无芒雀麦与燕麦同行播种的两个林带间相同坡位的燕麦株高差异都不显著。新麦草在二个重复中的不同坡位间的株高有差异，但表现一致，均为在迎风坡株高在 0.05 水平上高于顶部和背风坡的。

在同一林带间燕麦与不同种播种材料播种时，在相同坡位的株高情况的差异性如图 4-23 所示。

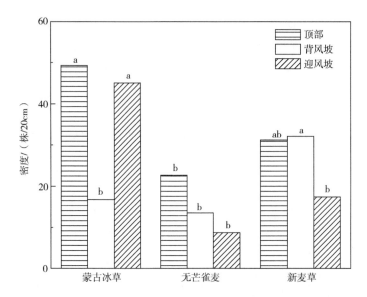

图 4-21　相同种播种材料相同坡位的出苗情况的差异性
字母相同表示没有显著差异，字母不同表示有显著差异（$P<0.0.1$）

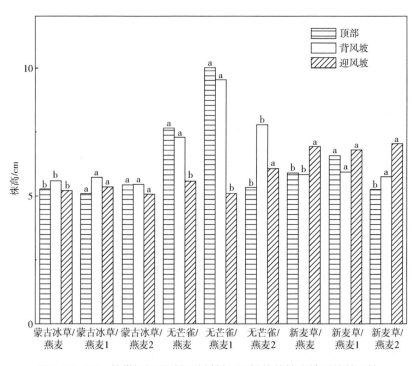

图 4-22　同一林带间相同种播种材料不同坡位的株高情况的差异性
字母相同表示没有显著差异，字母不同表示有显著差异（$P<0.0.1$）

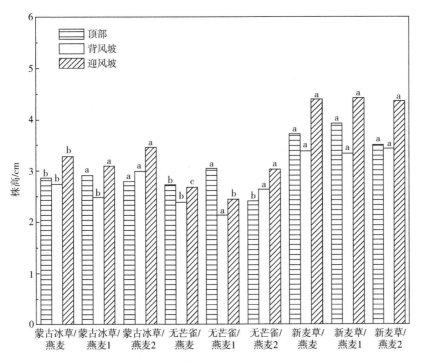

图 4-23　同一林带间不同种播种材料相同坡位的株高情况的差异性

字母相同表示没有显著差异，字母不同表示有显著差异（$P<0.01$）

4.2.2.6　复垦区土壤重构及土壤改良技术

土壤重构技术以工矿区被破坏土地的土壤恢复或重建为目的，采取适当的采矿和重构技术、工艺，应用工程措施及物理、化学、生物、生态措施，重新构造一个适宜的土壤剖面与土壤肥力条件良好以及稳定的地貌景观，在较短的时间内恢复和提高重构土壤的生产力，并改善重构土壤的环境质量。重构土壤也是植被重建的基础。土壤剖面重构是复垦土壤重构的关键。近几年的复垦实践中复垦土壤剖面层自下而上有以下几种形式：黏土—粉煤灰—耕作土、黏土—矸石—耕作土、石灰—矸石—耕作土、黏土—矸石—粉煤灰—耕作土等。

在土壤重构的前期和中期，最为重要的任务是重构、改良与培肥土壤。以加速重构"土壤"剖面发育，逐步恢复重构土壤肥力，提高重构土壤生产力。土壤改良需要重点关注土壤自身的肥力和植被的配置模式。在实际进行植被复垦时，结合选择的植被类型，因地制宜地补充土壤主要速效养分，以保证植被正常生长对养分的需求。最终达到改善土壤质地和土壤理化性质的效果。微生物复垦技术是改良土壤最为有效的措施，即利用微生物活化剂或微生物与有机物的混合剂．对复垦后的贫瘠土地进行熟化和改良，恢复土壤肥力和活性。

露天开采完全破坏了原土壤结构，导致土壤养分和理化性质下降，因此神东矿区在治理的过程中采取边剥离边回填的采煤方式，分层开采、按原土层顺序分层回填。

① 利用黏土改良土壤技术。对于复垦区结构疏松的土壤，采取加垫黏土的办法进行改良，与原有土壤反复耕翻混合，增强土壤的黏度，形成土壤的团粒结构，达到保水保肥的目的。

② 增施有机物改良土壤技术。通过种植豆科牧草，伏期压青，两年后种植农作物，将作物秸秆再返还农田。既提高了土壤有机质含量，又增加了微量元素和生物活性。作物秸秆还田后，富含的钾元素有效减轻了矸石中硫化物对作物的影响。

4.2.2.7 矿区植被恢复技术

煤矿区植被恢复技术以立地条件分类与评价为基础，在选择树种时依据立地类型选择适应性强、易成活、耐干旱、抗贫瘠的乡土树种来对矿区植被进行重建。

神东矿区在治理过程中筛选适宜复垦区的农作物品种，如玉米、大豆、葵花、荞麦、土豆等；适宜的树木品种有油松、刺槐、旱柳、侧柏、紫穗槐等。采取多树种结合，多层次混交的方式，建设复合生态系统。

① 复垦区乔木泥坑栽植法。针对复垦区漏水漏肥、树木成活率低、管护强度大的难点，用红泥与土和成泥浆，用泥浆将树坑底及四周抹厚3～5cm，形成一个泥坑，阴干后栽植树木。

② 复垦区夯实栽植树木法。复垦区土壤结构疏松，栽植时首先将树坑底夯实，再浇水沉实。树木栽植浇水后经多次踩实，成活率明显提高。

在复垦区内建设牧草饲料基地和设施农业基地，利用氧化塘养鱼、养鸭，形成循环农业模式。同时在复垦区内建立旅游度假村，形成良好的生态产业。

马家塔复垦区由于开采破坏了原有植被，土壤养分含量极低。通过种植豆科牧草、伏期压青、种植农作物、秸秆还田等措施，提高土壤有机质含量。马家塔露采坑生态土地复垦土壤养分测定见图4-24。牧草与秸秆还田后，还增加了土壤微量元素和生物活性。同时，作物富含的钾元素有效减轻了矸石中硫化物对作物的影响。神东矿区与中科院综考队成功地进行了油松及农作物土地复垦试验，经多年实践，马家塔复垦区适应的农作物品种有玉米、大豆、葵花、荞麦、土豆等，适宜的树木品种有油松、刺槐、旱柳、侧柏、紫穗槐等。由于复垦区土壤营养物质严重缺乏，树木抗病虫害能力差，因此在选择树种时采取多树种结合、多层次混交的方式，以便增加林木抵抗病虫害的能力。马家塔复垦区目前已形成治理与经营互相促进、协调发展的格局。绿化覆盖率达到80%，较开采前提高15.8倍。共种植牧草700亩，栽植灌木10万株，乔木2万株。被水利部评为全国生态建设示范基地，被内蒙古自治区旅游局评为AA级旅游区，一个新型现代化的人造生态园已基本形成。

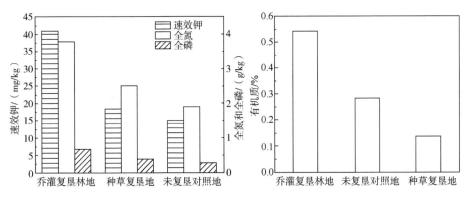

图4-24　马家塔露采坑生态土地复垦土壤养分

4.2.3　神东矿区地质环境治理与土地复垦评价

（1）生态地质环境保护成效

晋、陕、内蒙古接壤区煤炭基地生态建设示范工程（黄土沟壑区）位于陕西省神木市大柳塔镇大柳塔矿井3盘区12303、12304、12305工作面老采空区，示范工程总占地面积1000亩，属陕北黄土高原北缘与毛乌素沙漠过渡地带，地理坐标北纬35°13′53″～39°21′32″，东经110°12′23″～110°22′54″，整体布局如图4-25所示。示范基地总占地面积1000亩，包括植被建设示范工程835.5亩；地裂缝治理示范工程124.5亩；耕作区土壤改良与保水技术示范工程40.0亩；中小发育冲沟治理示范工程2处；水土流失径流监测小区4个。示范基地内建设重点试验区1个，面积120亩。

其中地裂缝治理示范工程包括6个地裂缝治理区，累计治理裂缝68条，总长度2309.5m。其中，治理区①裂缝18条，累计治理长度1026.1m；治理区②裂缝4条，累计治理长度109.9m；治理区③裂缝13条，累计治理长度275.6m；治理区④裂缝7条，累计治理长度238.7m；治理区⑤裂缝6条，累计治理长度152.4m；治理区⑥裂缝20条，累计治理长度506.8m。

（2）神东土地复垦成效

采煤塌陷对矿区生态环境造成一定的破坏和干扰，造成土壤结构破坏，土壤养分流失，对植物及生态产生不利影响，同时土壤中的微生物缺失，也不利于土地复垦工作的进行。

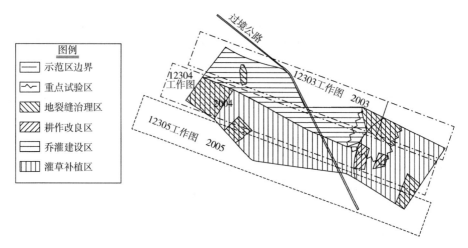

图4-25 晋、陕、内蒙古接壤区煤炭基地生态建设示范工程布局

神东在对沉陷区开展全面调查的基础上，进一步对沉陷区的土地复垦质量进行监测。通过采集调查点表层 0～30cm 土壤样品，按照《土地复垦质量控制标准》（TD/T1036—2013）中西北干旱区和黄土高原区土地复垦质量控制标准检测沉陷区土壤理化性质，监测沉陷区各调查点土地复垦质量指标的达标情况。沉陷区土地复垦质量现场调查指标包括复垦方向、有效土层厚度、土壤质地、灌溉条件、郁闭度等，土壤理化性质检测指标包括土壤容重、砾石含量、pH 值、有机质等。

根据《黄土高原水土保持分区图》对地形地貌的区域划分，结合现场调查，对大柳塔矿和活鸡兔矿、哈拉沟矿、石圪台矿、上湾矿、补连塔矿、柳塔矿、乌兰木伦矿、寸草塔一矿、寸草塔二矿、布尔台矿、锦界矿共 12 个矿区按照西北干旱区土地复垦质量控制标准进行分析，榆家梁矿和保德矿按照黄土高原区土地复垦质量控制标准进行分析。

针对煤炭开采导致的沉陷区土地退化，神东公司采取优化林分结构、营造生态林或经济林、微生物等技术对土地进行复垦修复，使贫瘠的受损土地具有了较强的生产力。经遥感解译，2018 年，沉陷区内耕地、林地、草地等主要土地复垦类型的面积占沉陷区总面积的 87.85%，具有较大的土地复垦提升潜力（图4-26）。在沉陷区土地复垦的野外调查点中（表 4-11～表 4-13），多数复垦方向为林草地方向，参照《土地复垦质量控制标准（TD/T1036—2013）》中不同地貌类型区的复垦标准，除矿区本地有机质水平略低外，沉陷区土地复垦的覆土厚度、容重、定植密度及配套道路设施等，均达到了相应类型区的质量要求，复垦合格率80%以上。

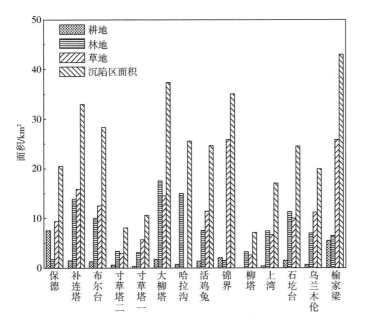

图 4-26　2018 年神东矿区沉陷区耕地、林地、草地、沉陷区面积

表 4-11　神东矿区沉陷区复垦方向为草地的土地复垦质量调查点及复垦质量状况

有效土层厚度 /cm	土壤容重 / (g/cm³)	土壤质地	砾石含量 /%	pH 值	有机质/%	(郁闭度/覆盖度) /%	达标率 /%
>10	1.57±0.07	砂土	<50	8.57±0.3	0.58±0.19	65±11	92±5

表 4-12　神东矿区沉陷区复垦方向为灌木林地的土地复垦质量调查点及复垦质量状况

有效土层厚度/cm	土壤容重 / (g/cm³)	土壤质地	砾石含量/%	pH 值	有机质 /%	定植密度 / (株/hm²)	(郁闭度/覆盖度) /%	达标率 /%
>20	1.56±0.09	砂土	<50	8.52±0.42	0.54±0.25	4564±2753	61±13	89±5

表 4-13　神东矿区沉陷区复垦方向为林地的土地复垦质量调查点及复垦质量状况

有效土层厚度/cm	土壤容重 / (g/cm³)	土壤质地	砾石含量/%	pH 值	有机质 /%	定植密度 / (株/hm²)	(郁闭度/覆盖度) /%	达标率 /%
>30	1.48±0.16	砂土	<50	8.8±0.46	0.61±0.16	1433±789	60±8	90±5
>30	1.49±0.26	壤土	<25	8.39±0.36	0.69±0.13	2133±1411	68±7	92±4

4.3 矿井水和煤矸石综合处理与利用技术

4.3.1 神东矿区矿井水和煤矸石特征

（1）矿井水特征

水是神东矿区生态建设的主导因子，在水资源严重紧缺的情况下，矿井水的利用显得尤为重要。矿井水是由于在煤炭开采过程中，破坏了开采煤层以上地表水和地下水的赋存条件，这些水会通过裂缝和断层泄漏到采煤工作面，为了不影响采煤生产，需将这些废水排放到地面而产生的。由于矿井水在产生和汇集的过程中与煤粉和岩粉发生了相互作用，因此，中性矿井水中常含有大量的悬浮物。根据监测，中性矿井水中悬浮物的含量一般在100～2000mg/L。可以说悬浮物是中性矿井水的特征污染物。由于煤层中含有数量不等的硫分［主要是以黄铁矿（FeS_2）的形式存在］，一般煤层的含硫量在0.3%～5%之间。在开采环境下，这些硫分会在微生物和氧气的作用下发生氧化，最终形成硫酸和铁离子。由于这一机理的存在，使得部分矿井水成为了酸性矿井水。矿井开采时间越长、煤层含硫量越高，矿井水酸化的倾向性和程度越大。由于酸性矿井水对围岩有很强的侵蚀性，因此，酸性矿井水还具有矿化度高、硬度大的特点。

由于酸性矿井水的pH值、矿化度和铁离子对胶体的脱稳和絮凝作用，酸性矿井水中悬浮物的含量一般都较低。根据监测，酸性矿井水中悬浮物的含量一般在10～200mg/L。因此，酸性矿井水的污染特征是高矿化度、高硬度、高硫酸根、高总铁离子和较低悬浮物。

（2）煤矸石特征

煤矸石是煤炭开采和加工过程中排放出的废弃岩石，即开采煤炭时，从煤层的顶板夹石层或底板部位，以及在开拓掘进中从煤层周围挖掘和爆破出来的各类岩石。煤矸石既是煤矿采选过程中排弃的固体废弃物，又是可综合利用的资源。我国的煤矸石综合利用率很低，传统煤炭开采方式造成的矸石占用土地、污水排放、地下水流失及煤层自燃等一系列生态环境问题，严重影响着煤炭行业的健康发展。据统计，近50年来，全国累计排放煤矸石近45亿吨，目前每年仍以2.5亿吨的速度在增加，既大量占用土地，又严重污染环境；每年全国煤矿的工业废水排放量约34亿吨，利用率仅为26%左右；全国已查明煤层自燃面积约720km^2，每年损失煤炭1000万吨以上。

神东要在脆弱生态环境地区建成亿吨煤炭生产基地，如果继续沿用传统开采方式，每年将会产生矸石2000万吨、污水5000万吨和大量的粉尘，同时神东矿区的浅埋煤层极易造成大面积自燃，不但损失大量煤炭资源，而且给区域环境造成极大的危害。因此大力开展煤矸石综合利用不仅增加了煤炭企业的经济效益，改善煤矿生产结构，而且还提高了环境质量，做到资源与环境的协调开发。

4.3.2　神东矿区矿井水和煤矸石治理与资源化利用技术

（1）矿井分布式"地下水库"

传统（将井下排出的水输送至井上或者地面设施）处理矿井水的方法经济效益及生态效益均欠佳，一方面外排地表的矿井水大量蒸发，造成了水资源的浪费；另一方面净化污水成本较高，增加了矿井水排水的复杂性。

针对这种情况，神东矿区提出以"导储用"为手段的水循环利用技术——"疏导含水层的地下水""储存疏导的地下水于适当的地下空间""利用储于地下空间的矿井水"。研究开发了涵盖煤炭地下水库设计、建设和运行的技术体系，包括水源预测、水库选址、库容设计、坝体构建、安全运行和水质保障等六大关键技术，并首次将采空区矸石作为过滤、净化污水的载体，井下排水通过采空区矸石的过滤、净化后，再次用于矿区的生产及生活，实现了矿井水的循环利用。2013 年，国土资源部关于《矿产资源节约与综合利用先进适用技术推广汇编（第二批）》中，将分布式地下水库技术作为煤炭类的重要技术进行推广。目前，矿区拥有 35 座地下水库，库容总量 3200 万立方米，实现了"地面清水零入井，地下污水零升井"的双零目标。

① 地下水库建设的原理。

将煤层开采引起的漏失水资源储存在采空区中，同时将井下生产过程中产生的污水回灌到采空区中，防止矿井水外排导致的土壤损害和水源蒸发损失；最终利用采空区矸石的过滤、吸附与净化作用，恢复水资源的再利用价值，实现水资源的保护和循环利用。

② 采空区岩石净化工艺。

煤矿地下水库的净水原理是利用采空区的沉淀作用。矿井水在采空区内水平流速小，停留时间长，沉淀效果好，因此矿区利用采空区作为处理矿井地下水的场所。引导矿井水流过采空区垮落矸石与矸石中的蒙脱石反应，实现净化处理。引导矿井水的主要方法是从采空区煤层底板地势较高的地方回灌污水，在向地势较低的地方渗流的过程中实现污水净化功能。

矿区大部分矿井采用全部垮落法处理顶板，采空区矸石以砂质泥岩、粉砂岩、细砂岩、中砂岩为主，泥岩中含有一定的黏土矿物，吸附能力强，能够净化矿井水中的悬浮物。采空区矸石中存在煤灰等颗粒及砂岩颗粒，孔隙

107

较大，具有较大的纳污能力，也能去除水中的悬浮物。除沉淀和吸附外，采空区微生物能够氧化、分解、吸附水体中的有机物，从而使矿井水得到净化。采空区矿井水净化流程和机理如图 4-27 所示。

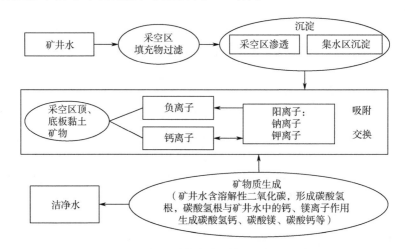

图 4-27　采空区矿井水净化流程和机理示意图

③ 地下水库建设技术。

神东矿区建立了"基础研究、建设技术、运行技术"为一体的煤矿地下水库储用矿井水技术体系结构，在设计和运营中解决了水库选址、水量预测、库容确定、坝体构筑、安全保障和水质控制等技术难点，首次提出地下水库库容确定方法，并首次研发了水库安全三重预警防控技术。煤矿地下水库技术体系结构见图 4-28。煤矿地下水库技术主要包括基础研究、建设技术和运行技术三部分，其中基础研究主要研究地下水运移规律和水体的净化机理，建设技术主要解决水库的选址、水量的预测、库容的确定以及坝体的构筑，运行技术则主要包括安全保障和水质控制。

a. 水库选址及库容确定。通过综合考虑覆岩及垮落岩石物理力学性质、采空区空间结构、地应力条件、开采条件等因素，评价矿区地下水库建库条件；分析沉积岩性、采空区冒落岩石孔隙率等影响参数，建立煤炭规模开采条件下的垮落空间与储水系数关系；根据地下水含水层赋水性，确定库容。

b. 煤矿地下水库建设。利用地下筑坝设计和施工新工艺，构建坝体结构稳定性评价理论与方法。针对煤柱坝体和人工构筑坝体，分析不同条件下地下水库的防渗性能，提出相应的防渗控制方法。

c. 地下水库的安全运行。建立地下水库水质评价模型与标准，保障地下水库储水水质的安全。分析地下水库挡水坝和挡水煤柱的变形破坏规律，确保挡水构筑物的稳定性；开展地下水库运行的安全性和稳定性，形成矿区"煤水共采"模式，保障矿井水的科学保护与综合利用。

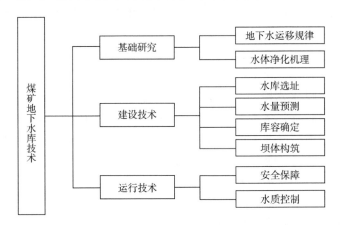

图 4-28 煤矿地下水库技术体系结构

（2）矿井水"三级处理"技术

神东矿区自主研发矿井水"三级处理"模式，通过采空区过滤净化系统、地面污水处理厂、矿井水深度处理厂进行"三级处理"，实现了矿井水综合循环利用。井水综合循环利用系统如图 4-29 所示。

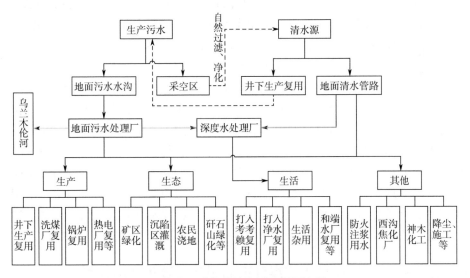

图 4-29 矿井水综合循环利用流程

井下清水利用包括煤层采掘工作面的污水在采空区净化后，一部分通过各清水供水点由管路输送至各采掘工作面用水点使用；一部分通过清水源泵排至地面清水自流管路后，一部分用于热电厂、选煤厂、橡胶坝、绿化等，一部分经过水深度处理厂后用于生活用水。井下生产污水通过排水管路或水沟排至地面进行处理。由于井下供污水净化的采空区空间有限，因此在地面也设置了专用的污水处理厂，处理井下不能处理的污水。经污水处理厂处理后，一部分用于热电厂、选煤厂、橡胶坝、绿化等，一部分经过水深度处理厂后用于生活用水，一部分流入乌兰木伦河。

由于矿区供水水源总体比较紧张，经过上述循环系统供井下和地面生产、生活使用后，井下所有水资源几乎得到全部利用。这套矿井水综合循环利用工艺，将地面及井下的污水处理和清水使用紧密地联系在一起，通过采空区过滤净化系统、地面污水处理厂、地面深度水处理厂的"三级处理"，形成了一套完整的矿井水资源利用系统，达到了保护水资源、充分利用水资源的目的。

（3）构建矸石深度利用链条

煤矸石是煤炭产业的主要伴生产物，全国约产7亿吨/年，占煤炭总产量的15%～20%；神东约1500万吨/年，占煤炭产量的8%，体量巨大。现在以填沟造地为主，处于综合利用的低端。

在原来煤矸石发电、制砖、筑路等利用途径的基础上，深度分析煤矸石组成与结构特征，不断研发创新，分级利用。首先提取，如提取氧化铝、黄铁矿、煤炭；其次制备与合成，如制备与合成陶瓷、混凝土、水泥、凝胶、路基材料等；最终废料填沟造田，将煤矸石处置场经复垦治理后变成能种植的良田，造福当地村民，增加经济收入，提高经济效益和社会效益。

（4）协同煤矸石、矿井水与沉陷土地治理与利用技术

协同煤矸石、矿井水与沉陷土地治理与利用技术是神东矿区针对沉陷区的生态特点深度利用煤矸石和矿井水的一项技术。在采煤沉陷区，矸石填沟使沟地变水地，矿井水灌溉使旱地变水地，沉陷土地种植经济林。该项技术是利用煤矸石、矿井水、沉陷土地双重属性，将煤炭开采中的三大环境问题转变为资源加以利用，一方面能够解决环境问题，另一方面又开拓了资源途径。沉陷土地生态修复后，改善了区域生态环境质量；矿井水、生活污水灌溉利用后有效促进了灌溉区经济林与农田增产；废渣填沟堑地变为平整土地后，减少了堆放处置造成的环境污染，有效控制了沟堑地的水土流失。

4.3.3 神东矿区矿井水和煤矸石治理与资源化利用评价

（1）采空区岩石净化工艺评价

通过对采空区矿井水处理后的水样进行实验室分析，矿井水经过采空区

自然净化后，悬浮物总去除率达到 95%以上，净化效果随时间延长更加显著。大柳塔矿井采空区净化后的矿井水水质如表 4-14 所示。可以看出矿井水中的各项水质指标在处理后均有明显下降，且均达到标准。

表 4-14　大柳塔矿采空区净化前后水质比较

项目	净化前	净化后	标准
悬浮物粒度/mm	0.1～6.0	0.2	0.3
pH 值	8.1	7.7	6～9
大肠菌群/（个/L）	5	1	3
浑浊度/度	530	2.71	5
悬浮物/（mg/L）	453	30	30
COD_{Cr}/（mg/L）	1168	12	50
总硬度/（mg/L）	380	278	450
氯化物/（mg/L）	260	110	250
溶解性总固体/（mg/L）	980	905	1000
阴离子合成洗涤剂/（mg/L）	0.7	0.007	0.5
氨氮/（mg/L）	15	0.11	10
总碱度/（mg/L）	315	215	350

（2）地下水库建设情况评价

表 4-15 为 2018 年矿区地下水库建设情况。通过对神东矿区地下水库建设情况的监测，对比矿井水涌水量和水库储水量，可以看到地下水库可以对矿井水进行有效的储存，便于矿井水的进一步处理与利用。

表 4-15　神东矿区地下水库建设情况表

序号	矿井名称	矿井正常涌水量/（m³/h）	目前储水量/万立方米
1	大柳塔矿	872	715.2
2	补连塔矿	551	53.6
3	榆家梁矿	145	97.7
4	上湾矿	313	14.6
5	乌兰木伦矿	719	551.6
6	石圪台矿	1176	90.2
7	保德矿	171	6.8
8	锦界矿	3553	71.8
9	哈拉沟矿	214	466.9
10	布尔台矿	522	84.7
11	柳塔矿	212	79.3
12	寸草塔一矿	144	156.1
13	寸草塔二矿	219	59.8

（3）矿井水三级处理监测与评价

神东矿区 2018 年采空区过滤净化矿井污水量 7372 万立方米，水质满足工业用水标准，年复用量达到 6428 万立方米，复用率达到 87%。矿区有矿井水处理厂 20 座，采用混凝澄清过滤工艺，总设计处理能力 234960m^3/d，2018 年实际处理量为 80947m^3/d，复用水量 57945m^3/d，达标排放量 23002m^3/d，复用率 72%，排放达标率 100%。矿井水经矿井水处理厂处理前后水质检测结果见表 4-14。从表中可以看出，各监测项目基本都有明显的下降，且均达到排放标准，其中总硬度下降较为明显，但总锌、硫化物、总铬及六价铬的变化并不明显。

矿区现建成矿井水深度处理厂 3 座，包括大柳塔、布尔台、榆家梁等，均采用气浮、三级过滤、消毒工艺相结合的处理工艺。总设计处理能力 29000m^3/d，矿井废水经过深度处理后，用于神东矿区单位、居民洗浴等生活杂用，能够起到节约矿区净水资源的作用。

2017 年国家发改委、水利部和住建部联合出台的《节水型社会建设"十三五"规划》明确指出加大矿井水利用，要求到 2020 年矿井水利用率达到 80%。神东矿区重点推进矿井水资源化利用，因地制宜修建矿井水利用和净化设施，把矿井水利用与矿区及周边的生产、生活、生态用水有机结合，鼓励和推进矿井水产业化利用。到 2018 年，矿区矿井水综合利用率已达到 82.7%，提前达到目标。

（4）矿区生态用水"三级处理"监测与评价

内蒙古和陕西是我国重要的能源基地和生态屏障区。区域水资源短缺，生态环境十分脆弱，生产与生态环境用水矛盾尖锐。神东集团围绕"丝绸之路经济带"及重要经济区、能源基地等发展要求，以水定地，以地定产，以区域水资源承载能力为控制，加强水资源节约集中利用，保障生态基本用水需求，促进资源环境逐步休养生息。

从图 4-30 可以看出，神东矿区的矿井水利用率几年来有一个明显的提升，矿井水的生态复用量由 2015 年的 264 万吨逐年上升至 2018 年的 1466 万，增幅达 4.6 倍（图 4-30）。利用途径主要包括厂区绿化、沉陷区灌溉、农民浇地、矸石山绿化等，实现了利用率与利用结构同步提升。

灌溉系统的配套实施是矿区水土保持生态建设取得显著成效的主要原因。在这一地区，"有水就有绿色，无水便是荒漠"。针对干旱缺水的主导限制因子，矿区确立了"综合开发利用污水资源、系统实施灌溉管网、全面推行科学灌溉与节水灌溉技术"的指导思想，坚持生活生产初用，绿化灌溉复用，持续确保了造林成活与成林。管网控制灌溉面积逐年扩大。林木成活保存率由原来的 40%~80% 提高到现在的 80%~98%。

中心美化圈管网覆盖率达到100%，建设了森林化厂区、园林化小区12km²，绿地率达40%以上，植被覆盖度达到了80%以上，美化了矿区环境。针对矿井周边裸露的高大山地，优化水土保持整地技术。

周边常绿圈的管网覆盖率达到80%，解决了干旱地区生态建设用水不足和矿井污水污染环境的难题，建设了"两山一湾"周边常绿林与"两纵一网"公路绿化30km²，形成了常绿景观。

外围防护圈以自然修复为主，针对矿区外围大面积的流动沙地，采用优化草本为主、草灌结合的林分结构，营造了267km²生态防护林，建成了沙漠绿洲。

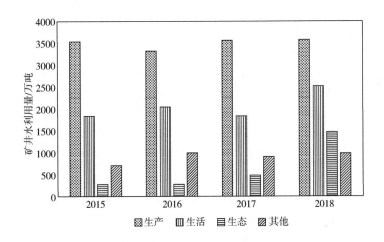

图4-30　神东矿区矿井水复用方向

（5）煤矸石治理与资源化利用监测与评价

通过对煤矸石修复的土地进行监测发现，矿区矸石场复垦现状良好，复垦率达75%以上。利用煤矸石将沟地变成水地，并利用净化的矿井水进行灌溉，并结合经济林建设技术创造经济效益，2017年至2018年内蒙古自治区境内计划种植生态经济林20km²，内蒙古自治区境内矿井水（6万吨/日）全部实现灌溉利用，生态经济林每平方米需水量0.75立方米/年，若用水车拉水费用为5元/吨，通过灌溉管网供水，每年可节约水车拉水费用0.75亿元。应用协同煤矸石、矿井水与沉陷土地治理与利用技术可以大幅度降低用水成本，创造更多的经济与生态效益。

4.4 生态保护和生态系统建设技术

4.4.1 神东矿区生态系统特征

神东矿区特殊的地理环境造成了其生态环境的复杂性，在神东矿区的风积沙区地表植被稀疏。在以风沙地为主的流动、半固定及固定沙地上，分布着沙地植被，主要是沙地先锋植物群落和油蒿群落，而在洼地、滩地和湖泊周围分布有湿地植被。而在黄土沟壑区，由于黄土高原地区沟壑纵横，切割强烈，地形支离破碎，地表植被在沟谷相对发育，梁地及黄土丘陵地大多都开垦为农田或曾经是农田，植被多为农作物及田间杂草以及撂荒地植被。神东矿区的生态环境主要有以下特征。

过渡性。矿区北有毛乌素沙地，南有黄土高原，是黄土高原地貌演化的典型过渡地带，在水蚀和风蚀的共同作用下形成了盖沙黄土丘陵和风蚀黄土丘陵的特殊地貌，沟谷两岸的山坡上基岩直接裸露，基本没有土壤发育。由于地貌、土壤的过渡性特征，原始植被种类单调。

波动性。由于矿区处于鄂尔多斯高原与黄土高原的交接地带，生态环境波动性十分明显，主要表现为：一方面年际间与年内降水分配极不均匀；另一方面降水常以突发性强的暴雨形式出现。此外，矿区所处地区热量指标变化剧烈，年平均温差较大，一般为 13.2～14.9℃；大风更是该地区的常见灾害。因此，矿区的气候条件波动性大，突发性强。

脆弱性。生态脆弱性是指生态系统在受到干扰时，容易从一种状态转变为另一种状态，而且一旦改变很难恢复到初始状态。由于矿区位于黄土丘陵与毛乌素沙漠之间，沙漠化及潜在沙漠化土地面积约占总面积的 85%。沙漠的多次侵袭，形成独特的土壤理化性质；土壤颗粒组成较粗，疏松无结构，储水保肥能力差，一遇水流，土体迅速崩解，土粒易分散。加之矿区的暴雨、大风等气候因素，土壤的理化性质与这些因素相互作用，必然导致严重的土壤侵蚀。黄河一级支流窟野河上游乌兰木伦河流经矿区，季节性暴雨、极易侵蚀的岩屑黄土使这里成为严重的水土流失区和黄河粗沙物质的重要来源区，侵蚀模数高达 9000～13000t/（a·km^2）。同时，风蚀风积作用十分强烈，流动沙丘广布，风蚀区面积占总面积的 70%。除沟谷区、河谷低地区外，潜水埋深可达 20～30m，地表水贫乏，地下水不能被植物利用。这些条件和因素使矿区的生态环境十分脆弱。

敏感性。生态环境的敏感性突出表现形式为主导因素的改变使环境发生变化。矿区的生态敏感性表现在两个方面，一是由于自然气候条件改变导致的环境变化，如由于矿区降水集中，无雨持续时间长，土壤抗旱能力差，特别容易发生灾难性的干旱，导致植被的死亡；二是由于矿区开发引起的自然条件改变，如地下水位、地表状态的改变和废渣、废水排弃等导致的环境污染所引发的生态环境变化。

潜在危险区。由于矿区生态环境具有很高的波动性、脆弱性、敏感性和很低的抗可逆性、承受能力和自我恢复能力，因此是生态环境的潜在危险区。在矿区开发建设过程中，一旦生态环境遭到破坏，靠自身的能力需要相当长的时间才能恢复，甚至有可能永远都不能恢复，导致环境的逆向演变与恶性循环，从而使生态系统彻底破坏。这是由多种自然条件和矿区开发建设导致的环境变化特点决定的。

4.4.2　神东矿区生态保护和生态系统建设技术

（1）地表生态自修复促进关键技术
① 自修复规律的生态修复技术途径。
神东矿区研究开发了煤炭开采地表动态裂缝和土壤渗透系数等现场测试装置，实现了开采全周期地表生态要素的系统观测，揭示了地表裂缝变化、土壤含水性和植物根系变化规律，首次发现了生态脆弱区煤炭规模化开采中地表生态自修复趋势，提出了基于自修复作用的生态修复效益提升技术途径。

神东矿区开采沉陷区观测研究发现，煤炭开采后，工作面中心区域形成的均匀沉降区产生动态裂缝，工作面周边形成的非均匀沉降区产生边缘裂缝（图4-31）；加大工作面尺寸可增加均匀区沉降面积。

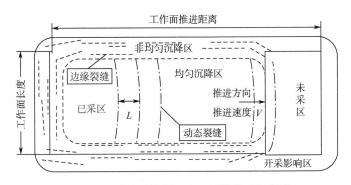

图 4-31　综采工作面沉降及裂缝分区示意图

研究发现，地表裂缝损伤植物根系且改变根际微生物环境。以草本植物沙蒿和灌木植物沙柳为例，采后其根长、根直径及根尖数明显降低，3个月后根长及根尖数恢复加快，12个月后达到采前水平（图4-32）。采用发明的野外现场微生物采集方法及装置观测证实，其根际微环境采后随时间延长而明显改善。

综合28个指标建立的地表生态自修复能力分区评价表明，均匀沉降区的自修复能力显著优于非均匀沉降区，且增加均匀沉陷区面积和及时"封闭"裂缝是地表生态修复的关键，可显著促进土壤含水性恢复和提高植物根系自修复能力。

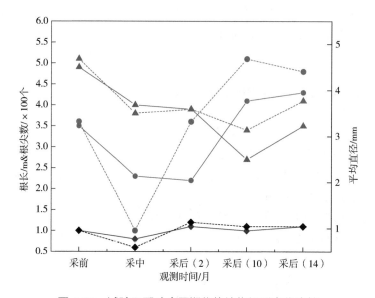

图4-32 试验区采动全周期优势植物根系变化比较

② 安全高效开采沉陷区地表生态自修复促进关键技术。

神东矿区依据开采对地表生态影响规律和自修复趋势，建立了采动覆岩整体减损与分区引导修复相结合的一体化生态修复模式，开发了地表生态减损和促进地表沉陷区植物自修复技术，首创了生态脆弱区煤炭安全高效开采促进地表生态自修复关键技术，实现了煤炭安全高效开采与地表生态保护的协调。

神东矿区研究建立了采动覆岩整体减损+分区引导型修复模式，即通过优化开采参数，降低导水裂隙带发育高度和控制地表层裂缝间距。在均匀沉降区，以自然封闭型修复为主（裂缝跟踪平整+配置优选植物）；在非均匀沉降区，以工程引导与植物修复为主（裂缝充填+优选植物配种+根际环境改良）。

同时，神东矿区根据之前的研究成果发明了综采工作面端头采煤方法和超大工作面回风巷底板清理方法，将神东矿区工作面平均推进速度由 12m/d 提高到 15～18m/d，使动态裂缝发育周期缩短到约 18 天。此时，动态裂缝对土壤含水性影响范围约 50～75cm，边缘裂缝的影响范围约为 100～125cm，影响周期约 45～50 天。同时，将工作面开采面积由约 240m×2000m 加大到 300m×4000m 左右，使地表均匀沉陷面积增加 45%以上，大幅度降低了开采对地表生态损伤程度，且实现了安全高效开采。

神东矿区按照分区引导修复模式，均匀沉陷区采用沙蒿为主导植物（60%）+速生优势豆科植物紫穗槐（40%）的优势植物组合技术，非均匀沉陷区采用以樟子松、沙棘、紫穗槐及紫花苜蓿等为主（60%）的间作与混作技术；开发了从地下水库抽取矿井水灌溉技术，辅以生物覆盖与根系和土壤生物综合改良技术，使土壤水分蒸发量降低约 10%，磷、钾利用率提高 20%以上。

（2）植被修复技术

植被修复技术是指利用植物提取、吸收、分解、转化或固定土壤、沉积物、污泥或地表、地下水中有毒有害污染物技术的总称。植被修复是按照生态学规律，利用植物自然演替、人工种植或两者兼顾，使受到人为破坏、污染或自然毁损而产生的生态脆弱区重新建立植物群落，以恢复生态功能的技术。植被修复常被应用于环境受污染或生态受破坏的场所以清除重金属、微量元素污染和人造有机污染物。忍耐对策指植物因自身本来具有或业已形成重金属耐性。

植物对废弃矿区环境的适应机制主要有微生境（逃避）对策、忍耐对策和根茎对策等三种对策。微生境（逃避）对策指植物局限生长于矿区土壤中重金属含量低、毒性小而养分含量相对较高的局部地区，这些微生境一般来自于人为的或自然的因素。根茎对策指植物本身不具有重金属耐性，它们一般先生长在尾矿的微生境中，但与微生境对策不同的是，这些植物通过根茎的繁殖和延伸，可以大面积扩展到毒性高的矿地上生长定居。

植被恢复有自然恢复和人工修复。矿区植被修复，主要是在生态学理论和原理的指导下，从基质改良、植物修复、土壤质量演变以及植被演替等方面，集成环境工程技术、农林栽培技术和生物技术，应用于矿区环境改良和生态恢复。矿区植被修复技术应基于区域内的植物生长限制因子、生物多样性、先锋树种及主要伴生树种的生态位和现有植物的群落动态和种群空间分布格局的全面研究，确定植被修复的模式、功能和群落演化动态，制定方案和配套的技术措施。

矿区植被生态修复是以生态恢复为目标的中长期时间尺度的生态环境综

合治理。一般包括 3 个互相联系和彼此渗透的阶段：一是蓄水固沙（或固土），改良土壤，使之具备植物生长的基本条件；二是合理筛选植物，合理安排种植顺序，增加表面植被覆盖；三是随着生态环境的逐步恢复，渐进建立次生植物群落，再造生态景观（林地、果园或耕地）。矿区植被修复应循序渐进，从改善受损生境的生态条件、增加生物多样性和提高生产力的角度，立足于自然生态过程的修复，增强系统对能量的固持能力，使受损生境通过自身的主动反馈，不断和自发地走向恢复和良性循环。

① 植被自维持生态修复技术。

植被自维持生态修复技术是通过构建土壤生境系统、植被群落系统和物质循环系统进行受损植被群落的修复或重建。三个系统的构建包含三大技术体系的配套应用，即生境改良及再造、群落配置及建植和功能菌群构建及循环利用技术体系，构建的植被系统与周边乡土物种融合度高，植被群落稳定。该技术用于修复由于人类扰动造成的地表创面，包括受损土壤和植被系统。

a. 构建土壤生境系统。

土壤生境的构建主要采用功能配方材料构建能够促进植物生长繁殖所需的滋养肥源生境，能够涵养、稳定和缓冲环境变化。针对不同地区的土壤特点，如土壤类型、土壤理化性质等，采取针对性的配方材料对土壤进行改良，使植生层既与周边自然土壤环境一致，同时又具有一定的工程力学性质。改良后的植生层通过喷附工艺构筑在工程创面上，形成植物生长的功能型生境层。重新构建的土壤生境系统不仅具备一定的强度，不龟裂、抗冲刷，能稳定附着在基岩层上，而且具备充足的肥源供给、保土保水和酸碱缓冲能力。

b. 构建植被群落系统。

植被群落系统的构建主要从生态系统功能角度出发进行植被恢复，模拟自然群落结构，不仅要考虑植被物种的多样性、特定的季相特征、地带性和动态演替特点，还要考虑植被群落水平结构和垂直结构，如物种多样性和乔灌草结合；种间竞争群落演替和季节群落演替，如先锋种、建群（乡土）种等，且每个物种占据不同的生态位。其中，乡土植物在当地经历了较为漫长的演化过程，最适应当地的生境条件，具有较强的抗逆性，而且成本低，种类多，易栽培，在生态建设中具有其他植物不可替代的优势。

植物的分布和生长与气候和土壤等自然条件密切相关。矿山地貌类型复杂多样，不同区域地貌类型和植被群落差异较大。因此，所选的植物强调适应区域气候和土壤特点，在充分考虑植物群落种内和种间竞争因素的基础上采用乡土植被乔灌草相结合的配比方案，构建顶极群落，达到自维持、自然生长和演替的恢复效果。

c. 构建物质循环系统。

微生物是土壤有机物的分解者和转化者，各类微生物以动植物残体（如枯落物）提供的有机质作为主要的能量来源，通过对有机质的取食和分解实现有机质中养分的转化，推进植物群落系统和土壤生境系统的物质循环和能量流动。同时，微生物通过自身的生理活动，影响土壤形成和发育，改善土壤理化性质，参与、促进疏松多孔的土壤结构的形成。如微生物的固氮作用，将空气中的氮气转化为植物能够利用的固定态氮化物。

在调研当地土壤微生物群落结构及分布的基础上，通过食物链连接，人工施加功能型微生物菌群，构建的微生物功能菌群通过解磷、解钾、固氮、降解枯枝落叶，将植物所需营养物质源源不断提供给植物；同时，生长繁殖茂盛的植物又源源不断地向微生物提供其所需碳源，形成互相依托利用的物质循环系统，不断增强土壤肥力，从而构建植被自养护物质循环系统。

② 人工植被修复技术。

人工恢复是一种快速恢复矿山生态环境的方法，人工对矿区的山体和地表进行整治，对土壤进行改良，使其重新具备植物生长的条件，再栽种相适应的植物，加速植物群落的恢复和形成。实际工程应用中往往选择人工修复的方法实现废弃矿山植被的修复，采用抗逆性强的植物，增大废弃矿区植被覆盖率，达到有效改善区域环境的目的。

a. 土壤层的改良方法。

土壤修复是植被恢复的前提，对移栽植物的存活有重要作用。矿区土壤修复方法有客土覆盖和基质改良。矿区土壤在水土流失作用下，厚度变小，甚至将土壤层挖除。此时，恢复一定厚度的土壤层成为了植被修复的先决条件，可以通过客土覆盖的方法实现土壤层的恢复，从废弃矿山场地附近挖土，运输至废弃矿山场地内，以一定厚度均匀铺垫于土壤层薄弱或缺失区域，为下一步的植被恢复提供基础。

基质改良主要针对受到污染的土壤层，被污染的土壤层可导致植物难以生长，甚至死亡，因此，须采用一定的基质改良方法使土壤层重新具有供给植物生长的能力。目前常用的土壤基质改良方法有回填表土、化学改良、生物改良、植物改良。

表土回填是修复污染程度较轻土壤层的一种有效方法，而遭受严重污染区域的土壤则需对土壤层进行完全置换，以达到修复的目的。并且通过表土回填，可以有效改善土壤质地，增大土壤肥力，缩短植被修复过程的时间。

化学改良主要应用于酸碱性发生较大变化的土壤修复，通常采用石灰改良酸性土壤，采用氯化钙、石膏、硫酸等改良碱性土壤，化学改良具有见效快、投资少等优点。针对其他污染因子污染的土壤层，也可采用化学改良的方法处理，不同的污染因子应采用不同的化学改良剂，以达到有效中和重金属及其他有害物质的目的。化学改良还具有提高土壤层营养能力的价值，有利于后续的植被修复。

生物改良是指利用微生物的作用实现土壤层的改良，如采用具有降解功能的菌株对污染物进行降解，此方法较环保，可有效防止二次污染的发生。植物改良有两类，其一是在被污染土壤层区域种植超积累植物，利用植物根系吸收和在植物体内累积污染物，实现土壤层内污染因子的富集和治理；其二是种植豆科等草本植物，利用其固氮作用和自身茎叶达到提升土壤层质地的目标。

b. 植被种类的选择。

植被种类的选择很大程度上决定着矿区植被修复的成功率。植物种类的选择应与当地气候特征、水文特征相适应，具体选择方法如下。

本地适用性。选择的植物应与矿区所在区域的气候特征、水文特征、土壤理化性质等相适应，如北方寒冷干旱可选喜寒植物，南方温暖潮湿可选喜暖植物。

抗逆性。选择抗逆性好的植物，包括耐旱性、耐涝性、耐贫瘠、抗寒、抗热、抗酸碱、抗风沙、抗病虫害等。植物的抗性强，其生长能力则强，可以有效抵抗矿区恶劣的环境，存活率高。

根系强大。应选用根系强大的植物。根系强大的植物可以有效固定土壤层，防止其发生水土流失；根系埋深大的能起到固定岩土层或边坡的作用；植物根系可以保持土壤中的水分、养分，促进修复植物的吸收，有效改善土壤层的理化性质。

高价值。选用自身价值高的植物。植物不仅具有花、叶方面的观赏性，还具有其他许多利用价值，如一些植物具有药用价值，一些植物的果实可食用，可带来丰厚的经济效益。

4.4.3 神东矿区生态保护和生态多样性评价

（1）土壤质量评价方法

为了定量描述不同植被配置模式下土壤的改善程度，引进了土壤质量改良指数（IQI，Improvement Quality Index）。土壤质量改良指数的计算首先是以某种土地利用类型为基准（本项目中以裸沙地为基准值，判定其他地类的改善状况），假设其他的林草地都是在基准地上转变而来的，然后计算土壤各个属性指标在林草地与基准地之间的差异（以百分数表示，百分数越大表明改良效果越明显），最后将各个属性的差异求和平均，得到不同林草地的土壤改良指数。具体公式如下：

$$IQI = \frac{\left[\left(P_1 - P_1'\right)/P_1' + \left(P_2 - P_2'\right)/P_2' + \cdots + \left(P_n - P_n'\right)/P_n'\right] \times 100\%}{n} \qquad (4\text{-}5)$$

式中，IQI 为土壤质量改良指数，P_1'、P_2'、$\cdots$、P_n'为基准土地利用类型下土壤属性 1、属性 2$\cdots$属性 n 的值，P_1、P_2、$\cdots$、P_n 为林草地类型下土壤各属性值；n 为选择的土壤属性数。土壤质量改良指数可以是正数，也可以是负数，负数表明土壤退化；正数表明土壤不仅没有退化，而且质量还有所提高。以裸沙地为基准的土地利用类型，各种土壤质量改良指数均为正数，且数值越大表明该地类改良效果越明显。选择的土壤属性包括土壤容重、土壤有机质、全氮、碱解氮、有效磷、速效钾等 6 个指标。一般来说，较高的土壤容重表明土壤有退化的趋势，所以实际计算中采用容重差值的相反数。

为保证土壤质量评价结果的准确性，采用国内外土壤质量评价常用的土壤质量指数法对土壤质量进行了评价，并将两种方法的结果进行了对比。经过比较发现，两种方法所得结果基本一致，土壤质量评价结果可靠。

采用土壤质量指数评价法对不同植被恢复模式、不同种植年限、不同复垦措施下土壤质量进行了评价，阐明了不同植被恢复模式和不同复垦措施的土壤质量变化情况。通过查阅国内外土壤质量评价方法的相关科研文献并进行归纳，发现较为常用的方法为非线性土壤质量指数评价法，方法如下：

$$S_{NL} = \frac{a}{1 + (x/x_0)^b} \qquad (4\text{-}6)$$

S_{NL} 为非线性土壤指标得分，介于 0~1 之间，a 为最大得分，在这里被确定为 1，x 是土壤实测指标值，x_0 为相应的指标平均值，b 为方程的斜率。"越多越好"类型指标被确定为-2.5，"越少越好"类型指标被确定为 2.5。

通过主成分分析得到的公因子方差能够反映出某一指标对整体方差的贡献程度，其越大则对整体方差的贡献越大。采用主成分分析法（principal component analysis，PCA）计算各指标的权重值。权重等于各指标的公因子方差占所有指标公因子方差之和的比例。结果如表 4-16 所示。

表 4-16　土壤质量评价指标权重

项目	容重	全氮	碱解氮	有机质	有效磷	速效钾
权重	0.17	0.20	0.18	0.18	0.08	0.19

得到各指标的评分和权重后，根据方程（4-7）计算土壤质量指数（Soil Quality Index，SQI）：

$$SQI = \sum_{i=1}^{n} W_i S_i \qquad\qquad (4\text{-}7)$$

式中，S_i 代表指标得分，n 为指标数量，W_i 代表指标权重值，SQI 值越高，代表土壤质量越好。

通过土壤质量指数方法对本项目中采用的土壤质量改良指数评价方法进行了验证。结果得知两种方法之间具有极显著相关关系，决定系数 R^2 达 0.88，拟合方程为 $Y=1175.4X-183.41$，式中，Y 为土壤质量改良指数，X 为土壤质量指数。

以上结果说明了本项目中通过土壤质量改良指数和土壤质量指数获得的数据均具有较好的准确性和可靠性。因此，本项目中采用两种指数法对土壤质量进行评价。

（2）风积沙区土壤质量评价

将神东矿区依据地理位置和环境条件差异，分为风积沙区、风积沙区与硬梁地交错区、硬梁地、黄土丘陵沟壑区等 4 个区域，开展 4 个评价单元内相同治理年限乔灌草、乔草、灌草、灌木、草本 5 种配置模式土壤质量变化情况。分别评价了治理 5 年、治理 10 年和治理 15 年后的土壤质量状况。

① 典型配置模式土壤质量评价。

风积沙区典型配置模式治理 5 年的土壤质量改良指数和土壤质量指数结果如图 4-33 所示。土壤质量改良指数和土壤质量指数计算结果均表明，草本配置模式下两种指数均为最高，分别为 418.90% 和 0.51。

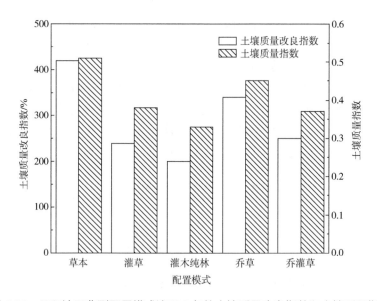

图 4-33　风积沙区典型配置模式治理 5 年的土壤质量改良指数和土壤质量指数

风积沙区典型配置模式治理 10 年的土壤质量改良指数和土壤质量指数结果如图 4-34 所示。土壤质量改良指数和土壤质量指数计算结果均表明，灌草配置模式两种指数均较高，分别为 319.24%和 0.42。

风积沙区典型配置模式治理 15 年的土壤质量改良指数和土壤质量指数结果如图 4-35 所示。计算结果表明，乔草配置模式具有较高的土壤质量改良指数和土壤质量指数，分别为 476.81%和 0.57。

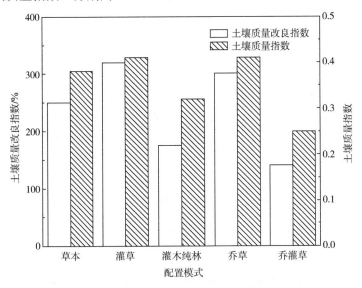

图 4-34　风积沙区典型配置模式治理 10 年的土壤质量改良指数和土壤质量指数

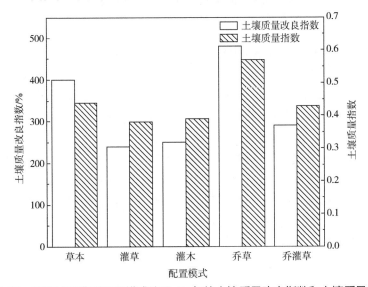

图 4-35　风积沙区典型配置模式治理 15 年的土壤质量改良指数和土壤质量指数

② 典型植被类型土壤质量评价。

对草本配置模式下三种优势种进行分析，结果如图 4-36 所示，风积沙区黑沙蒿优势种治理 5 年具有较高的土壤质量改良指数和土壤质量指数，分别为 511.24% 和 0.59。

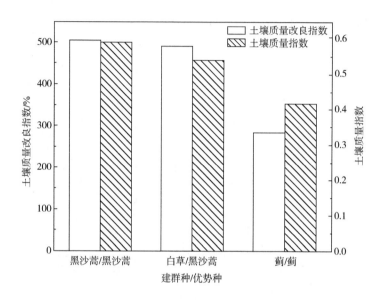

图 4-36 风积沙区典型植被类型（建群种/优势种）治理 5 年土壤质量改良指数和土壤质量指数

对灌草配置模式下两种优势种进行分析，结果如图 4-37 所示，风积沙区沙棘建群种治理 10 年具有较高的土壤质量改良指数和土壤质量指数，分别为 415.64% 和 0.53。对沙棘建群种下三种优势种进行分析，结果如图 4-38 所示，风积沙区沙棘+针茅优势种治理 10 年具有较高的土壤质量改良指数和土壤质量指数，分别为 595.24% 和 0.64。

对乔草配置模式下三种建群种进行分析，结果如图 4-39 所示，风积沙区樟子松建群种治理 15 年具有较高的土壤质量改良指数和土壤质量指数，分别为 652.49% 和 0.69。进一步对樟子松建群种下两个优势种进行分析，结果如图 4-40 所示，风积沙区樟子松+白草优势种治理 15 年具有较高的土壤质量改良指数和土壤质量指数，分别为 710.83% 和 0.69。

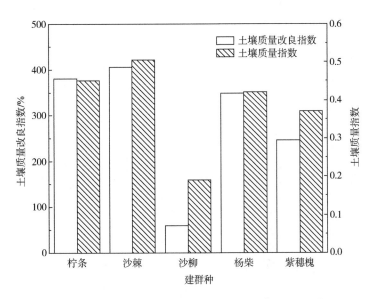

图 4-37　风积沙区典型植被类型（建群种）治理 10 年
土壤质量改良指数和土壤质量指数

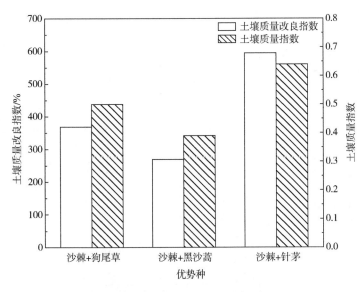

图 4-38　风积沙区典型植被类型（优势种）治理 10 年
土壤质量改良指数和土壤质量指数

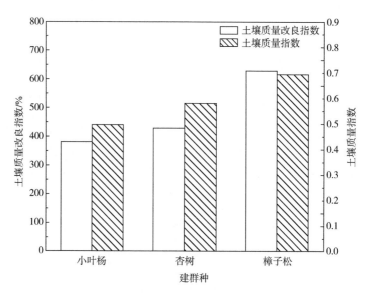

图 4-39　风积沙区典型植被类型（建群种）治理 15 年
土壤质量改良指数和土壤质量指数

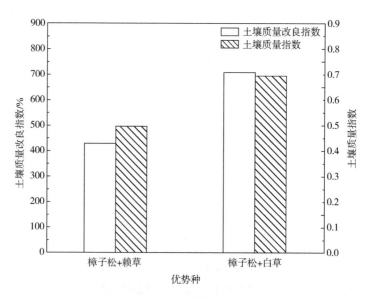

图 4-40　风积沙区典型植被类型（优势种）治理 15 年
土壤质量改良指数和土壤质量指数

（3）风积沙区与硬梁地交错区土壤质量评价

① 典型配置模式土壤质量评价。

风积沙区与硬梁地交错区典型配置模式治理 5 年的土壤质量改良指数和土壤质量指数结果如图 4-41 所示。土壤质量改良指数和土壤质量指数计算结果均表明，灌草配置模式下两种指数均为最高，分别为 353.12%和 0.47。

风积沙区与硬梁地交错区典型配置模式治理 10 年的土壤质量改良指数和土壤质量指数结果如图 4-42 所示。土壤质量改良指数和土壤质量指数计算结果均表明，乔灌草配置模式下两种指数均为最高，分别为 416.93%和 0.49。

风积沙区与硬梁地交错区典型配置模式治理 15 年的土壤质量改良指数和土壤质量指数结果如图 4-43 所示。在五种典型配置模式下，土壤质量改良指数和土壤质量指数均为乔灌草最高，分别为 565.85%和 0.59。

② 典型植被类型土壤质量评价。

对灌草配置模式下五种优势种进行分析，结果如图 4-44 所示，风积沙区与硬梁地交错区沙棘+白茅优势种治理 5 年具有较高的土壤质量改良指数和土壤质量指数，分别为 476.27%和 0.57。

对风积沙区与硬梁地交错区乔灌草配置模式下治理 10 年的五个优势种进行分析，结果如图 4-45 所示，新疆杨+沙棘+白草优势种具有较高的土壤质量改良指数和土壤质量指数，分别为 864.82%和 0.64。

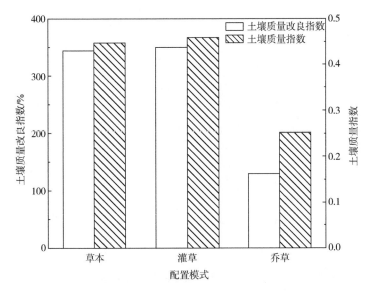

图 4-41　风积沙区与硬梁地交错区典型配置模式治理 5 年的
土壤质量改良指数和土壤质量指数

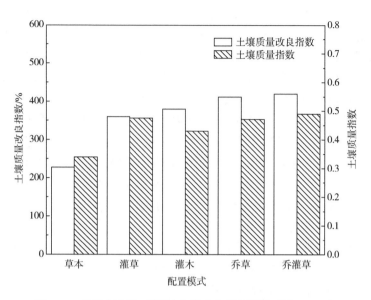

图 4-42　风积沙区与硬梁地交错区典型配置模式治理 10 年
土壤质量改良指数和土壤质量指数

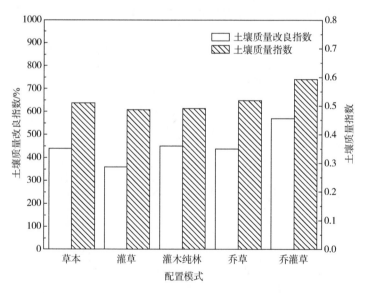

图 4-43　风积沙区与硬梁地交错区典型配置模式治理 15 年
土壤质量改良指数和土壤质量指数

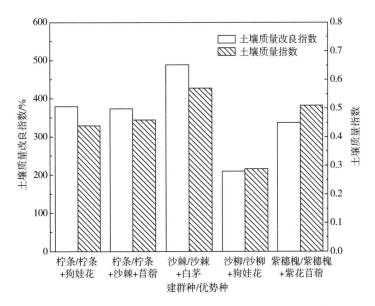

图 4-44 风积沙区与硬梁地交错区典型植被类型（建群种/优势种）治理 5 年土壤质量改良指数和土壤质量指数

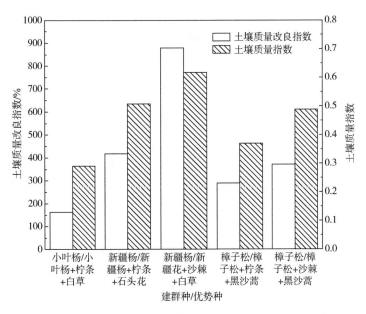

图 4-45 风积沙区与硬梁地交错区典型植被类型（建群种/优势种）治理 10 年土壤质量改良指数和土壤质量指数

对风积沙区与硬梁地交错区治理 15 年乔灌草配置模式不同建群种下土壤质量进行分析，结果如图 4-46 所示。樟子松建群种具有最高的土壤质量改良指数和土壤质量指数，分别为740.86%和0.66。对风积沙区与硬梁地交错区治理15年樟子松优势种土壤质量进行分析（图4-47），可知樟子松+柠条+胡枝子的植被类型具有较高的土壤质量改良指数和土壤质量指数（832.55%和0.69）。

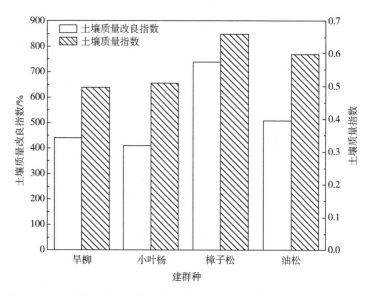

图4-46　风积沙区与硬梁地交错区典型植被类型（建群种）治理15年土壤质量改良指数和土壤质量指数

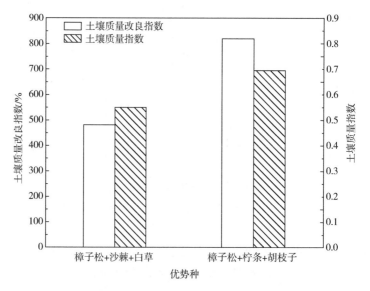

图4-47　风积沙区与硬梁地交错区典型植被类型（优势种）治理15年土壤质量改良指数和土壤质量指数

（4）硬梁地土壤质量评价

① 典型配置模式土壤质量评价。

对硬梁地典型配置模式治理 5 年土壤质量改良指数和土壤质量指数进行分析，结果如图 4-48 所示。草本配置模式下具有较高的土壤质量改良指数和土壤质量指数，分别为 482.49%和 0.53。

对硬梁地典型配置模式治理 10 年土壤质量改良指数和土壤质量指数进行分析，结果如图 4-49 所示。灌草配置模式具有更高的土壤质量改良指数和土壤质量指数，分别为 613.82%和 0.68。

对硬梁地典型配置模式治理 15 年土壤质量改良指数和土壤质量指数进行分析，结果如图 4-50 所示。乔灌草配置模式具有最高的土壤质量改良指数和土壤质量指数，分别为 453.63%和 0.56。

② 典型植被类型土壤质量评价。

对硬梁地草本配置模式下治理 5 年的五种植被类型进行分析，结果如图 4-51 所示。黑沙蒿优势种具有较高的土壤质量改良指数和土壤质量指数，分别为 660.13%和 0.68。

对硬梁地灌草配置模式下四种建群种治理 10 年土壤质量改良指数和土壤质量指数进行分析，结果如图 4-52 所示。柠条具有更高的土壤质量改良指数，为 452.23%；而沙棘具有更高的土壤质量指数，为 0.56。对硬梁地柠条和沙棘两种建群种下四种优势种治理 10 年土壤质量改良指数和土壤质量指数进行分析，结果如图 4-53 所示。柠条+黑沙蒿优势种类型具有更高的土壤质量改良指数和土壤质量指数，分别为 523.78%和 0.59。

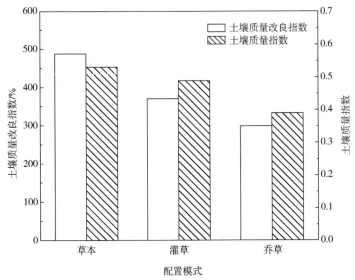

图 4-48　硬梁地典型配置模式治理 5 年土壤质量改良指数和土壤质量指数

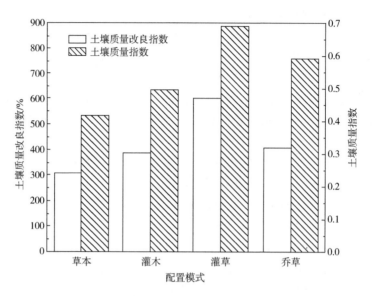

图 4-49 硬梁地典型配置模式治理 10 年
土壤质量改良指数和土壤质量指数

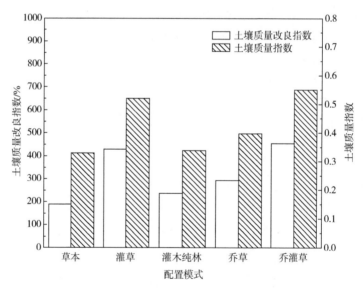

图 4-50 硬梁地典型配置模式治理 15 年
土壤质量改良指数和土壤质量指数

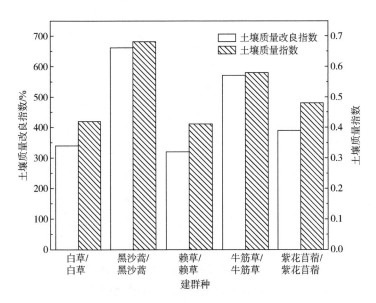

图 4-51 硬梁地典型配置模式（建群种）治理 5 年
土壤质量改良指数和土壤质量指数

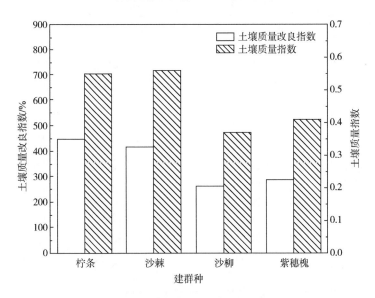

图 4-52 硬梁地典型植被类型（建群种）治理 10 年
土壤质量改良指数和土壤质量指数

>>

133

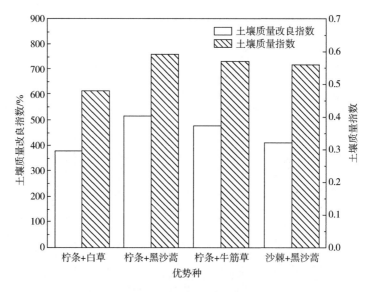

图 4-53　硬梁地典型植被类型（优势种）治理 10 年
土壤质量改良指数和土壤质量指数

对硬梁地乔灌草配置模式下治理 15 年的两个优势种进行分析，结果如图 4-54 所示。油松+柠条+黑沙蒿优势种具有较高的土壤质量改良指数和土壤质量指数，分别为 499.55% 和 0.63。

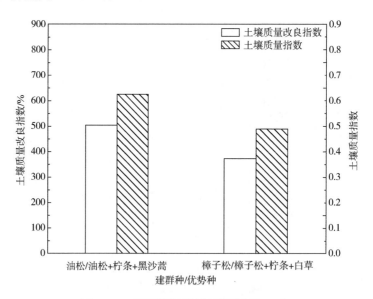

图 4-54　硬梁地典型植被类型治理 15 年
土壤质量改良指数和土壤质量指数

（5）黄土丘陵沟壑区土壤质量评价

① 典型配置模式土壤质量评价。

对黄土丘陵沟壑区典型配置模式治理 5 年土壤质量改良指数和土壤质量指数进行分析，结果如图 4-55 所示。草本、灌草、乔草和乔灌草四种配置模式中，乔灌草配置模式具有更高的土壤质量改良指数和土壤质量指数，分别为 658.28%和 0.70。

对黄土丘陵沟壑区典型配置模式治理 10 年土壤质量改良指数和土壤质量指数进行分析，结果如图 4-56 所示。草本、灌草、乔草和乔灌草四种配置模式中，乔草配置模式具有更高的土壤质量改良指数，为 503.54%，乔灌草配置模式具有更高的土壤质量指数，为 0.61。

对黄土丘陵沟壑区典型配置模式治理 15 年土壤质量改良指数和土壤质量指数进行分析，结果如图 4-57 所示。乔草配置模式下樟子松+披碱草优势种具有更高的土壤质量改良指数和土壤质量指数，分别为 888.87%和 0.81。

② 典型植被类型土壤质量评价。

对黄土丘陵沟壑区乔灌草配置模式下三种优势种治理 5 年土壤质量改良指数和土壤质量指数进行分析，结果如图 4-58 所示。樟子松+柠条+黑沙蒿具有更高的土壤质量改良指数和土壤质量指数，分别为 1000.03%和 0.91。

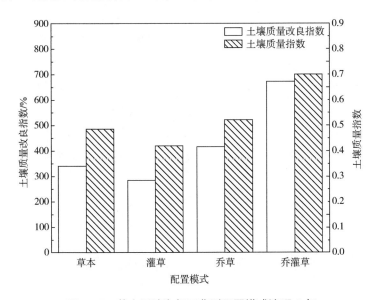

图 4-55 黄土丘陵沟壑区典型配置模式治理 5 年
土壤质量改良指数和土壤质量指数

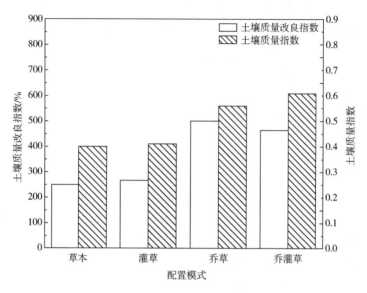

图 4-56 黄土丘陵沟壑区典型配置模式治理 10 年
土壤质量改良指数和土壤质量指数

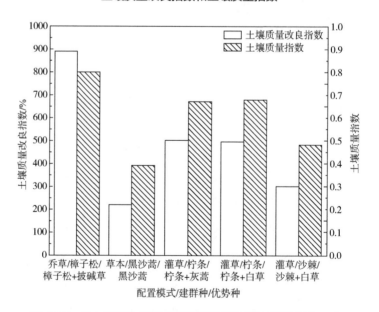

图 4-57 黄土丘陵沟壑区典型配置模式及植被类型治理 15 年
土壤质量改良指数和土壤质量指数

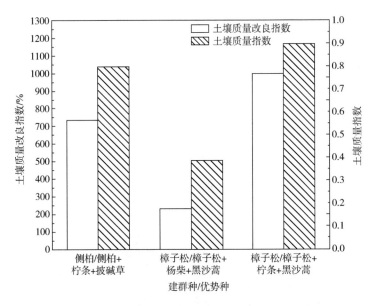

图 4-58　黄土丘陵沟壑区典型植被类型（建群种/优势种）治理 5 年
土壤质量改良指数和土壤质量指数

　　对黄土丘陵沟壑区五种典型建群种治理 10 年土壤质量改良指数和土壤质量指数进行分析，结果如图 4-59 所示。侧柏具有较高的土壤质量改良指数，为 732.80%，樟子松具有较高的土壤质量指数，为 0.67。对黄土丘陵沟壑区

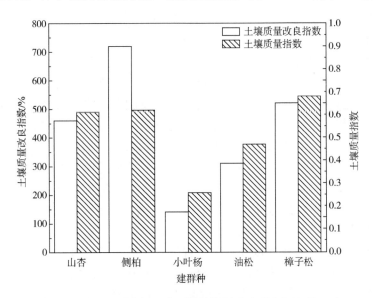

图 4-59　黄土丘陵沟壑区典型植被类型（建群种）治理 10 年
土壤质量改良指数和土壤质量指数

四种典型优势种治理 10 年土壤质量改良指数和土壤质量指数进行分析，结果如图 4-60 所示。侧柏+白草具有较高的土壤质量改良指数和土壤质量指数，分别为 1251.28% 和 0.86。

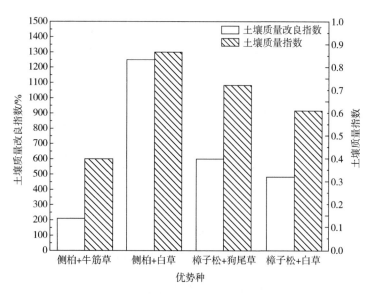

图 4-60　黄土丘陵沟壑区典型植被类型（优势种）治理 10 年
土壤质量改良指数和土壤质量指数

（6）长期治理下矿区土壤质量及植被配置模式变化

通过对不同评价单元、不同治理年限、不同配置模式以及不同植被类型的土壤理化性质进行分析，并利用土壤质量改良指数和土壤质量指数对土壤质量进行了评价。由此发现治理 5 年后，草本配置模式下风积沙区和硬梁地的黑沙蒿建群种改良土壤质量效果最佳，灌草配置模式下风沙积区和硬梁地交错区的沙棘建群种效果最佳，乔灌草配置模式下黄土丘陵沟壑区的樟子松建群种效果最佳；治理 10 年后，风积沙区和硬梁地分别以灌草配置模式下的沙棘建群种和柠条建群种效果最为适宜，乔灌草配置模式下风积沙区与硬梁地交错区的新疆杨建群种效果最为适宜，黄土丘陵沟壑区以乔草配置模式下的侧柏建群种效果最为适宜；治理 15 年后，风积沙区和黄土丘陵沟壑区的土壤质量状况均以乔草配置模式下的樟子松建群种最为适宜，风积沙区与硬梁地交错区的土壤质量状况以乔灌草配置模式下的樟子松建群种最为适宜，硬梁地的土壤质量状况在以乔灌草配置模式下的油松建群种最为适宜。

表 4-17 列出了不同评价单元随着治理年限的延长，植被最适配置模式、建群种及优势种的变化。可以看出，风积沙区随着治理年限的增加，最适配

置模式出现了由草本经灌草到乔草的变化，由于灌木和乔木的根系相对植草来说更为发达，固沙能力更好，最佳配置模式变化也说明了随着治理年限的增加，风积沙区的土壤质量有了显著的提升，更加有利于根系发达的植物生长，对风积沙区的生态修复更为有益；风积沙区与硬梁地交错区随着治理年限的增加，最适配置模式出现了由灌草到乔灌草的变化，乔木抗盐碱，耐旱，相对于灌木有更高的可利用价值，最适建群种的变化也说明随着治理年限的增加，风积沙区与硬梁地交错区的土壤质量明显提升，适合大部分植物的生长；硬梁地随着治理年限的增加，最佳配置模式发生了从草本经灌草到乔灌草的变化，乔木植物根系发达，生命力较灌木、草本植物更顽强，由此说明随着治理年限的增加，硬梁地土壤质量有了显著改善，乔灌草配置模式更有利于后续生态修复；黄土丘陵沟壑区随着治理年限的增加，最适配置模式出现了由乔灌草到乔草的变化，草本植物种植方法简单，生长快，有利于初期表层土的形成，黄土丘陵地区土质疏松，乔木植物在防风固沙方面效果较好，由此说明随着治理年限的增加，黄土丘陵沟壑区土壤质量明显提升，水土保持效果加强。

表 4-17　改良土壤质量最适配置模式和植被类型

评价单元	治理年限	最适配置模式	最适建群种	最适优势种
	5 年	草本	黑沙蒿	黑沙蒿
风积沙区	10 年	灌草	沙棘	沙棘+针茅
	15 年	乔草	樟子松	樟子松+白草
	5 年	灌草	沙棘	沙棘+白茅
风积沙区与硬梁地交错区	10 年	乔灌草	新疆杨	新疆杨+沙棘+白草
	15 年	乔灌草	樟子松	樟子松+柠条+胡枝子
	5 年	草本	黑沙蒿	黑沙蒿
硬梁地	10 年	灌草	柠条	柠条+黑沙蒿
	15 年	乔灌草	油松	油松+柠条+黑沙蒿
	5 年	乔灌草	樟子松	樟子松+柠条+黑沙蒿
黄土丘陵沟壑区	10 年	乔草	侧柏	侧柏+白草
	15 年	乔草	樟子松	樟子松+披碱草

（7）植被盖度评价

以 2014 年 8 月 15 日 SPOT6 卫星遥感数据为依据，对神东矿区的植被覆盖度进行监测，测算结果如表 4-18 所示。经统计，神东矿区平均植被覆盖度为 52.92%，以中高覆盖度植被为主，次为中覆盖度、高覆盖度植被，分别占矿区植被总面积的 38.82%、21.64%、17.53%；低覆盖度、极低覆盖度植被比例较小，分别占 10.55%和 11.46%。

表 4-18　神东矿区植被覆盖度分级统计表

植被覆盖类型	覆盖度/%	面积/km²	占总面积百分比/%
高覆盖度	≥80	139.08	17.53
中高覆盖度	50～80	307.99	38.82
中覆盖度	30～50	171.69	21.64
低覆盖度	15～30	83.70	10.55
极低覆盖度	<15	90.92	11.46
平均植被覆盖度	52.92		

各级别覆盖度植被具体分布如图 4-61 所示。其中，高覆盖度植被主要分布在布尔台煤矿北部、补连塔煤矿南部、大柳塔煤矿西南部和东南部；极低覆盖度植被集中分布在柳塔煤矿、乌兰木伦煤矿、石圪台煤矿北部和补连塔煤矿东北部；中高覆盖度、中覆盖度和低覆盖度植被分布比较广泛，遍及整个矿区。

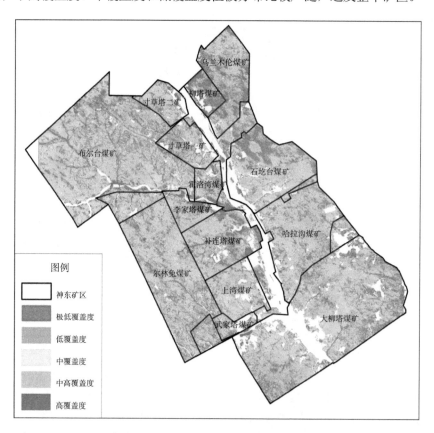

图 4-61　2014 年神东矿区各级别覆盖度植被分布图

神东矿区生态功能圈植被覆盖度统计结果（2014年统计结果）如图4-62所示。神东矿区生态功能圈，尤其是外围防护圈是煤炭开采扰动最严重的地区，生态环境极其脆弱。25年来，经过神东煤炭集团公司的治理，植被覆盖率由开发初期的3%～11%提高至现今的60%以上，但植被覆盖度仍不及周边未扰动地区。故以矿区平均植被覆盖度为对照，分析各生态功能圈的植被长势。

统计结果显示，周边常绿圈、中心美化圈平均植被覆盖度分别为52.66%、51.53%，均接近矿区平均植被覆盖度52.92%的水平；外围防护圈平均植被覆盖度为43.65%，略低于矿区平均水平。

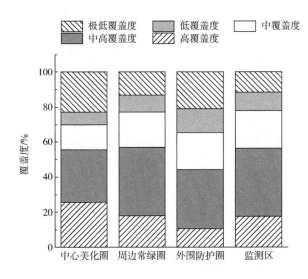

图4-62 神东矿区生态功能圈植被覆盖度对比图（2014年数据）

周边常绿圈。各级别覆盖度植被所占比例与矿区大体相当，反映周边常绿圈的植物长势与矿区基本一致。

中心美化圈。高覆盖度、极低覆盖度植被所占比例分别较矿区高8.01%、11.32%，反映与矿区相比中心美化圈乔木长势更好，草地、灌丛长势稍逊。

外围防护圈。高覆盖度、中高覆盖度植被所占比例较矿区低12.12%，而低覆盖度、极低覆盖度植被所占比例较矿区高12.58%，反映外围防护圈的植物长势与矿区存在较大的差距。

（8）生态自修复促进技术效果评价

神东矿区应用生态自修复促进技术推动了西部生态脆弱区生态矿区的建设，通过对修复地的监测，分析修复技术的修复效果，对修复地的生态多样性进行评价。与传统开采沉陷治理方法相比，应用生态自修复促进技术可以减少地表生态工程修复面积约45%，对矿区生态保护工作起到了巨大的作用，修复地的生态多样性得到有效提高，每年节约生态修复费用超过15亿元，显著提升了西部矿区生态修复水平和能力。

（9）矿区生物多样性评价

通过长期的生态保护与修复，矿区植物种由开发初期的十多种增加到近百种，樟子松群落物种个体总数由500增加到1450，植被覆盖度由开发初期的3%～11%提高到60%以上，沙棘群落总盖度由57增加到91。经监测矿区土壤环境微生物种群也大幅增加，从中筛选出的有益微生物经扩繁与接种应用，大大提高了植树造林成活率与保存率。矿区植被配置更加科学，群落内有机体分配越来越均匀，群落物种组成越来越丰富，群落物种多样性提高。矿区外围大力推广构建以草本为主、草灌结合的防护圈，用以遏制不断扩散的土地沙化现象，矿区周边建立以针阔与乔灌综合混交造林为主的常绿圈，使矿区生态系统的抗逆性加强，生态功能性提高。此外，生态环境的改善也给野生动物提供了适宜的栖息环境，引来了野兔、山鸡、狼和多种鸟类等野生动物，动物的种类与数量不断增加，物种丰富度提高，生态系统更加稳定。

4.5 生态产业技术

4.5.1 神东矿区生态产业特征

神东拥有井田1037km²，构建持续稳定、健康良性的生态系统，对增强区域生态承载力、提供优质生态服务具有重要意义。目前矿区局部生态系统较为完善，但整体生态系统仍然较弱，需要进一步研究植物动物微生物相结合、物质循环与能量流动相协调的体系与技术，完善生态系统，发挥生态服务功能，支撑神东矿区生产、经济与社会可持续发展。

此外矿区植被单一、土壤蓄水保水能力较差，土壤改良与土地复垦尚处于初级阶段，小气候初步形成。神东矿区的大规模开发需要更加良好的生态因子，更强的蓄水保土能力，更加适宜与稳定的气候。需要进一步研究调节水循环与分布、改善林分结构、改良土壤的技术措施。

目前神东矿区的生态修复初见成效，进行生态产业的发展，一方面可以对修复成果进行巩固，另一方面可完善生态系统，为神东矿区经济生态发展的可持续性提供支撑。

4.5.2　神东矿区生态产业技术

（1）建设系统生态环境，发挥生态服务功能

一是建设完善生态系统。生态系统由植物、动物和微生物组成，植物作为生产者，提供物质，储存能量；动物作为消费者，消耗物质，传递能量；微生物作为分解者，分解物质，循环能量。完善的生态系统是资源环境承载力的基础。二是营造良好的生态因子。良好的生态因子，是稳定健康生态环境的基础，也是生态经济开发的基础。三是构建优美生态空间。构建矿区最优生态、生产和生活空间是矿区最普惠的民生福祉。

（2）生态经济产业技术

神东矿区的生态经济产业技术主要包括林业、农业和牧业产业化技术。

① 林业产业化技术。

神东矿区主要利用沙棘建立经济林，沙棘具有诸多特性，沙棘（*Hippophae Rhamnoide*），别名为醋柳，当地俗名酸刺、黑刺等，属于胡颓子科沙棘属，是落叶灌木或小乔木。沙棘具有抗干旱、耐瘠薄、适应性强等特点。沙棘的地下根系相当发达，具有像绳索一样混交状的根系，这种根系具有混生植物根系的结构特点，不怕水湿、积水等水分充足的影响；不怕被埋压，而且压埋后根系萌蘖能力反而增强，可以形成较为密集的植物群体，而且能形成新的根系来支持植株高生长以及使沙棘林分内植株得到不断更新。沙棘根系以水平根系为主，其皮层的薄壁组织和多细胞皮较为发达，这使得沙棘根系容易串根，分蘖、萌生能力强，繁殖速度快，枝叶丛生茂密，根系生物量大，具有较强的水土保持作用。

沙棘对林下土壤养分改良作用比较明显，特别是沙棘根系上固着的根瘤菌具有很强的固氮作用，能很快吸收空气中的游离氮，是优良水土保持树种之一，同时沙棘的果实能够产生巨大的经济效益，正在得到大力开发利用。沙棘树干平均热值为19.598kJ/g，属于高热值植物，具有很强的能源价值，是解决我国北方农村薪柴短缺的一个重要渠道。同时在砒砂岩区、风沙区和黄土丘陵沟壑区，沙棘生长快，迅速覆盖地表，可有效提高土壤的抗蚀抗冲能力，进而发挥其保持水土、涵养水源、防风固沙和护路护岸等作用。同时沙棘的水平根系发达，沙棘根系具有根瘤，可固氮，从而改善干旱地区土壤肥力。

a. 林业产业化技术的水土保持效益。

林冠层对降雨有在数量和时间上重新分配的作用。在降雨开始后，首先由树木的林冠层承接降水，本身林冠层能够截留削减雨滴动能，同时还能吸收大量的雨水。截流下来的这部分水分，在截流后的一段时间内有一小部分

很快被蒸发到大气中，还有一部分在润湿枝叶表面后，被枝叶表面的气孔呼吸消耗。当降雨强度进一步增强时，枝叶不能截流的降水会沿着树干缓缓流下，这样势必会减少林冠层垂直下方的降水量，对林下降水以及地面产流起到了一定的延缓作用。留下来分散在地表的雨水会下渗到林下土壤中。随着降雨时间的延长，降水的速度大于土壤入渗速度时，地面即产生径流。从降雨开始到地面产流这段时间的降雨量称为初损值。

以鄂尔多斯砒砂岩地区沙棘林为例，选取了夏季能产生径流的4场降雨。径流试验结果表明，随着沙棘郁闭度的增加，在同等降雨量的条件下，总径流深度及土壤侵蚀量呈递减的趋势。其中沙棘林郁闭度为0.3、0.6、0.7、0.8 林下土壤侵蚀量分别比荒坡减少29.58%、95.80%、98.13%、99.16%。沙棘地上部分（植株主干以及冠层）在截流降水和减流减沙方面效果相当明显，林下枯枝落叶在减少地表径流侵蚀土壤以及减少泥沙方面效果明显。

b. 枯落物持水率对减少地表径流的作用。

林下枯落物层本身能够吸持一定数量的降水，避免了林下土壤遭受雨滴所携带的动能直接对林下地表土壤产生的溅蚀；同时枯落物层还能有效控制地表径流，对已经形成的地表径流起到过滤和消散的作用，可以减轻地表产生的径流对林下表层土壤的冲刷侵蚀。

c. 沙棘林对林下土壤的改良效益。

随着沙棘生长发育过程的延续，土壤剖面物理性质不断得到改善（图4-63）。同一坡位随着沙棘树龄的增加，土壤含水率逐渐增加。不同立地条件下，坡底的林下土壤含水率高于坡顶和坡中，其中坡顶、坡中、坡底沙棘林下土壤的平均含水率分别为6.17%、7.64%、7.35%。从土壤垂直深度上看，随着土层深度的加深，含水率随之降低；将栽种沙棘的坡面和裸露的砒砂岩坡面相比较，沙棘林下土壤含水率明显高于裸露坡面。这主要是因为随着林龄的增加，沙棘林的枯落物量增加，枯落物覆盖地表具有拦截降雨、减少蒸发的作用。还有，在同一坡面上，坡底本身是聚集降水的地方，加之沙棘林生长茂盛，林下枯落物量最大，所以土壤含水率比坡顶、坡中的高。综上所述，沙棘林在造林后对砒砂岩坡面具有提高土壤含水率、涵养水源的作用。

随着土层的加深土壤孔隙度减小，减小量的最大值可达到1.69%；从沙棘林龄的变化角度看，随着沙棘林龄的增加，土壤孔隙度基本呈增大的趋势，最大增加量可达到5.81%。表层土壤孔隙度是随着根系的增长而增大的，随着沙棘林龄的增加沙棘根系随之增加，随着沙棘郁闭度的增加，在同等降雨量的条件下，总径流深度及土壤侵蚀量呈递减的趋势，根系的生长使

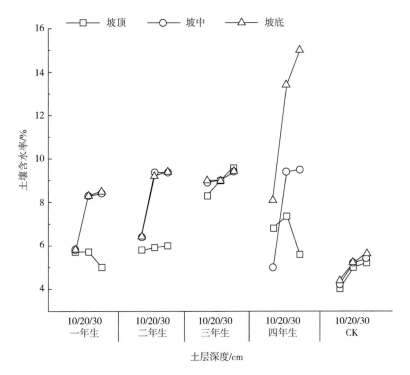

图 4-63　不同坡位土壤含水率变化

得土壤孔隙度呈随着林龄的增加孔隙度增加的趋势,有利于渗、持水及相互间的协调。综上所述,沙棘林对砒砂岩坡面具有增大林下土壤孔隙度的作用,使得团粒体土壤比例增加,说明沙棘林对土壤的物理性质和砒砂岩的成土过程有一定的促进作用(图 4-64)。

②　农业产业化技术。

神东矿区利用矿井土地复垦技术,将原本无法生长作物的土地改造成农田,并结合排矸造田技术营造大量可耕种的土地,在发展大田农业的基础上,结合发展设施农业与立体循环农业,为矿区居民提供放心蔬菜与有机食品。

③　牧业产业化技术。

适当的放牧可以使生态系统处于一个良性的循环,牧业产业化技术即利用草场,适度发展生态养殖业,散养畜禽,以草养畜,以畜养草。一方面可以为矿区居民提供有机放心肉食,另一方面可以进一步促进生态系统健康良性循环。

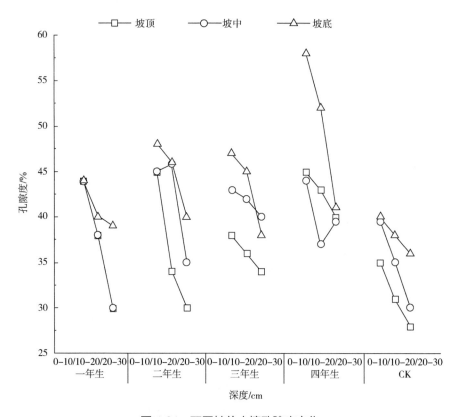

图 4-64 不同坡位土壤孔隙度变化

（3）生态文化产业技术

神东矿区从以下方面发展生态文化产业技术。一是发展休闲生态文化。矿区良好的生态环境，不仅为矿区居民提供了优美的生活环境，也提升了矿区群众的文化品质。二是发展科普生态文化。科技是生态之基，神东在 30 年的生态建设中总结形成了以"三期三圈"为特征的一系列生态环境保护技术。三是发展企业生态文化。生态文化是生态环境保护的向心力，是实现生态文明的重要载体。

4.5.3 神东矿区生态产业预期效益

（1）林业产业技术效益

神东借鉴了砒砂岩区种植沙棘经济林的经验，包括大柳塔沉陷区生态经济林示范基地，晋、陕、内蒙古接壤区黄土沟壑区煤矿生态建设示范基地，活鸡兔采煤沉陷区文冠果生态经济林示范基地和上湾采煤沉陷区生态经济林示范基地等。

2006 年神东将沙棘作为沉陷区生态修复的首选树种，并与水利部沙棘开发管理中心合作，借助水利部沙棘开发管理中心在晋、陕、内蒙古砒砂岩区种植沙棘的成功模式，探索在神东矿区采空塌陷区开展沙棘生态修复试验，包括沙棘生态经济林示范基地、野樱桃生态经济林示范基地和微生物复垦示范基地（图 4-65）。试验区选在神东煤炭集团分公司的大柳塔煤矿矿区，煤炭开采时间为 2002 年和 2003 年。该区是毛乌素沙地的半流动沙地，沙丘起伏，水土流失极为严重，自然条件十分恶劣，加之煤炭开采形成采空层后，整体塌陷。

图 4-65　大柳塔沉陷区生态经济林示范基地分布图

① 沙棘生态经济林示范基地。

由神东煤炭集团公司与水利部沙棘开发管理中心于 2006—2010 年合作建设，累计投资 950 万元，基地面积 6.3km²。其中，2006 年栽植 0.13km²、2007 年栽植 0.67km²、2008 年栽植 1.67km²、2009 年栽植 1.2km²、2010 年栽植 1.3km²，共栽植沙棘 97 万穴，野樱桃、紫穗槐等 19 万穴。示范基地沙棘成活率高，生长迅速，大量萌蘖枝快速覆盖沙地，生态修复效果极为显著。大部分开始挂果，在采空塌陷区上形成了永续利用的地上绿色资源宝库，经济效益已经显现（图 4-66）。

② 野樱桃生态经济林示范基地。

由神东煤炭集团公司与陕西省水保局合作建设，累计投资 600 万元，基地面积 2km²（图 4-67）。长柄扁桃（野樱桃）根系非常发达，可以吸收水分，防风固土，对环境适应能力强，存活时间高达 100 多年，是防沙治沙、水土保持、生态环境建设的优势树种。长柄扁桃果核可入药，可生产食用油、生物柴油、蛋白粉、苦杏仁苷、活性炭等产品，市场前景广阔。

图 4-66　沙棘生态经济林示范基地照片

图 4-67　野樱桃生态经济林示范基地照片

（2）农业及牧业产业化技术预期效益

按矿井土地复垦方案，35km² 沉陷土地需复垦为农田，结合排矸造田创新项目，共可形成农田约 50km²。通过牧业产业化，以草养畜，以畜养草，能够为矿区居民提供绿色肉食，并进一步促进生态系统的健康良性循环。

（3）生态文化产业化技术预期效益

建设宅间绿地，街心公园，清水平台、生活小区园林、文化广场等，促进了人与人的文化交流。工业厂区森林化，可形成工业生态旅游，促进了人与工业和大自然的交融。建设的哈拉沟神东生态示范基地，可以集中展示神东绿色开采、清洁生产、生态建设的理念、技术与模式，成为神东科普生态文化的名片与窗口，发展生态企业文化可以为企业绿色发展注入强大的生命力，并为矿区形成绿色生产方式与生活方式提供不竭动力。

4.6　煤炭基地园林建设技术

4.6.1　厂矿小区建设特征

神东矿区计划建造神东矿山公园，该项目位于大柳塔镇北侧，总占地面积约 6.76km²，北至过境公路，南至哈拉沟沟口，西至大石公路、乌兰木伦河，属哈拉沟煤矿采煤塌陷区。区域广泛为风沙土，部分为栗钙土。风沙土结构松散，土粒维持性差，质地为中、细砂，肥力极低。年平均降水量 339.4mm，植被以草灌群落为主，零星耕地、厂房。图 4-68 为项目的航拍图。

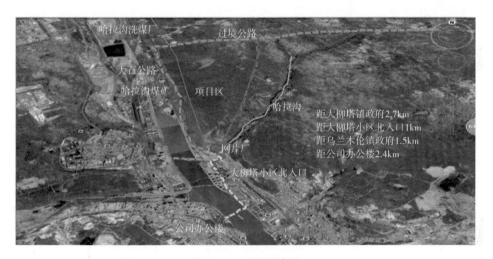

图 4-68　项目航拍图

4.6.2　厂矿小区建设技术

（1）园林基质建设技术

园林的基质由生态林、景观林和经济林三部分构成，生态林的主要树种为中国沙棘、沙柳等，景观林的主要树种为常绿树樟子松、油松等，经济林的主要树种为大果沙棘、山杏。

（2）主题广场建设技术

主题广场主要由神东广场，生态文明、工业文明、农耕文明主题广场组成。图 4-69 为公园主题广场平面图。

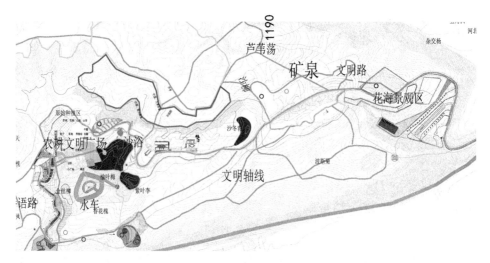

图 4-69　主题广场平面图（见彩插）

　　神东广场的设计主要以晋、陕、内蒙古神东主矿区煤矿井田位置分布图为基础，内蒙古自治区境内矿井以绿化为主，色块区分。陕西省境内矿井以铺装和运动草坪为主。每一块颜色代表一个矿，每个区域会有说明牌为游人解读所在矿区的历史等信息。中间蓝色区域水系象征乌兰木伦河道，并有喷泉、木桥做装饰，象征蓬勃久远。

　　农耕文明广场以黄、橙、红等色调为主，工业文明广场以黑、白、灰等色调为主，生态文明广场以蓝、绿、青等色调为主。

　　（3）科普园区建设技术

　　科普园区主要包括植物园、水保措施示范区、地质措施示范区和土地复垦措施示范区几个部分，其中植物园包含 103 种植物，52 种配置，10 种景观，栽植区域水保示范植物 103 种，其中针叶树 11 种、阔叶树 36 种、灌木 25 种、攀援类 2 种、草本 29 种。植物种配置模式主要包括落叶阔叶林、针叶林、针叶阔叶混交林、灌木林、草地景观、园林景观等 10 余种种植模式，并以此营造出针叶阔叶混交林景观、阔叶林景观、针叶林景观、疏林草地景观、沙地灌草景观、行道树景观、花海景观、园林景观、梯田果园景观、沙地果园景观等 10 种景观。项目占地 $0.077km^2$，总投资 750 万元。图 4-70 为植物园平面布置图。

　　水保措施示范区总规划面积约为 $0.092km^2$，占总面积的 1.72%，设计人员根据示范区的地形地貌情况对其进行规划，区域东北角地形复杂，设置 46 类水保措施，表 4-19～表4-22 为具体措施表，包括水保工程措施、防沙治沙措施；11 类水保监测措施。另采用工程措施、植物措施、耕地措施进行水保综合治理，分为坡耕地治理措施、荒地治理措施、沟壑治理措施、风沙治理措施、崩岗治理措施和小型水利工程等六大类。

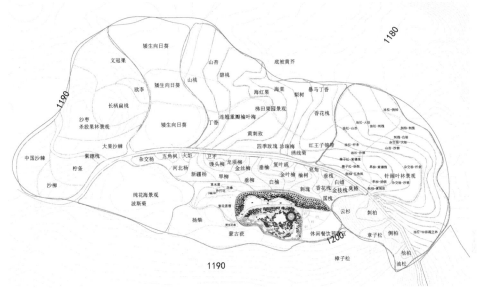

图 4-70　植物园平面布置图（见彩插）

表 4-19　神东矿区主要的保土措施

目的	具体措施种类							
防风蚀	沙柳沙障	沙蒿沙障	鸡毛扇	尼龙网	聚酯纤维袋沙障	沥青沙障	—	—	—
防水蚀	植树	种草	蓄水式	泄水式	护岸	拦沙坝	整治建筑物	治滩造田	淤地坝
防重力侵蚀	挡墙	抗滑桩	削坡	护坡	反压填土	落石防护	滑动带加固	—	

表 4-20　神东矿区主要的改土措施

目的	具体措施种类				
改结构	水平梯田	坡式梯田	反坡梯田	隔坡梯田	波浪式梯田
改肥力	基肥	有机质	—	—	—

表 4-21　神东矿区主要的保水措施

目的	具体措施种类				
拦水	截水沟	鱼鳞坑	水平沟	水平阶	—
蓄水	水窖	涝池	蓄水沟	谷坊	小型水库
导水	排除地表水	排除地下水	—	—	—

表4-22 神东矿区主要的用水措施

目的	具体措施种类		
抗旱措施	抑制地面、水面蒸发	抑制植物叶面蒸腾	减少土壤、水池、渠道、水库渗漏
节水灌溉措施	管网	灌溉渠	新型高分子有机硅材料集流效率

地质措施示范区总规划面积约为 0.045km²，占总面积的 0.8%，按照地质作用的性质和发生处所进行划分，常见地质灾害共有 12 类、48 种。区域地表涉及地质灾害 6 类、16 种进行示范。表 4-23 为示范区内展示区块的各项信息。

表4-23 地质示范区展示区块信息表

展示区块	灾种类型	工程措施	措施部位	估算工作量/m	备注
土地退化地质灾害	水土流失	绿化		160×120	樟子松、沙柳
	土地沙漠化	沙障	坡体顶部沙盖区	15000	
	土地盐碱化	引排水工程			
斜坡变形地质灾害	滑坡崩塌	主动防护网	北侧靠近公路处	60×30	
		被动防护网	北侧中部稳定岩体	60×6	
		基岩格构	坡体后部较缓区	30×30	
		挂网喷浆	坡体南侧后部陡峭区	30×50	
		刷方减载	坡体后缘	50×50×30	
		喷锚支护	坡体南侧中部	50×30	
		抗滑桩	坡体靠近公路端	8 根 1.5×1.5	
		截排水沟	坡体顶部、工程下部	1000	
	泥石流	拦挡坝	坡体东侧	360 方	
		导流槽	拦挡坝两侧至坡体	120	
地面变形地质灾害	地裂缝	灰土回填	泥石流展示区	100（75 方）	
	地面塌陷	位移监测	场地回填区		相对位移监测
	黄土沉陷	位移监测	场地回填区		相对位移监测
参观道路				500	钢构栈道
展示牌				20 个	

土地复垦示范区总规划面积约为 0.025km²，占总面积的 0.47%。工作人员将有坡耕地整为梯田，并因地制宜地在草地、耕地和育苗地种植相应的植物，对土方结构进行改良。表 4-24 为土地复垦示范区改良示范方案。

表4-24　土地复垦示范区改良示范方案

土地复垦类型	种植作物	土方结构改良方式	设置水平	面积/hm²	备注
草地	草地（苜蓿或者草木樨）	原状土，不改良，做背景参考		0.5	需测定 N、P、K、pH 值等
		加黏土改良并翻耕混合	8cm、12cm、15cm、18cm	0.8	
		覆土并施有机肥（羊粪）改良	12cm+1.5m³/亩	0.4	
		玉米秸秆焚烧还田改良	2m³/亩	0.3	种植喜 K 作物
		施肥+土壤改良剂（如聚丙烯酰胺）		0.8	
农田	旱地（荞麦或者莜麦）	原状土，不改良，做背景参考		0.6	需测定 N、P、K、pH 值等
		加黏土改良并翻耕混合	8cm、12cm、15cm、18cm	0.5	
		覆土并施有机肥（羊粪）改良	12cm+1.5m³/亩	1.5	
		豆类植物固氮改良		0.5	
		玉米秸秆焚烧还田改良	2m³/亩	1.4	种植喜 K 作物
		施肥+土壤改良剂（如聚丙烯酰胺）		1.3	
	水浇地（玉米）	原状土，不改良，做背景参考		2.1	需测定 N、P、K、pH 值等
		加黏土改良并翻耕混合	8cm、12cm、15cm、18cm	1.3	
		覆土并施有机肥（羊粪）改良	12cm+1.5m³/亩	1.3	
		玉米秸秆焚烧还田改良	2m³/亩	0.8	
		施肥+土壤改良剂（如聚丙烯酰胺）		1.0	
育苗地	育苗林地（杨树）	原状土，不改良，做背景参考		0.5	需测定 N、P、K、pH 值等
		加黏土改良并翻耕混合	8cm、12cm、15cm、18cm	1.0	
		覆土并施有机肥（羊粪）改良	12cm+1.5m³/亩	0.7	
		玉米秸秆焚烧还田改良	2m³/亩	0.7	
		施肥+土壤改良剂（如聚丙烯酰胺）		0.3	

（4）示范园区建设技术

示范园区建设技术主要包括生态湿地建设技术，生态产业建设技术和科研区建设技术。

生态湿地建设技术即利用天然径流沟道与低地，引入哈拉沟矿井水，进行水土保持湿地生态修复，形成湿地景观的技术。生态产业建设技术即运用现有种植技术对土地进行改良、种植经济作物的技术。科研区建设技术即将公司已研发项目、正在研发项目和规划研发项目集中展示的园区建设技术，包括播种育苗、嫩枝扦插、组培快繁、沙棘露天嫩枝扦插、地膜玉米风障、旱地育苗、工厂化繁育、沙棘壮苗培育、大果沙棘嫩枝扦插快繁、中国沙棘全光喷雾嫩枝扦插育苗、应用 ABT 生根粉育苗、大果沙棘温棚内嫩枝扦插、大果沙棘容器育苗、大果沙棘的良种筛选试验与栽培等技术的展示。

（5）小区建设成效

矿区园林景观具有"基质-斑块-廊道"景观结构，生态林建设 50 万穴，计划资金 507 万元，景观林栽种数目 8 万株，计划资金 4860 万元；经济林建设 16 万穴，计划资金 340 万元。景观林中已实施常绿林水土保持生态长廊工程，共 5 个标段，其中项目区涉及 3.5 个，总面积为 94.8 公顷（1 公顷＝0.01km^2），工程量包含苗圃樟子松 70408 株，总投资共计 4200 万元，并计划在项目区南侧区域种植常绿林 12.9 公顷，与大柳塔东山北区常绿林相连接。经济林中沙棘经济林总规划面积约为 105 公顷，占比 19.5%，区域适宜地形已全面种植茶园式大果沙棘，共计 150000 穴，共计投资 240 万元；山杏经济林现种植面积约为 52.5 公顷，区域东侧坡度较大区已全面栽植山杏林，共计栽植山杏 4000 株，共计投资 40 万元。

在基质的基础上，建设成四大广场，植物园，水保措施示范区，地质措施示范区，土地复垦措施示范区以及生态湿地，生态产业园，科研区示范园，并以廊道串联各个区域，道路总规划面积约为 10 公顷，占比 1.88%。主车道为宽 6m 的泥结碎石路，辅车道采用当地火烧岩、砂石路面，人行、自行车道采用木栈道，宽 2.5m，甬道采用当地烧结砖、清润石板等，宽 0.5～2.5m。在山路上同样布置了爬山步道（图 4-71），爬山路依照山势铺设，途中设有休憩平台。其材料以木材为主，部分区域结合废弃钢材行道树。道路总规划面积约为 4 公顷，占比 0.75%。道路两侧各 5m 宽道路绿化带，栽植垂柳行道树，不同路采用不同的花灌木加以区分，总投资共计 2250 万元。

图 4-71　园林爬山步道实景图

4.7　生态灌溉技术

4.7.1　生态灌溉特征

水是神东矿区生态建设的主导因子，解决灌溉用水是生态建设成功与否的关键。神东矿区生态建设长期处于灌溉水源不足、无灌溉管网设施的状况。植物生长主要靠降水，成活率与保存率无法保证；以水车拉水浇灌为主，灌溉成本高，灌溉周期长。针对这种状况，神东公司确立了生态建设灌溉"综合开发利用水资源、系统实施灌溉管网、全面推行科学灌溉与节水灌溉技术"的总体思路。

4.7.2　生态灌溉技术

（1）综合开发利用水资源

在水资源严重紧缺的情况下，确立了以污水为主、河水降水为辅，生活生产初用、绿化灌溉复用和综合开发、相互结合、合理利用的原则。神东矿区可利用灌溉水资源主要有矿井污水、生活污水、沟河道水、生活区降水等。可利用灌溉水资源中，污水与净水的量较大，在总用水量一定的条件下，二者此消彼长，为此增大污水利用比例是解决生态建设用水的关键。

（2）系统实施灌溉管网

系统实施灌溉管网是神东公司生态建设的一大特点，也是神东公司生态建设能够取得显著成效的基础与保障。随着生态建设规模的大幅度增加，生态建设的布局也调整为由内向外，由近及远。作为生态环境建设主体的小区及周边全面实施了灌溉管网。

>>

实施节水灌溉管网，将矿区沟道流水、乌兰木伦河水、处理后的污水、小区降水等有效利用起来。

（3）全面推行科学灌溉与节水灌溉技术

因污水为灌溉用水主体，又具有特殊性。污水中 N、P 等元素含量较高，对植物生长有一定的促进作用；但 S^{2-}、OH^- 等离子的增加，对植物生长又具有危害性。通过水质土质分析，污水配合净水、中和物、缓冲物进行科学灌溉。节水灌溉技术措施（图 4-72）主要是喷灌、覆膜、滴灌、微喷、雾喷、保水剂的应用。

4.7.3　生态灌溉成效

（1）综合开发利用水资源的成效

通过对大柳塔生活污水厂、活鸡兔污水厂、黑炭沟污水厂处理后的污水的开发利用，污水实际用量占到总用水量的 62%。自来水实际用量仅占总用水量的 16%，污水用量是自来水用量的 4 倍，随着灌溉水源的进一步建设，逐步消除并利用污水。

（2）系统实施灌溉管网成效

通过灌溉管道输送到干旱缺水的造林地，有效减少了沿途渗漏；在造林地采取节水喷灌设施，减少了漫灌渗漏。2000 年到 2002 年，累计投资水源及灌溉管网 449 万元，控制灌溉面积 5400 亩，树木 57 万株（穴），草坪 450 亩，其他绿地 1300 亩。每年通过灌溉管网浇灌的实际总水量为 131 万吨，应用其他方式（畦灌、漫灌、拉水灌等）浇灌 54 万吨。

（3）科学灌溉与节水灌溉技术成效

神东公司实施灌溉水综合利用技术以来，植物成活率平均提高 7%，保存率平均提高 29%，生物量平均提高 20%。

目前全矿区矿井水复用量每天达 13580m³，每年达 495.67 万 m³，占原来矿井日排污总量的 72%，产生的经济效益约为 1586 万元/a，节省排污费约 342 万元/a，总直接经济效益约为 1928 万元/a。灌溉管网实施后，与水车拉水造价相比节约了大量资金，每年可节约资金 681 万元。污水灌溉不仅解决了生态建设水源紧缺的问题，而且为神东公司生产生活节约了宝贵的净水资源，同时实现了污水的零排放。

神东公司灌溉用水要力争达到三个指标，复用水率为 100%，污水占用率为 80%，净水使用率为 0%。灌溉管网覆盖率要达到三个指标，小区园林绿化占到 100%，周边山地绿化占到 80%，外围绿化以适生抗旱树种为主，原则上不实施灌溉管网。

| 滴灌 | 喷灌 | 微灌 |

| 雾灌 | 水渠 |

图 4-72　节水灌溉技术措施

4.8　重大科技创新

4.8.1　科技创新体系

科技创新体系由知识创新体系、技术创新体系、现代科技引领的管理创新（制度创新）体系三大体系构成。神东公司以科学理论作为指导，从科学研究、技术进步与应用创新的协同入手，将新发展理念贯穿其中，开创了具有神东特色的矿产开采与生态恢复保护的科技创新体系。利用科技创新引领管理创新、制度创新。科技创新是科学研究、技术进步与应用创新协同演进下的一种复杂涌现，是这个三螺旋结构共同演进的产物。神东煤炭集团聚焦产业技术升级，深化科技创新，2021 年全年共开展科研项目 339 项，参与国家项目课题 5 项，开展"集团十大重点科技攻关项目" 5 项，完成科技投入和研发费用大幅增长，专利呈现井喷式增长。

神东煤炭集团在生态环保方面的科技创新以应用为导向，面对矿区脆弱的生态环境和开采后所暴露的各种生态问题，从科技创新入手，研发出各种实用技术，推动技术进步与应用创新，并以此为动力和支撑，推动理念进步和管理进步。

4.8.2 国家重大科技奖项

30 年来神东公司充分发挥矿区资源优势，广泛借鉴国内外优秀成果，大胆进行技术集成创新及成果转化，在技术创新、管理创新、信息化应用等方面取得丰硕成果。神东开发建设 30 多年来，创新了一系列生态技术，开展科技项目 200 多项，累计获得国家科技进步奖 7 项。2006 年获得中国环保领域最高奖——第三届中华环境奖。先后获得环保部、水利部、中国煤炭工业协会等省部级以上荣誉 131 项。其中"神东现代化矿区建设与生产技术"获得国家科学技术进步一等奖。"生态脆弱区煤炭现代开采地下水和地表生态保护关键技术""荒漠化地区大型煤炭基地生态环境综合防治技术""煤炭自燃理论及其防治技术研究与应用""千万吨矿井群资源与环境协调开发技术""西部干旱、半干旱煤矿区土地复垦的微生物复垦技术与应用"等 5 项技术获得国家科学技术进步二等奖。

（1）"神东现代化矿区建设与生产技术"项目（2013 年）

技术创新点：

① 开创了全新的矿井无盘区布置设计新理念，开发与集成了"斜硐开拓"、连续采煤机快速掘进、辅助运输无轨胶轮化等快速建井核心技术，仅用 9 个月就建成了年产 1000 万吨的榆家梁煤矿；

② 建立了描述采场矿压的"短块砌体梁"结构力学模型，深入揭示了浅埋煤层顶板整体切落式矿压规律，研究开发了大采高、强力掩护式电液伺服控制液压支架，并对工作面成套设备与工艺进行优化，独创辅巷多通道快速搬家工艺，在国内外首次形成 800 万吨/年综采工作面成套技术；

③ 首次在全国采用长-短壁机械化开采相结合的方法提高资源回采率，形成了以连续采煤机为主，配以自行研究开发的履带行走式液压支架和连续运煤系统等成套设备，形成高回收率短壁机械化开采成套技术，在国际上首次突破了单套设备年产 200 万吨的纪录；

④ 利用现代化监测监控技术，成功开发出采空区火灾综合防治技术和采场顶板突水溃沙综合防治技术，保证了超长工作面（6000m）连续、安全开采；

⑤ 首次建成了基于网络控制与信息技术的矿区生产与管理综合自动化系统，实现了煤矿生产环节全过程监控自动化、管理信息化、办公自动化和管控一体化，使全员工效提高 22%；

⑥ 提出了煤业支撑-主动型环保生态建设的新概念，在我国西部建成了产业发展与环境保护相协调的现代化矿区。

经济效益： 3 年累计产生的经济效益为 102 亿元。

社会效益： 依靠项目核心技术，建成了我国新一代现代化矿区，推动了煤炭行业生产技术、建设技术、装备与信息化技术等领域的科技进步。

（2）"生态脆弱区煤炭现代开采地下水和地表生态保护关键技术"项目（2014年）

技术创新点：

① 揭示了生态脆弱区煤炭现代开采地下水运移规律；

② 揭示了生态脆弱区现代开采地表生态环境变化规律及"自修复"趋势；

③ 开发了生态脆弱区矿井水井下储存利用技术；

④ 开发了生态脆弱区煤炭开采沉降区引导型地表生态环境修复促进技术。

经济效益： 三年直接经济效益为42亿元。

社会效益： 为我国生态脆弱区地下水资源保护利用和地表生态保护开辟了新的技术途径，为我国煤炭科学开发提供了重要理论和技术支撑，有助于形成科学的煤炭开发模式，推动我国西部生态脆弱区大型能源基地的生态文明建设和引领煤炭工业科技进步。

（3）"千万吨矿井群资源与环境协调开发技术"项目（2012年）

技术创新点：

① 首次自主研发并成功应用了超大工作面综采工艺与关键技术；

② 首次提出并开发了生态脆弱区矿井群生态环境协调控制与修复技术；

③ 首次提出并开发了千万吨矿井群协调开发评价与资源配置关键技术。

经济及社会效益：

该成果理念和成功实践已成行业共识和我国"大型现代化煤矿建设指导意见"的制定依据，并纳入我国"十二五"煤炭工业发展规划。该技术对推动我国煤炭开采技术跨越提升、保障国家煤炭安全供给、未来我国乃至全球煤炭资源科学开发具有重大引导作用。

（4）"荒漠化地区大型煤炭基地生态环境综合防治技术"项目（2008年）

环境防治技术方面创新点：

① 采取了对地表环境扰动最小的井下开采技术，以矿区生态系统整体功能构建和采前生态建设为手段，解决了采矿与环境保护的矛盾；

② 研究开发出"分层开拓、无盘区划分、立交巷道平交化"的无岩巷布置与井下矸石处理技术，从源头上减少了矸石的产出量，实现了井下矸石不外排，避免了土地占用和矸石山自燃，实现矿区矸石零污染；

③ 在分析浅埋藏薄基岩工作面快速推进条件下覆岩活动规律与裂隙分布特征的基础上，提出了保水开采的适用条件分类和相应的技术；

④ 在分析研究了矿井水质及采空区充填物矿物与物理等特征的基础上，开发出矿井污水采空区过滤与净化技术，实现了井下水的循环利用，缓解了

159

干旱地区的用水矛盾。

生态保护与建设技术方面创新点：

① 针对浅埋藏、易自燃煤层防灭火的难题，开发出降"压"防火、以"快"治火、以"砂"灭火的成套防灭火技术，消除了井下煤层自燃发火对地面环境造成的重大危害，保护和改善了地表植被，为地面生态环境建设提供了根本保障；

② 提出了在沙区建设生态矿区的新模式。研究开发了矿区采前与采后生态系统维护与建设的技术体系。矿区治理面积 148km^2，接近开采面积的 3 倍（59km^2），矿区植被覆盖率由建设前的 3% 提高到目前的 64%。

经济效益：15 年来累计创造经济效益 123.1 亿元。

社会效益：本项目的实施，为我国大型矿区解决资源开发与环境保护的矛盾闯出了一条新型绿色矿业之路；为我国同类型矿区建设起到了积极的带头作用；同时，也促进了我国西部大开发的进程和和谐社会的建设。

（5）"煤炭自燃理论及其防治技术研究与应用"项目（2008 年）

技术创新点：

① 创立了煤炭自燃新理论，根据煤炭自燃新理论，建立了判定煤炭自燃新方法与新技术；

② 创立了预防煤炭自燃的阻化机理理论，根据阻化机理理论，研制了新型阻化剂 PCF 系列产品和应用成套技术；

③ 创立了煤氧微观吸附、反应机理理论；

④ 创立了煤自燃新理论——煤微观结构与组分量质差异自燃理论；

⑤ 研制了采煤工作面最短发火期预测软件；

⑥ 建立了判定煤炭自燃的预测预报模型。

经济效益：①用新型阻化剂及成套技术可使应用阻化剂的采煤工作面平均防火成本降低 1.15 元/t，累计节约 2800.25 万元；②本阻化剂防火工艺简单，可与采煤平行作业，多采煤炭约 2435 万吨，平均新增利润约 24.4 元/吨，累计约 59313.3 万元；③应用煤自燃判定新方法和预测采煤工作面自燃发火期的研究成果，实现了针对性地采取防火措施，直接节约防火成本约 959.84 万元。

社会效益：本项目创立的煤炭自燃新理论是现有理论和假说的突破。使本领域的科技工作者从微观掌握煤炭自燃本质特征，极大推动了预防自燃火灾技术水平的提高；判定煤炭自燃的新方法和采煤工作面自燃发火期预测技术的推广应用更能有的放矢地采取有效防火措施。根据阻化机理理论研发的新型阻化剂 PCF 系列产品及成套技术的应用大大提高了易自燃采煤工作面的安全生产水平。本项目研究成果，既可预防煤炭自燃引起停产封面、煤炭资源损失，又可防止瓦斯爆炸。

（6）"西部干旱半干旱煤矿区土地复垦的微生物复垦技术与应用"项目（2015年）

建立了丛枝菌根真菌的离体双重培养体系，形成了丛枝菌根真菌本地化培养与质量监测方法，掌握了丛枝菌根真菌对采煤塌陷地的修复机理，实现了丛枝菌根真菌在塌陷地生态重建中的规模化推广，生态和社会效应显著，达到了生态治理目的。

第 **5** 章 典型生态保护工程示范

5.1 荒漠区防风固沙工程示范

5.1.1 巴图塔地区生态特征

　　神府东胜煤田的开发，对发展我国煤炭工业和繁荣区域经济有着举足轻重的作用，但同时也引起了生态环境的急剧退化，由于生态环境保护的失衡和沙漠化进程，资源开发与环境保护成为神府东胜矿区目前面临的重大问题，其中土地沙漠化及其导致的风沙灾害成为该区最为严重的生态环境问题。

　　神府东胜矿区现有沙漠化土地面积 2457km²，占总土地面积的 64.0%，其中轻度沙漠化 1120km²，中度沙漠化 531km²，强度沙漠化 805km²。煤田开发前沙漠化自然增长速度为 0.5%。开发前期（1988—1991 年）受建设施工活动影响，沙漠化增长速度为 0.95%，为开发前沙漠化自然增长速度的 1.9 倍。开发后期（1992—2006 年）建设施工活动仍然频繁，地面塌陷和地下水位下降日益加剧，沙漠化增长速度达 1.18%，为开发前沙漠化自然增长速度的 2.36 倍。可见，神府东胜矿区沙漠化形势十分严峻。因此，实施沙漠化防治是神府东胜矿区生态环境建设的关键，是实现本区社会经济可持续发展的前提，对于改善西部生态环境将会起到巨大的推动作用。神东矿区高大流动沙丘主要分布在西北向上风地带。沙丘高度 5～7m，最高可达 15m，沙丘以新月形沙丘和新月形沙丘链为主，年前移 5～10m，湿沙含水率 2%～3%，除在丘间低地有零星沙米、沙蒿分布外，基本无植被覆盖。

　　沙漠化防治是一项长期而又艰巨的任务。在沙漠化防治的措施中，工程措施治标，生物措施治本；工程措施和生物措施有机结合，可以彻底降伏沙龙，从根本上达到治理土地沙漠化的目的。机械沙障便是主要的工程措施之一。

　　在此基础上，以巴图塔沙柳林基地为代表，流动沙地植被快速建成是外围防护圈生态功能构建的主要内容，以植物措施为主，机械措施为辅，多手段、快速度、大范围相结合，对占矿区总面积79%的风沙区进行了控制性治理。以治沙为基础建设的巴图塔沙柳林基地，治理面积10km²，成为集治沙、造林、产业化为一体的综合治理样板区。

巴图塔沙柳林基地是神东公司坚持可持续发展、将生态建设与绿色产业相结合创建的沙产业基地。其位置位于伊旗布尔台格乡巴图塔村，北靠公捏尔盖沟，东接考考赖沟，南近神东矿区，西临乌兰木伦河。

巴图塔沙地位于神东矿区的风口方向，是距离神东小区最近的流动沙地。穿越沙地的公捏尔盖沟与考考赖沟也是神东矿区的主要生产、生活水源。因此，巴图塔沙柳林基地的建设具有非常重要的意义。

5.1.2　巴图塔地区生态保护治理工程措施

巴图塔沙柳林基地规划建设3万亩，共计分三期完成。

沙柳林基地第一期的建设于2000年至2001年完成，建设面积为8200亩，投入资金315万元。沙柳林基地采取了机械沙障固沙后栽植活沙柳的技术措施，共设置机械沙障371万米，栽植沙柳193万穴，栽植紫穗槐10万穴。

在2002年秋季进行了沙柳林基地的二期建设，在全面总结沙柳林建设经验的基础上，根据气象部门的预测预报，经过认真分析研究，抓住当年冬季风小次年春季雨多的有利时机，大胆选定了以常规沙柳扦插为主，以水瓶造林与冷藏苗造林为辅的技术措施，仅投入资金82万元，完成造林1万亩，栽植沙柳200万穴。

最终在2003年秋季完成沙柳林基地三期建设11800亩。

2021年8月，神东煤炭集团首个万亩"国家能源集团生态林"巴图塔沙柳示范基地建成。

5.1.3　巴图塔地区沙柳林防风固沙治理工程效果

沙柳林基地建设集固沙、造林、沙柳产业化发展为一体。此基地的建设从根本上控制了流动沙丘，在形成了神东矿区绿色防护屏障的同时，建成了神东矿区生态经济新产业点及生态工程示范点（图5-1）。

此基地的建成也使原本光秃秃的崎岖沙丘，被沙柳、沙棘、樟子松、杨树、柠条、沙蒿覆盖。

设置沙柳沙障前，沙丘裸露，风沙土难以发育；设置沙柳沙障后，自然着生的植物覆盖过去裸露与松散状态的沙丘表面，减弱风力，抑制风蚀，改善土壤条件，为植物的生长提供可能的生长环境。另外，以密集的沙柳枝条扦插成沙障，其自身发挥了机械沙障防风固沙的作用，削弱了风速，减轻了风蚀；而且所选择的沙柳枝条具有特殊的生物学特性，能够在流动沙丘上萌发成活，形成沙柳林，显著改善沙丘的生态环境。

图 5-1 巴图塔沙柳林

同时，设置沙柳沙障后植被群落在向多样化方向发展，流动沙丘在人为保护和适宜的生境下植被得以繁殖，有些植被恢复很快，沙丘迎风坡中下部、底部，背风坡中下部的沙柳沙障障格内部，形成长势良好的沙竹群丛；沙丘顶部、丘间低地形成结构简单的呈群状、簇状分布的油蒿群丛；设置沙柳沙障后的流动、半流动沙丘上，形成呈簇状分布的沙竹与沙米、虫实群丛。由此可见，沙生植被群落的出现使整个沙丘形成稳定的林草系统。

其中，格状沙柳沙障对外来风沙流有阻挡作用，对原有沙面有固定作用。其防风效应突出体现在障格内，由于气流的涡旋作用，使格内原始沙面充分蚀积，最后达到平衡状态，即形成稳定的凹曲面。这种有规则排列的凹曲面，对不饱和风沙流具有一种升力效应，从而形成沙物质的非堆积搬运条件，抑制沙面风蚀。

在此区的沙柳沙障工程建设中，沙障防风作用的大小与沙障的高度、密度、风向与沙障的交角有关。沙柳沙障的防风作用突出表现在减弱风速、稳定沙丘上。大风日，设置沙柳沙障后的沙丘与流动沙丘风速相比均有所降低，特别是近地表层 20cm 高度处的风速显著降低，风速削减 30.5%～47.7%，防风效益显著。此外，随着沙丘高度、坡度的增加，沙柳沙障的破损度明显增大；此外，还与沙柳沙障的孔隙度、沙障高度、常年风向、植被盖度与沙障破损有关。

在此工程中，神府东胜矿区从实际出发，根据本区沙丘特殊的区位条件，采取机械措施作为流沙治理的首要措施。通过设置沙柳沙障治理流沙，不仅明显改善了局地生态环境，而且对于周边环境的改善和沙地生态系统的稳定具有重要意义。

5.2 水土流失区常绿林工程示范

5.2.1 "两山一湾"区域生态特点

"两山一湾"即神东小区周边的大柳塔东山、大柳塔西山和上湾C形山湾。

大柳塔东山水保常绿林是神东煤炭集团"周边常绿圈"的重要组成部分，位于矿区中心区东侧，山体总长约10km，高约60～100m，处于陕北黄土高原沟壑区向毛乌素沙漠的过渡地带。所处地理坐标为东经110.28°，北纬39.30°，平均海拔1255m，年均气温7.3℃，年均降水量368mm左右，年均蒸发量1319mm，降水主要集中在7～9月，属于干旱、半干旱地区。主要特征是光照充足，降水稀少，蒸发量大，地表干旱，大风频繁。土壤质地以风积沙土为主，为裸露的沟壑地貌，土壤瘠薄，原生植物以沙蒿为主，盖度仅3%～11%，水土流失严重。

大柳塔西山水保常绿林是神东煤炭集团"周边常绿圈"的重要组成部分，大柳塔西山位于乌兰木伦河西侧，与大柳塔中心小区及北区隔河相望，位于大柳塔小区的西北方向，是小区的风口，同时又是陕蒙过境公路和大柳塔小区的重要景观，绿化效果将直接影响矿区生态环境治理，山体总长约6km，高约50～90m，为裸露的沟壑地貌，土壤瘠薄，原生植物以沙蒿为主，盖度仅3%～11%，水土流失严重。

上湾矿地形呈西北高、东南低的斜坡状，海拔1100～1200m。上湾煤矿受毛乌素沙地影响，地面大部分呈波状及新月形沙丘地貌，地形复杂，沟谷纵横，沟谷多为溯源侵蚀，且主沟两侧的支沟特别发育，呈树枝状分布。在东部，风积沙呈波状及新月形沙丘地貌。上湾矿沉陷区总面积约24.50km²。沉陷类型以错台、裂缝为主，伴随地表塌陷。

5.2.2 "两山一湾"区域生态保护治理工程

神东煤炭集团采取工程措施和生物措施相结合的方法，开挖高标准水平沟和鱼鳞坑，栽植大规格常绿乔木与阔叶灌木混交林，配套中水（处理后的大柳塔矿井水、活鸡兔矿井水）灌溉系统，对其进行综合治理。针对矿井周边水土流失严重的裸露山地，优化了水土保持整地技术，创新了针阔与乔灌综合混交造林技术和小流域综合治理技术，主要建设了"两山一湾"周边常绿林，治理面积19km²，既控制了山地水土流失，又营造了常绿景观。建成了连接外围防护圈与中心美化圈的主要生态林带，使之成为保护中心区的重要生态屏障。

截至 2011 年，大柳塔东山投入治理资金 873 万元，治理面积 879 亩，其中南区治理面积 418 亩；中区治理面积 144 亩；北区治理面积 317 亩，共栽植樟子松、油松 10 万株，混植沙棘、紫穗槐、杨柴等灌木 14 万穴。

大柳塔西山水保常绿林共投入资金 1015 万元，治理面积 1470 亩，其中南区治理面积 684 亩；中区治理面积 211 亩；北区治理面积 575 亩，共栽植油松、侧柏 11 万株，新疆杨 3 万株，柠条、沙棘等灌木 12 万穴。

上湾矿沉陷区 24.50km² 已全部实施封堵裂缝、撒播草籽等治理措施。对井下煤矸及垃圾有序排放，再用沙土进行覆盖。在厚达 2m 的沙土上栽扎沙柳网格用以固沙，同时撒苜蓿、沙打旺等多种固沙草籽，并栽植松树。为了保证树木和草籽的成活率，在矸石山上埋设浇灌设施，架设喷灌装置，根据需要随时可以浇灌，并建造了西山瀑布型防护工程等，使过去的"火焰山"变成了绿水青山；修挖了防洪排洪沟及污水井，维修了污水管道等。与此同时，针对厂区原通信线路也进行了改造，将所有空架电缆、电线等重新铺埋。重新修建了井口设施，维修了员工更衣室、澡堂等；狠抓工业场区绿化、美化、硬化、净化建设。科学设计，合理布局。并且，每年配合公司绿化公司大量种植花草树木，并制订了切实可行的措施加强对花坛、花池、树木、草坪的管护修剪，将上湾矿真正建成了花园式煤矿。

5.2.3 "两山一湾"区域常绿林水土保持治理工程效果

目前，经过一系列工程建设后，"两山一湾"区域呈现出显著的工程效果。

大柳塔东山植被盖度达到 80% 以上，有效控制了水土流失，对矿区中心区起到重要的生态屏障与生态景观作用。

大柳塔西山植被盖度达到 80% 以上，有效控制了水土流失，对矿区中心区起到重要的生态屏障与生态景观作用，2006 年被陕西省水土保持局授予"开发建设项目水土保持样板工程"。

2007 年以来，神东煤炭集团共投资 1620 万元，已建成 10km² 上湾采煤沉陷区生态经济林试验示范基地，栽植文冠果、樟子松、油松和沙棘等小规格乔灌木 91 万穴，区域生态环境及植物多样性得到明显改善。上湾沉陷区生态恢复项目的实施，可以治理由于采矿对地表的扰动，保障煤炭生产顺利进行；又可以给塌陷区农民提供一个良好的就业空间，增加农民收入；同时还能够促进地企经济繁荣，从而达到政府、企业和农民三者共赢的目的。其中，上湾红石圈小流域治理工程被水利部命名为"全国水土保持生态环境建设示范工程"。

此工程采用水保整地和林草种植相结合的水保技术，实施了"两山一湾"（大柳塔东、西山和上湾周边区域）水土保持工程和一系列小流域（红石圈小流域、白敖包小流域等）综合治理工程。在水土保持方面取得了重大的效果。

5.3 重度侵蚀区绿色长廊工程示范

5.3.1 神东矿区道路交通两侧生态特点

神东-神木绿色长廊工程是陕西省水土保持补偿费重点项目，是公司与神木县政府共同规划建设的骨干项目，是神东矿区大柳塔试验区至神木市城区主要通道的绿色长廊项目。此工程在大柳塔试验区北侧，北至过境公路，南至哈拉沟沟口，西至大石公路、乌兰木伦河，该区域广为风沙土，土质松散，水土流失严重。植被种类稀少，水资源匮乏。道路两旁应以一路一树、一街一景为思路，进行立体绿化美化，宜树则树，宜花则花，宜草则草。

5.3.2 神东矿区道路交通景观化工程措施

根据神东矿区自然环境条件和矿区资源，对神东矿区道路开展交通景观化工程措施。

① 道路绿化需加大灌溉设施，加强管护力度，及时灌溉施肥。

② 利用生活污水及矿井水处理后进行绿化灌溉，景观水系包括湿地、旱喷、跌水等。

③ 以水保生态建设为主体，结合绿化美化，园林景观统一布局，以生态学中"基质-斑块-廊道"的理念进行规划。

④ 植物种配置模式主要包括混交模式、纯林模式、园林配置模式等。采取草灌乔结合、机械措施与生物措施相结合的方法防护。

5.3.3 神东矿区交通道路景观化绿色长廊治理工程效果

神东矿区交通道路景观化绿色长廊治理工程建设后，将持续优化水土保持，极大地改善周边环境，同时也为周边居民提供了近郊旅游、休闲的场所。主要交通道路将形成四季常青、郁郁葱葱的绿色长廊，对改善和优化沿线乡镇生态环境、促进社会经济发展、全面推进公司和大柳塔试验区生态文明建设向纵深发展具有重要作用。形成了针阔叶混交林景观、阔叶林景观、针叶林景观、疏林草地景观、沙地灌草景观、行道树景观、花海景观、园林景观、梯田果园景观、沙地果园景观等 10 种景观。

5.4　工矿区园林工程示范

5.4.1　大柳塔工业区与李家畔办公区的生态特点

大柳塔矿井是神东公司在神府东胜矿区中的大型骨干矿井之一，地处神府东胜矿区中部，位于乌兰木伦河东侧，行政隶属于陕西省神木市大柳塔乡管辖。矿井工业场地位于大柳塔村南 2km 处，向南经店塔到神木县城约 60km，向北到内蒙古东胜区约 120km。井田长度 10.4km，倾斜宽度 13.8km，面积 131.5km²。大柳塔煤矿井田构造简单，煤层倾角平缓，赋存稳定，埋藏浅，易开采，顶板中等稳定，适合全部垮落法管理顶板，瓦斯含量低，安全条件理想，适合机械化长壁式大强度开采，有 3 层可采煤层，平均厚度 4～6m，属低灰、低硫、低磷、中高发热量的环保型绿色煤炭。根据井田内煤层的赋存特点，采用平硐斜井联合方式，顶板管理方法为冒落法。井田内沟谷纵横，梁峁多由沙丘和沙梁构成，并为流动和半固定沙所覆盖。

李家畔村位于大柳塔镇正西方和镇政府仅一河之隔，东面是大柳塔神东矿区，西与中鸡镇呼家塔村相连，北临内蒙古乌兰木伦镇，南接壤大柳塔束鸡河村。李家畔村是大柳塔试验区最早开发的地区之一，是"工矿区农村"的典型代表，也是大柳塔农村发展的一个"缩影"和"前奏"。该项目的地理中心坐标为东经 110°12′44.30″，北纬 39°16′30.71″，海拔 1085m。基地南距神木县城 64km、榆林市 170km，北距包头市 180km，包神、神朔铁路纵贯全区，包府公路、大石公路、郭敏公路均穿区而过，滨河公路紧邻基地。

5.4.2　大柳塔工业区与李家畔办公区园林工程措施

在大柳塔工业区建设中，根据大柳塔矿区地势特征，大力建设覆盖中心矿区的灌溉管网，为生产生活提供了充足的绿色水源。此外，区内道路联系主要依托矿区路，部分路段仍以土路为主，园区南北区之间道路联系薄弱，道路路况等级需尽快提升，同时改善当前园区与 204 省道之间的对接联系，保障区内道路联系的通畅顺达。在此基础上，实施建设道路管网改造工程项目，实施大柳塔工业园区道路的新建、扩建及改建，对地下管网进行升级改造，扩建污水管网及煤气管网，从而为加强基础设施建设及推进城区老工业区及独立工矿区搬迁改造提供支持。

李家畔办公区采用了"一心两带三轴"的理念。"一心"是指以办公楼为中心，其他建筑向心布局；"两带"是指沿河景观绿化带与沿国道绿化隔离带，形成小区的生态景观带和降噪屏障带；"三轴"是指北侧的服务轴线，中间的办公轴线，南侧的绿化轴线。生活基地建设内容主要包括住宅楼、办公楼、科技大厦、培训中心、综合服务中心、幼儿园、餐厅、停车场、污水处理厂、变电站以及配套公用设施、绿地、道路、给排水管网等。

5.4.3　大柳塔工业区与李家畔办公区园林工程效果

大柳塔矿绿化总面积 $13.5hm^2$（其中活鸡兔矿为 $2.5hm^2$），其中种植草坪 $25689m^2$，栽植乔木 2454 株、灌木 201434 穴，种草 0.3ha；完成投资 333.9 万元。大柳塔矿建矿最早，场区绿化投资也在逐年递增。大柳塔矿区植被覆盖变化主要体现在 2005—2010 年和 2010—2015 年间，高覆盖面积增加最多，两个时间段内，分别增加了 $15.53km^2$、$12.06km^2$，中覆盖面积减少最多，分别减少了 $13km^2$、$13.5km^2$；2015—2018 年和 2005—2008 年间中高覆盖面积增幅明显，分别增加了 $9.88km^2$、$37.57km^2$，中覆盖面积减少最多，分别减少了 $11.78km^2$、$38.40km^2$。目前，该矿绿化模式别具一格，与周边地质地貌浑然一体，蔚为壮观，如图 5-2 所示。

同时，李家畔办公区的工程建设，对改善区域环境质量也具有积极意义。

图 5-2　大柳塔生态建设与景观构建绿化效果

5.5 沉陷区生态治理工程示范

5.5.1 榆家梁区域生态特点

神东煤炭集团以"开采一次性煤炭资源、建设永续利用的生态资源"为原则，积极开展沉陷区生态治理工作。榆家梁煤矿位于陕西省榆林市神木市东北部，距神木市25km，行政区划隶属于神木市店塔乡。榆家梁煤矿原为地方矿，1999年通过一次性建设使其生产能力达到1.5Mt/a，三年达到5.0Mt/a，并预留扩建至8.0Mt/a的发展规模，日产量为26667t，目前达到12.0Mt/a。根据井田地质储量丰富、煤层赋存稳定、厚度适中、开采技术简单、交通便利等特点，确定服务年限为50年，该矿井田南北长约10.5km，东西宽约8.0km，井田面积约59.88km^2。该矿采用斜井-平硐综合开拓方式。顶板管理采用垮落法和顶板锚杆。

榆家梁矿属黄土丘陵区，地带性区域降水少，植被盖度低，水土流失严重，切沟深，原生生态环境较差。同时由于地带性黄土土层深厚，解理发育完全，塌陷表现比较明显。该区域带性植物生长依靠自然降水，塌陷对地带性植物影响较小，只在裂缝区影响较大。

5.5.2 榆家梁梯田果园工程措施

榆家梁矿首先在塌陷时对塌陷危及的道路、山坡、山崖等区域先进行封锁，塌陷后针对性地集中治理。榆家梁煤矿整体对塌陷区进行人工和机械回填并撒草籽，并针对塌陷区实施了防止地质灾害的预防措施和开展土地复垦以及水土保持等一系列的治理措施。塌陷区经治理后，大致能恢复原貌，但也需随着时间的推移使地形地貌自然慢慢恢复，尤其是水位的恢复。总体来说塌陷造成的风险等级较低。榆家梁矿采取边塌陷边治理的措施，切实有效地使塌陷、裂隙等得到有效治理，大部分治理过的地表与原地貌一致，基本看不出塌陷破坏。榆家梁矿方主要实施回填治理，神东公司环保处实施统一规划治理，实施推地修梯田、栽植树木等，不仅使沉陷得到有效治理，而且美化了环境，更是将梯田、树木等所有权留给村民，使得村民得到了实惠。榆家梁矿沉陷区完成重点治理措施11km^2。

榆家梁矿沉陷区治理遵循因地制宜、安全可靠、循环生态和双向经济的原则，植物选择体现水保、经济、防火和景观四大目标。

因地制宜。根据不同的塌陷类型因地制宜地采取不同的治理措施，榆家梁沉陷区塌陷类型主要是裂缝和滑坡，在裂缝区首先对其进行封堵，然后全面开挖鱼鳞坑，种植水保经济适生树种沙棘和柠条，撒播草籽，恢复植被，保持水土；滑坡区选用本地生长的旱柳及沙蒿作为材料，采用柳杆障蔽生态锚固坡技术加固滑坡体。

安全可靠。滑坡区坡脚用砌石挡墙进行防护，确保坡体稳定性。坡面采用柳杆障蔽生态锚固坡技术，能有效阻挡重力侵蚀、水力侵蚀和风力侵蚀，确保坡面的稳定性。竖向打入滑坡体的、长短不一的柳桩可以稳固滑坡体，阻挡滑坡体发生层状塌落。横向互相捆绑的柳桩大大提高了坡面抗剪切力，能有效阻挡坡面局部滑落。设置沙蒿沙障有效地阻挡了雨水对坡面的直接冲刷及风直接吹侵坡面。裂缝区采用机械与人工填堵裂缝、人工水保整地、植草造林方式。

循环生态。生态治理工程所用的材料全部选择当地可再生的植物材料，如旱柳和沙蒿。当地旱柳一般采用结橼作业，每 2～3 年须砍伐利用结橼柳杆，既可复壮柳树，又可用于固坡打桩。当地沙蒿是优势种群，春季砍伐利用，多年枯干沙蒿既可复壮沙蒿，也可用于固坡。

双向经济。选择本地材料和树种，采用适宜的造林模式，大大减少了投入成本，选择适宜的经济与景观树种，又大大提高了经济效益。

5.5.3　榆家梁梯田果园工程效果

榆家梁矿井田面积 56.4km²，截至目前开采面积 56.4km²，全部进行了安全性治理与恢复性治理。重点生态建设性治理面积 2.2km²，投入治理资金 1044 万元，分别是杨伙盘和王花圪旦治理区。

杨伙盘治理区面积 2km²，治理资金 964 万元，开挖鱼鳞坑 27.2 万个，种植沙棘、柠条水保经济树种 22.9 万穴，种植紫穗槐防火树种 1.8 万穴，种植樟子松、侧柏景观树种 2.5 万株，撒播草籽 1.7km²，生态护坡 1.6 公顷，修筑挡墙 154m，开挖排水沟 480m。

王花圪旦治理区面积 0.2km²，治理资金 80 万元，开挖鱼鳞坑 4.1 万个，栽植核桃、大扁杏、沙棘水保经济树种 2.2 万穴，栽植紫穗槐防火树种 1.9 万穴，撒播草籽 0.2km²。

榆家梁矿绿化总面积 6.46ha，其中工业场地 3.78ha，道路防护 1.49ha，弃土渣及排矸场 1.19ha；共栽植乔木 50244 株，灌木 83517 穴；完成投资 120.44 万元。该矿地处山区，场区较为封闭，绿化也较集中，如图 5-3 所示。

图 5-3　榆家梁矿生态建设与景观构建绿化效果

5.6　绿水青山就是金山银山——布尔台创新实践基地

5.6.1　布尔台创新实践基地生态特点

国家能源集团神东煤炭布尔台煤矿，位于内蒙古自治区鄂尔多斯市伊金霍洛旗境内，井田面积 192.63km²，地质储量 33.03 亿吨，可采储量 20.13 亿吨，共有 10 层可采煤层，矿井设计生产能力为 2000 万吨/年。布尔台煤矿位于鄂尔多斯市伊金霍洛旗东南，距离康巴什区 24km，距离伊金霍洛旗 12.6km，距离大柳塔镇 28.6km。原生环境十分脆弱，干旱少雨，年降雨量少，蒸发量大，霜冻期较长。属于干燥的半沙漠高原大陆性气候。年平均降水量为 357.3mm，年平均蒸发量为 2457.4mm。风蚀区面积占 70%，平均植被覆盖率仅 3%～11%，是全国水土流失重点监督区与治理区。布尔台 10 万亩生态基地建设，包括布尔台煤矿、寸草塔矿和寸草塔二矿，共 219km²，是矿区最大的集中连片采煤区。公司与伊金霍洛旗政府共建 6 万亩生态综合示范基地和 4 万亩生态+光伏基地。

5.6.2　布尔台创新实践基地工程措施

神东煤炭集团为了落实内蒙古自治区党委书记、人大常委会主任石泰峰在神东布尔台采煤沉陷区生态+光伏示范基地的讲话精神，组织召开神东布尔台采煤沉陷区生态+光伏示范基地经济树种论证会，论证生态产业发展与经济植物选择等。与会专家参与并评价了经济植物选择及其产业化发展，认为该项目具有创新性、示范性，专家建议将其建成西部采煤沉陷区可复制可推广的生态建设示范基地，如表 5-1 所示。

表 5-1 布尔台 "生态综合治理+光伏" 示范基地经济林主要类型表

经济林类型	饲草	饲料灌木	经济灌木	经济乔木
区域实例	宁夏银川	哈拉沟采煤沉陷区	哈拉沟采煤沉陷区	准格尔旗
主栽品种	主栽品种：苜蓿 科属：豆科，苜蓿属；多年生草本 习性：主根粗壮，适应性广；秋眠级3～4级，极抗寒；抗旱能力突出；耐碾压、耐贫瘠；多叶率高、品质佳；产草量高、消化率高；综合抗病性强。 效益：是优良牧草，粗蛋白含量达20%，营养全面，以 "牧草之王" 著称；每年可割刈3～5次	主栽品种：饲料桑 科属：桑科，桑属，落叶灌木 习性：抗干旱力强，在250mm自然降水的条件下可正常生长，当年就能形成稳定的灌丛植被；抗严寒强，萌发力强。 效益：是优良灌木饲料，粗蛋白含量18%～36%；含有自然抗生素，对提高畜禽免疫力有一定的作用；每年可割刈3次	主栽品种：大果沙棘 科属：胡颓子科，沙棘属；落叶灌木 习性：属于杂交选育品种。喜光，耐寒，耐酷热，耐风沙及干旱气候，对土壤适应性强。防风、固沙、保土、保肥、培肥地力、改良土壤肥力较强。 效益：结果早且粒大，单果重0.4g，单株产量15.5kg。素有维C之王的美称，每100克果汁中，维C含量可达到825～1100mg	主栽品种：寒富苹果 科属：蔷薇科，苹果属，落叶乔木 习性：是沈阳农业大学以东光为母本与富士为父本杂交选育品种，喜光，抗寒能力强，可忍耐−20℃以下低温，在包头、鄂尔多斯地区均有栽植。 效益：一年栽植，二年有花，4～5年进入盛果期。果实酸甜适口，可溶性圆形物含量15.2%，pH值为3.6，糖酸比值为36.8
种植面积/亩	18495	1965	2850	1950
单位产量/[kg/(亩·年)]	539	250	160	600
单位产值/[元/(亩·年)]	1079	1000	960	2400
总产值/(万元/年)	1996	197	274	468

（1）全国首个荒漠化地带采煤沉陷区生态+光伏示范基地

① 荒漠区：原生环境差。

>>

项目区属黄土高原丘陵沟壑区与毛乌素沙地过渡地带，原生环境十分脆弱，干旱少雨，年降雨量360mm，是年蒸发量的1/6；地下水资源缺乏，是全国平均水平的3.9%；风蚀区面积占70%，平均植被覆盖率仅3%～11%，是全国水土流失重点监督区与治理区。

② 沉陷区：开采影响大。

受到开采深度、开采厚度、覆岩岩性、停采边界、地形坡度等各种因素的综合影响，地面沉陷破坏的最终结果为形成由边缘向中间倾斜的、形态各异的、破坏程度各不相同的形式，进一步导致原有地貌形态、地形标高受到不同程度的破坏，使得地表土体结构和地面林草植被受到影响，原有的平缓地面变成坡地，严重影响地形地貌景观。

③ 光伏下：光照强度弱。

光伏板下光照强度减弱，影响植物光合作用，减缓了植物的生长速度和物质增加。

（2）"两山"基地创建

"绿水青山就是金山银山"实践创新基地是践行"两山"理念的实践平台，旨在创新探索"两山"转化的制度实践和行动实践，总结推广典型经验模式。

① 具备下列条件的地区，可通过省级生态环境主管部门向生态环境部申报"两山"基地：a.生态环境优良，生态环境保护工作基础扎实；b."两山"转化成效突出，具有以乡镇、村或小流域为单元的"两山"转化典型案例；c.具有有效推动"两山"转化的体制机制；d.近3年中央生态环境保护督察、各类专项督查未发现重大问题，无重大生态环境破坏事件。

② 申报"两山"基地的地区应当编制"两山"基地建设实施方案，并由地方人民政府发布实施。

③ 省级生态环境主管部门负责"两山"基地的预审和推荐申报工作，严格把关并择优向生态环境部推荐。

④ 省级生态环境主管部门在推荐申报前，应当对拟推荐地区公示，对公示期间收到投诉和举报的问题，由省级生态环境主管部门组织调查核实。

⑤ 省级生态环境主管部门应当根据预审情况、公示情况，形成书面预审意见及推荐文件，上报生态环境部。

⑥ 省级生态环境主管部门应当指导拟推荐地区通过国家生态文明示范建设管理平台（以下简称"管理平台"），填报和提交申报材料，包括a."两山"基地申报文件，以及申报函和对照申报条件提交的相应说明材料和证明文件；b."两山"基地建设实施方案。

5.6.3　布尔台创新实践基地工程效果

神东煤炭集团西部典型生态脆弱区煤矿山水林田湖草一体化生态系统修复研究与工程示范——人与山、水、林、田、湖、草等自然生态类型是一个相互联系、不可分割的生命共同体。项目在"山水林田湖草是生命共同体"原则下，从系统整体、时空尺度、生态过程、生态管理等角度，通过对布尔台沉陷区构建山水林田湖草一体化生态系统限制性要素进行评估，确定煤炭开采对土壤、浅层地下水、植被、微生物等生态因子的影响与损害机理，得出适用于林田草生长的土壤质量及浅层地下水区划，为构建西部生态脆弱区煤矿山水林田湖草一体化生态系统提供可借鉴的依据。

围绕"土壤、矿井水、植被"等资源环境的协同利用技术的研究与应用，探索适合矿区资源环境协同利用技术的模式与工程实践。

结合神东矿区产业特点与生态环境特征，围绕林、田、湖、草、沙等环境要素开展生态工程，建设具有区域特色的"现代能源经济+采煤沉陷区生态修复治理+光伏+X"的山水林田湖草一体化生态系统工程示范区，如图 5-4 所示，为西部矿区生态环境建设与修复提供技术借鉴与理论指导。

图 5-4　布尔台区域三矿规划图

2021 年 6 月 7 日，鄂尔多斯市委书记李理在生态+光伏示范基地提出，在布尔台采煤沉陷区统筹规划"布尔台沉陷区生态旅游规划"。"十四五"时期，结合布尔台区域"生态+光伏"打造生态旅游区，如图 5-5 所示。

"绿水青山就是金山银山"实践创新基地（以下简称"两山"基地）是深入贯彻习近平生态文明思想、践行"两山"理念的实践平台，旨在创新探索

"两山"转化的制度实践和行动实践，形成可复制、可推广的"绿水青山就是金山银山"典型经验模式，树立生态文明建设的标杆样板，示范引领全国生态文明建设。由生态环境部授予称号，并对"两山"基地实行后评估和动态管理，加强"两山"建设成果的总结和示范推广，引导地方探索绿色可持续发展道路。神东依托布尔台区域，与鄂尔多斯市共创"绿水青山就是金山银山"实践创新基地。

图 5-5 布尔台区域"生态+光伏"生态旅游区

5.7 "山水林田湖草沙"哈拉沟生态示范基地

5.7.1 哈拉沟沉陷区生态特点

神东生态示范基地以哈拉沟煤矿开采区生态治理为基础，以生态科研科普为主题，以生态文明示范基地建设为目标，系统构建人与自然相和谐、工业文明与生态环境相和谐、企业与区域相和谐的生态系统。核心区建设总面积 10000 亩。生态示范基地位于陕西省神木市大柳塔镇北部，乌兰木伦河东侧；示范基地主要涉及大柳塔煤矿、哈拉沟煤矿、石圪台煤矿三大煤矿，范围南起敏盖兔沟（野大路），北至考考赖沟，西到大石公路，东以束会川为界，如图 5-6 所示。

基地深入贯彻落实"良好生态环境是最普惠的民生福祉"习近平生态文明思想、"黄河流域生态保护和高质量发展"重大国家战略，创新矿山"山水林田湖草"生态治理模式，集中展示神东矿区绿色开采、清洁生产、水土保持的理念、技术与模式。基地总面积 60000 亩，核心示范区面积 10000 亩，建有 62 个示范点。扩展面积 50000 亩。规划建成大柳塔、哈拉沟、石圪台集中片区 40 万亩。

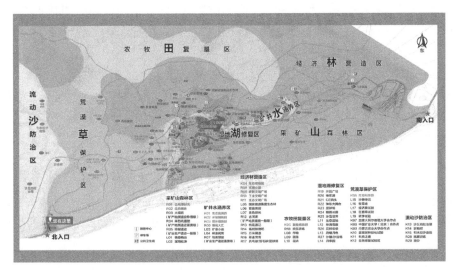

图 5-6　哈拉沟生态示范基地建设概况图

① 采矿山森林区。

位于基地的西北部。基地"山水林田湖草沙"建设布局之"山"区，寓指绿色矿山建设。采矿山位于基地西侧，是基地最为高大的流动沙山，营造了 12 万株樟子松林，建成了基地"山水林田湖草"总体布局的绿色基底，也建成了神东矿区"绿色矿山"的标志性形象，被誉为"煤海松涛"。

② 矿井水涵养区。

位于基地的中部。基地"山水林田湖草沙"建设布局之"水"区，寓指矿井水保护与利用。矿井水来源于哈拉沟煤矿采煤疏干水，经井下采空区过滤净化，地面矿井水厂处理净化，"矿泉小池"涵养净化，600m 长溪流动净化，生态湿地生物净化，流经湿地湖文化区，进入水保、地环、复垦措施园，用于生态灌溉和科研科普，形成了矿井水全链条景观长廊。

③ 经济林营造区。

位于基地的东北部。基地"山水林田湖草沙"建设布局之"林"区，寓指经济林产业化发展。以"茶园式"大果沙棘栽培为主，共栽培大果沙棘 255 万株，并试验栽培了蛋白桑、欧李与巨菌草等新的经济树种，形成了科研、示范和推广一体化的经济林产业化发展格局，深入践行了"绿水青山就是金山银山"的理念。

④ 农牧田复垦区。

位于基地的中西部。基地"山水林田湖草沙"建设布局之"田"区，寓指土地复垦和农业产业化发展。该区以农田复垦和沉陷土地复垦为基础，共栽培各类果树 2 万株，蔬菜 30 余种，并试验栽培农作物、药材和花卉 50 余种，形成了科研、示范和采摘体验一体化的新型农牧业产业化发展格局。

⑤ 湿地湖湿地区。

位于基地的中南部。基地"山水林田湖草沙"建设布局之"湖"区，寓指地表水保护与湿地生态修复。该区围绕湿地湖建设，开发了一系列生态技术科普和生态文化展示项目，生动形象地体现了"人与自然和谐共生"的真谛。该区包含神东井田广场、湿地湖等 13 个示范点。

⑥ 荒漠草保护区。

位于基地的西南部。基地"山水林田湖草沙"建设布局之"草"区，寓指天然草本保护恢复。该区遵循"节约优先，保护优先，自然恢复为主"的方针，以荒漠草保护为基础，重点建设生态科技园，系统研究、示范和推广生态治理技术。

⑦ 流动沙防护区。

位于基地的西部。基地"山水林田湖草沙"建设布局之"沙"区，寓指流动沙丘综合治理。开发初期神东矿区流动沙丘广布，神东创新"先治后采，治大采小"的治理理念，整体性控制流动沙丘危害，将沙漠变成绿洲，为开发建设提供生态基础。示范基地先后采用直立式沙障、平铺型沙障、平铺型秸秆沙障等方法进行固沙试验。

5.7.2 哈拉沟沉陷区"山水林田湖草沙"系统工程措施

生态保护与修复的过程，就是物质循环、能量流动的过程。神东在生态环境保护修复过程中，建立生态经济园，紧抓农、林、牧、水、煤、矸、能、旅等 8 大生态经济特性，以生态为杠杆，使其物质循环、能量流动走向良性、不断优化的过程，以生态环境修复产业化展现出了生态经济的新动能，激发、培育生态环境保护修复工作的内生和自养能力，将示范基地的生态经济融入黄河流域生态保护和高质量发展的国家战略之中。

① 农作物（农）。

示范基地属于沙地土地，自然肥力贫乏，自然光照时间长。在这种自然环境下，能够生长什么样的农作物、生产力如何，均需要进行试验种植。农作物种植区涉及蔬菜、作物、药材、饲料共计 34 个品种，5 万多平方米。蔬菜区主要种植西红柿、黄瓜、圣女果等 13 个品种；作物区主要种植红豆、绿豆、花生、黑豆、蚕豆等 8 个品种；饲料区主要种植苋草、巨菌草、黄芥等 6 个品种；药材区主要种植甘草、柴胡、党参等 7 个品种。

② 经济林（林）。

为了实现乡村振兴，富裕地方农民，根据示范基地的自然地理条件，示范基地主要进行了多种果树经济林试验种植。神东不断创新沙棘种植技术，扩大种植规模，先后种植试验中国沙棘、俄罗斯大果沙棘、杂雌优 1 号等品种，大柳塔、哈拉沟煤矿沉陷区先后栽植沙棘 5 万亩，种植沙棘 531 万株（其中俄罗斯大果沙棘 241 万穴，中国沙棘 290 万穴）。未来沙棘产业发展100km²，单位产值 960 元/（亩·年），年产值 1.4 亿元。

③ 牧草（牧）。

神东属于毛乌素沙地与黄土丘陵沟壑区过渡地带，地带性植被类型为灌草，适合灌草经济产业发展。灌草生长高度低，不与光伏争空间，适宜平茬，从根本上解决了冬季光伏防火需求，可建成有灌溉条件的经济灌草200km²，单位产值 1079 元/（亩·年），年产值 1.6 亿元。

④ 矿井水（水）。

沙漠地区缺水少雨，神东创新"三级处理、三类循环、三种利用"的模式与技术，如图 5-7 所示，解决了缺水地区十万人生活、百万亩生态、千亿元生产的用水。

a. 三级处理。以井下采空区过滤净化系统、污水处理厂、矿井水深度处理厂形成三级处理系统，提高了废水资源利用率，确保水的分质利用。

b. 三类循环。以井下采空区、选煤厂、锅炉房构成三类闭路循环系统，最大限度地减少了污水外排，实现废水的综合利用。

c. 三种利用。以生产复用、生活杂用、生态灌溉形成三种利用途径，遵循优水优用的原则，实现水的多级利用。

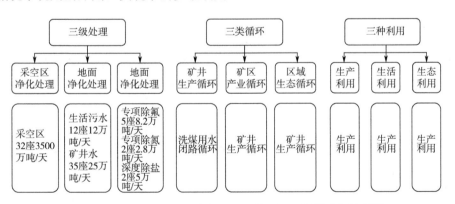

图 5-7　"三级处理、三类循环、三种利用"的模式与技术图

⑤ 煤炭（煤）。

神东煤炭集团地处陕、蒙、晋能源三角区，建成我国首个 2 亿吨级煤炭

生产基地，拥有 13 座安全高效矿井。其中，3000 万吨以上的矿井 1 个，2000 万吨以上的矿井 2 个，1000 万～2000 万吨的矿井 5 个，累计为国家贡献优质煤炭超过 32 亿吨。创造了中国企业新纪录百余项，企业主要技术经济指标达到国内第一、世界领先水平。

截至 2020 年 8 月底，累计生产清洁煤炭 30.41 亿吨，全员工效由 9.65 吨/工增长到最高 124 吨/工，原煤生产综合能耗 2.52 千克标准煤/吨。百万吨死亡率保持在 0.003 以下，创出连续生产 975 天、产煤超过 5 亿吨的安全生产新水平。7 矿（8 井）入选国家绿色矿山名录，占国家能源集团所属矿井入选国家绿色矿山名录总数的三分之一。

⑥ 矸石（矸）。

煤炭在为人类提供光和热的同时，煤炭生产也带来了煤矸石。作为采煤过程和洗煤过程中排放的固体废物，煤矸石的排放对环境污染造成了较大的影响。神东在"源头减少、过程治理、末端利用"的基础上，进一步创建"资源与环境要素"的协同治理与利用技术模式。其中，对煤矿矸石进行制砖、发电、填沟造田等循环利用，逐渐探索出一条"产煤不见煤，采煤不见矸，矸石不外排"的煤矸石治理之路，如图 5-8 所示。

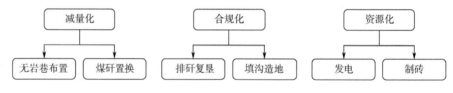

图 5-8　煤矸石治理图

⑦ 新能源（能）。

按照采煤沉陷区现代能源经济+生态+光伏+X 绿色示范基地规划构想，如图 5-9 所示，2020 年，神东启动生态+光伏生态基地建设，深入实施生态产业化、产业生态化，统筹推进山水林田湖草沙系统治理。

⑧ 旅游（旅）。

神东通过生态环境保护与修复，示范基地已是自然风光优美、人文景象独特的观光景区，如图 5-10 所示。示范基地游步道、观景平台、休憩长廊、解说牌等旅游基础设施基本完善，水车，溪流，神东湖，各类林，草，花卉景观，农耕文明，工业文明，生态文明，文明小旅等日趋成熟，文明文化游客烧烤区、农作物采摘等游客体验不断吸引周边居民、游人、大中小学生和专家学者。

图 5-9 生态+光伏生态基地建设图

图 5-10 观光景区图

神东是国家重要煤炭能源基地，地处毛乌素沙漠的生态脆弱区，在保障国家煤炭能源生产的同时，如何进行生态环境保护修复，使煤炭生产与环境相互支撑、相互和谐是世界性难题，也是生态科技前沿性课题。神东以"科技驱动生态环境保护、生态环境保护支撑煤炭生产"为思路，建立专门的生态科技区，通过针对性建设科技园、监测（试验）园等途径，积极探索和研究，获得了重大突破。

① 生态科技园。

是全国首个采煤沉陷区水土保持科技示范园，于 2017 年获水利部授牌。

181

生态科技园对矿山"山水林田湖草沙"生态治理模式与技术进行系统研究，设置有自主、合作、引进三类研发区，集科研、示范、推广于一体，研究区面积 33 公顷。

② 校企产学研合作基地建设。

神东在生态环境保护修复过程中，十分重视与国内外著名大学、科研机构的交流合作和生态环境保护修复知识的科学普及。先后与加拿大阿尔伯塔大学、中国矿业大学（北京）、内蒙古农业大学、西安科技大学、榆林学院、中小学校等建立微生物复垦试验示范基地、野外科研实习基地、生态环境建设实习基地、户外课堂实践基地、全国水土保持科普教育基地等产学研一系列科研合作基地。

③ 生态监测（试验）园。

是国家自然资源部规划建设的全国首个采煤沉陷区生态监测示范园，统筹"山水林田湖草沙"七大要素，涵盖生态环境、水土保持、地质环境保护和土地复垦三大行业。以自动化、信息化监测措施，建成天、空、地、井四层次全天候的生态监测系统，共安装监测仪器 60 余台。

④ 生态植物园。

是全国首个采煤沉陷区大型生态植物科普园，集中展示了脆弱生态环境与采煤沉陷影响下优选的适应性植物。植物园利用沉陷区沙地与硬梁地 22 公顷，展示了 103 种植物，41 种配置模式，10 种景观模式。植物园总规划面积约为 7.7 公顷，占比 1.44%。栽植区域水保示范树木 103 种，其中针叶树 11 种、阔叶树 36 种、灌木 25 种、攀援类 2 种、草本 29 种。

⑤ 复垦措施园。

是全国首个采煤沉陷区综合性土地复垦措施科普园，集中展示了降低采煤沉陷影响和提高土壤生产力的土地复垦措施。措施园涵盖物理、化学、生物 3 大类 21 种土地复垦措施。

⑥ 水保措施园。

是全国首个采煤沉陷区大型水土保持措施科普园，集中展示了解决风力、水力、重力时空叠加侵蚀的创新性措施，并将水土保持的范畴扩展为保水、保土、用水、用土四个方面。措施园利用沉陷区自然侵蚀沟 400m，展示了 54 类 100 余种水土保持措施。

⑦ 地环措施园。

是全国首个采煤沉陷区综合性地质环境治理措施科普园，集中展示了采煤沉陷区地质环境现象和治理措施。措施园分布于基地大象谷，展示了主动防护网、被动防护网、喷锚支护、基岩格构、柳杆障壁、挂网喷浆、刷方减载等 7 类地质环境治理措施。

5.7.3 哈拉沟沉陷区"山水林田湖草沙"系统工程效果

哈拉沟生态示范基地的生态环境保护与修复，实现了基地创建、平台搭建、队伍创建的合一，并推广于黄河流域生态环境脆弱区的能源开采利用区的生态环境保护与修复。构建了新型地企关系。生态治理形成"生态良好、生产发展、生活富裕"的特征，赢得了村民的满意，无偿提供土地用于治理，无偿提供复垦治理后的土地用于经营，未发生一起村民阻拦情况。建成了新型生态基地。诠释了生态治理不仅可以改善生态环境，而且可以改善文化生活。神东与地方政府秉承"共商共建共享"的原则，建成"政府规划、神东建设、三方受益"的新样板，受到各级政府大力推广和各行各业的学习应用。

5.8 人与自然和谐共生——上湾生态示范基地

5.8.1 上湾实践创新基地生态特点

上湾实践创新基地位于上湾红石圈小流域治理区，属于上湾煤矿采煤沉陷区，该区域地貌为固定、半固定沙丘及硬梁地，原生植物群落单一，以沙蒿为主，盖度仅 3%～11%，水土流失及土壤风侵极为严重，极易发生泥石流，暴雨汇集形成约 5 万～20 万 m³/h 的洪水直接威胁上湾矿井工业广场与生活小区安全。

该基地是神东"三期三圈"生态防治模式的典型代表之一，贯穿神东采前、采中、采后全过程，构建了以风沙治理为主的宽幅立体"外围防护圈"，以水土保持为主的常绿景观"周边常绿圈"，以园林建设为主的优美和谐"中心美化圈"，共治理 25km²。

5.8.2 上湾生态示范基地工程措施

（1）红石圈小流域综合治理

红石圈小流域 90%以上的面积由砒砂岩、砂砾栗钙土和黄土构成的丘陵沟壑组成，公司本着"因地制宜、因害设防"的原则，于 1994 年开始对小流域进行水土保持综合治理，主要包括水土保持工程措施与林草措施。

① 水土保持工程措施包括坡面水土保持工程和沟口拦洪坝工程，对小流域丘陵坡面沿等高线布置水平沟和鱼鳞坑，其中水平沟布设在 15°以下的坡

面，鱼鳞坑布设在 15° 以上较陡坡面。

② 林草措施采用针阔混交、乔灌草结合的治理模式，栽植生态经济树种杏树，栽植樟子松、油松、侧柏、新疆杨等生态景观乔木树种，栽植柠条、杨柴和紫穗槐等生态防护灌木。

（2）上湾采煤沉陷区生态经济林

神东煤炭集团以"开采一次性煤炭资源、建设永续利用的生态资源"为原则，在系统营造区域防风固沙林的基础上，大力营造生态经济林，建设了上湾采煤沉陷区生态经济林试验示范基地。

① 2007 年以来，神东煤炭集团共投资 1620 万元，已建成 10km² 上湾采煤沉陷区生态经济林试验示范基地，栽植文冠果、樟子松、油松和沙棘等小规格乔灌木 91 万穴，区域生态环境及植物多样性得到明显改善。

② 2008 年开始对上湾煤矿采煤沉陷区进行生态综合治理，是公司首批采煤沉陷区生态综合治理试验示范项目，主要种植油松、樟子松、红枣、杏树等常绿树种和经济林树种，治理面积 15km²，为公司后期大规模进行采煤沉陷区治理积累了丰富的技术与管理经验。

（3）其他沉陷区综合治理

在上湾煤矿采煤沉陷区生态综合治理的基础上，公司针对 13 个矿井的不同地质条件，采取有针对性的治理措施，对采煤沉陷区进行大规模的综合治理。如榆家梁和保德煤矿的地质环境治理，大柳塔和哈拉沟煤矿的精细化示范性治理，布尔台煤矿区域的生态+光伏示范性治理，等等。

5.8.3 上湾生态示范基地工程效果

红石圈小流域治理成效经有关方面测定，达到了能抵抗百年一遇的洪水的能力，根治了小流域水土流失问题，解决了上湾煤矿的防洪安全问题，原来自然灾害多发地也转变成为现在集水保功能、生态功能、景观功能、游憩功能于一体的多功能基地。于 1999 年被水利部授予"全国水土保持生态环境建设示范工程"。此小流域综合治理实现了生态、经济和社会三大效益。

上湾沉陷区生态恢复项目的实施，可以治理由于采矿对地表产生的扰动，保障了煤炭生产的顺利进行；又可以给塌陷区农民提供一个良好的就业空间，增加农民收入；同时还能够促进地企经济的繁荣，从而达到政府、企业和农民三者共赢的目的。

第 **6** 章　神东矿区生态保护成效与评价

神东矿区地处毛乌素沙地东部，是国家规划的十三个大型煤炭基地之一，也是我国首个年产亿吨的煤炭生产基地和重要的优质动力煤出口基地。该地区水资源匮乏，地表被黄土、流动沙丘、半固定沙丘所覆盖，生态环境脆弱。矿区在保护生态环境的过程中探索出了一条针对神东矿区的资源保护性开采与生态环境治理相协调的绿色矿业之路。

神东公司坚持"生态矿区、环保矿井、清洁煤炭"的建设理念，大力推进绿色矿山建设，综合集约利用矿产资源，以实现经济、社会、资源、文化等多重效益为目标，建设资源节约型、环境友好型的新型矿山建设模式。神东公司在开发过程中，创新治理理念，提出了"以控制外围风沙侵蚀为前提、内外围结合治理、促进矿区整体恢复和改善矿区生态环境"的思路，先后制定并实施了"神东矿区 1999—2008 年生态建设工程十年规划""中国神华神东煤炭分公司 2009—2011 年生态建设规划""神东矿区水土保持生态建设规划（2008—2015 年）"，开发与环境的尖锐矛盾得以有效缓解，在解决自身可持续发展的基础上，也为国家、地方生态环境建设作出了贡献。

神东公司长期对矿区水土流失、植物群落结构、土地利用、土壤质量状况进行监测，通过遥感等技术监测和记录矿区的生态环境建设情况，并于2018 年委托黄河流域水土保持生态环境监测中心开展了"神东矿区生态环境建设成效监测"项目，为全面评估神东矿区生态环境建设成效提供数据支撑，为后续生态建设提供技术支撑，指导矿区生态建设工作。

通过开展神东矿区生态监测，为神东矿区水土保持治理成效、区域生态环境状况评价（包括植被状况、水资源利用状况等）等提供数据支撑；客观反映矿区生态环境各要素实际情况和生态环境状况，让公众进一步了解和认可神东公司对改善区域生态环境的贡献，更好地树立企业良好形象，提高企业社会影响力，并为制定矿区发展规划、指导矿区生态重建、有效保护生态环境提供参考，为建设绿色矿山、区域生态环境建设规划、政府管理和决策

>>

提供依据。此外，对矿区的生态监测同样可以多角度探讨和总结矿区煤炭资源开发与生态环境可持续发展道路的治理模式，形成一套能供全国煤炭行业借鉴、推广、复制的绿色产业发展模式，为区域企业生态环境建设提供借鉴。

6.1　生态环境监测工作开展过程

神东矿区生态监测内容主要包括开展神东矿区水土保持、土壤质量、水资源调查、塌陷区治理、植物群落调查等方面的监测，为全面评估神东矿区生态环境建设成效提供数据支撑，为后续生态建设提供技术支撑，指导矿区生态建设工作。

监测人员利用 RS、GIS 和地面观测等技术手段，采用中高分辨率遥感影像，开展矿区水土流失影响因子（土地利用、植被覆盖、坡度、水土保持措施）等方面的监测工作。结合遥感监测工作开展土壤质量状况、水资源循环利用情况、塌陷区治理情况、植被群落等方面调查，掌握矿区生态环境各要素的实际情况，以此客观反映矿区生态环境建设成效。

6.1.1　水土保持监测

基于项目区现有水土保持生态环境监测资料，结合各矿区采前、采中和采后三期的治理措施，以 13 个矿区为单元，监测每个矿区 2005 年、2010 年、2015 年和 2018 年四期土地利用、植被覆盖度等水土流失影响因子的类型、面积、分布等动态情况，并基于 1∶10000 DEM 数字高程地形数据，通过土壤侵蚀计算模型，结合现行的土壤侵蚀判定标准，获得土壤侵蚀强度等级面积及分布，掌握水土流失及其动态变化情况。具体包括四个方面的内容：一是土地利用监测，包括土地利用类型和面积；二是植被覆盖度监测，包括林草面积和植被覆盖度；三是水土保持措施监测，包括水土保持措施的数量、面积及其空间分布；四是水土流失监测，包括水土流失类型、土壤侵蚀面积与强度。

（1）水土保持措施监测

监测人员利用遥感解译和实地调查相结合的方法，对梯田、乔木林（包括人工有林地、疏林地和"四旁林"地，下同）、灌木林、果园、天然草地、人工草地、淤地坝（包括坝地）和水库等地区的水土保持措施进行监测。监测人员根据各项水土保持措施的监测内容、遥感影像分辨率、时相、色调、几何特征、影像处理方法等，结合外业调查建立具有代表性、实用性和稳定性的遥感解译标志。随后，工作人员会基于建立的遥感解译标志，开展各项水土保持措施的解译工作，分别统计措施的工程量，如面积、长度、个数等，并结合实地调查资料，校核解译成果。

（2）植被覆盖监测

监测人员参照全国水土流失动态监测技术规程将植被覆盖度划分为五级，即高覆盖度、中高覆盖度、中覆盖度、中低覆盖、低覆盖度。并采用中分辨的遥感数据（环境一号卫星和 TM 卫星）监测神东矿区植被覆盖度，辅以高分影像、外业调查等对植被覆盖度进行校正。

（3）土地利用的监测内容

对土地利用的监测主要包括耕地、园地、林地、草地、居民点及工矿交通用地、交通运输用地、水域及水利设施用地和其他用地。耕地主要包括水浇地和旱地；林地主要包括有林地、灌木林地和其他林地，这其中既包括人工林地，也包括天然林地；草地则包括人工草地、天然草地和荒草地；交通运输用地包括铁路用地、公路用地和管道运输用地；水域及水利设施用地包括河流、湖泊、水库、坑塘水面、内陆滩涂和水工建筑用地；其他用地指表层被沙覆盖无植被的沙地和被土层、岩石或石砾覆盖无植被的裸地。

（4）土壤侵蚀

土壤侵蚀类型主要有水力侵蚀、风力侵蚀及水风蚀交错区，按照《土壤侵蚀分类分级标准》（SL190—2007），土壤侵蚀强度等级可以分为微度、轻度、中度、强烈、极强烈、剧烈几个等级。

对于水力侵蚀，工作人员采取水蚀模型 CSLE 进行土壤模数的计算，在此基础上根据《土壤侵蚀分类分级标准》（SL190—2007）的侵蚀强度分级标准进行不同级别土壤侵蚀面积的统计。

水蚀模型 CSLE 公式为：

$$A = RKLSBET \tag{6-1}$$

式中，A 为土壤侵蚀模数，$t/(hm^2 \cdot a)$；R 为降雨侵蚀力因子，$MJ \cdot mm/(hm^2 \cdot h \cdot a)$；K 为土壤可蚀性因子，$t \cdot h/(MJ \cdot mm)$；L 为坡长因子，无量纲；S 为坡度因子，无量纲；B 为植被覆盖与生物措施因子，无量纲；E 为工程措施因子，无量纲；T 为耕作措施因子，无量纲。

风力侵蚀模型的选取会根据土地利用类型选用与之对应的耕地、草（灌）地、沙地（漠）风力侵蚀模型，并在此基础上计算土壤侵蚀模数。耕地风力侵蚀模型适用于耕地中的水浇地、旱地，草（灌）地风力侵蚀模型适用于园地中的果园、茶园及其他园地；林地中的有林地、灌木林地及其他林地；草地中的天然牧草地、人工牧草地及其他草地；沙地（漠）风力侵蚀模型适用于其他土地中的盐碱地、沙地、裸土地；建设用地中的采矿用地。

6.1.2 土壤质量状况监测

监测人员采用现场取样、室内检测分析的方法，在神东13矿区按照不同植被恢复模式（乔灌草、乔草、灌草、草本等）和不同复垦年限（未治理、5年、10年、15年）采集土壤样品，开展土壤含水率、土壤容重、有机质、全氮、碱解氮、有效磷、速效钾等指标的检测分析，获得不同植被恢复模式和不同复垦年限下各土壤理化性质和土壤质量改良状况。

（1）指标选择与测定

土壤质量状况监测选取以下8个指标：土壤容重、土壤含水率、有机质、全氮、碱解氮、有效磷、速效钾、pH值等8个指标。其中，容重法采用环刀法进行测定；土壤含水率采用烘干法；有机质采用硫酸重铬酸钾氧化容量法测定[《土壤有机质测定法》（GB9834—88）]；全氮采用土壤质量全氮的测定凯氏法[《环境监测方法标准及监测规范》（HJ718—2014）]；碱解氮采用碱解扩散法测定；有效磷采用碳酸氢钠浸提，钼锑抗比色法测定；速效钾采用中性乙酸铵提取，火焰光度计法测定；pH值用pH酸度计电位法（水：土=1∶1）测定。

（2）外业调查

调查人员首先基于2004年和2017年两期遥感影像，并结合收集到的各矿区水土保持治理相关资料，从两期遥感影像上，利用"空间代替时间"方法，初步选定矿区不同植被恢复模式和不同复垦年限的土壤采集样点，随后进行实地的野外调查。

调查人员利用土钻、环刀等外业调查工具，在13个矿区共布设了395处土壤调查点，每个调查点包含了2~3个重复，同时考虑到土壤理化性质存在空间差异性，调查人员会令每个重复按照"S"型随机取样的原则，由5个采样点的土壤混合生成1个重复样品。在395处土壤样品采集区域中，乔木群落117处，灌木群落168处，草本群落95处，裸沙地对照区域2处。涉及植物类型有小叶杨、樟子松、杏树、油松、侧柏、旱柳、柠条、沙棘、沙柳、紫穗槐、黑沙蒿、紫花苜蓿等。调查研究人员选取了神东矿区典型植物樟子松、油松、山杏、小叶杨、沙棘、柠条、沙柳和黑沙蒿8种典型植被类型的土壤进行质量状况分析，根据8种典型植被类型的土壤质量随治理年限的变化情况，采用"空间代替时间"方法，研究典型植被类型随治理年限的增长对土壤质量改良的情况。

同时按照水土流失类型区（水力侵蚀和风力侵蚀）和地形地貌等的不

同，将神东14矿区（含活鸡兔矿）划分成四个评价单元：风积沙区、风积沙区与硬梁地交错区、硬梁地、黄土丘陵沟壑区，开展不同评价单元内相同治理年限不同配置模式下植物群落土壤质量变化情况，包括乔木+灌木+草本配置模式（简称"乔灌草"）、乔木+草本配置模式（简称"乔草"）、灌木+草本配置模式（简称"灌草"）、灌木纯林配置模式（简称"灌木"）、草本配置模式（简称"草本"）和裸沙地（对照区）等6种配置模式。

6.1.3 水资源循环利用监测

（1）指标选择与测定

对水资源循环利用情况的监测内容包括降水拦蓄、河水拦蓄、中水利用和矿区主要用水指标等。降水拦蓄部分通过水保整地措施拦蓄大气降水，使洪水变为灌水，采用资料收集、现场监测等方法，获取矿区的水土保持措施，通过效益计算，获取矿区水保措施就地拦蓄降水；河水拦蓄部分通过建设水利设施拦蓄河水，使旱季有水灌，采用现场监测、资料收集等方法，获取水利设施的存储水量；中水利用部分采用资料收集、现场监测的方法，获取矿井中水产生量、中水净化存储量、生产-生活-生态需水量；用水指标数据包括原煤生产耗水量，原煤产量、产值、生产过程取用新水量，生产过程外排水量，选原煤补水量，入选原煤产量等。

对地下水库水质的监测是以大柳塔矿井水净化前后的水体作为监测对象，并以pH值、浊度、悬浮物、氨氮、挥发酚、六价铬、氯离子、细菌总数、总硬度、COD等项目作为监测指标；对矿区矿井水处理厂水质的监测是以处理前后的水体为监测对象，以色度、浑浊度、总硬度、BOD、COD、pH值、氨氮、氟化物、耗氧量、挥发酚、硫化物、六价铬、氯化物等作为监测指标。

（2）资料收集

对于降水量资料的收集，主要是利用中国气象数据网国家气象科学数据共享服务平台来实现，选取2000—2018年神东矿区周围包头、呼和浩特、东胜、河曲、榆林、神木、五寨、兴县8个气象观测站点的日降雨、气温、相对湿度、风速、日照时数5个气象要素，分别按照统一的数据整编格式，整理后获得各气象站降雨、气温、相对湿度、风速、日照时数数据集。

对于径流泥沙量资料的收集，则通过大柳塔示范区布设的观测点来进行监测。以此收集的数据主要包括2015年6~11月径流小区监测数据、2016年6~10月径流小区监测数据、2017年6~9月径流小区监测数据。

矿区通过建设橡胶坝调节地表径流，并收集橡胶坝建坝以来，逐年拦蓄河水量及使用量、橡胶坝管理等资料，作为拦蓄水量的部分资料用于监测工作。

在充分收集资料的基础上，监测人员会通过资料分析，确定开展现场调查的水源地、水库、淤地坝、橡胶坝和灌溉用水设施等区域，然后进行现场查勘、场定位和拍照。

6.1.4 塌陷区治理监测

通过资料分析，结合现场调查的方法，确定塌陷区范围，在神东矿区塌陷区域，开展塌陷类型、塌陷程度、塌陷面积、塌陷区治理措施的调查，调查内容包括工程、生物和管护等治理与恢复措施。

塌陷区范围的确定是利用神东13个矿区截至2017年矿井采掘平面图，对各矿区的塌陷区边界进行配准、矢量化，转换成shp格式。结合现场调查，最终确定塌陷区范围。随后，调查人员以塌陷区范围图为基础，结合2017年和2018年遥感影像和野外调查情况，在神东13个矿区布设55个塌陷区野外调查点。

在对塌陷区开展全面调查的基础上，对塌陷区土地复垦进行质量监测，掌握各调查点复垦方向、有效土层厚度、土壤质地、灌溉条件、植物定植密度、郁闭度等信息。在调查时，采集调查点表层0～30cm土壤样品，按照《土地复垦质量控制标准》（TD/T1036—2013）中西北干旱区和黄土高原区土地复垦质量控制标准检测塌陷区土壤理化性质，监测塌陷区各调查点土地复垦质量指标的达标情况。同时对大柳塔和活鸡兔矿、哈拉沟矿、石圪台矿、上湾矿、补连塔矿、大柳塔矿、乌兰木伦矿、寸草塔一矿、寸草塔二矿、布尔台矿、锦界矿以及榆家梁矿和保德矿土地复垦质量控制标准进行监测。

塌陷区治理情况监测主要通过收集资料，并结合现场调查，对神东矿区生态环境治理情况进行全面监测，掌握治理面积、治理效果，总结干旱区煤炭矿区生态环境治理经验，为塌陷区治理效果评价提供基础数据。

6.1.5 植被群落调查与监测

对植被群落的调查采用样地调查方法，按不同立地条件（包括各种地貌类型、海拔、坡度、坡向、坡位等）设置样地，样地大小为草本2m×2m，灌木5m×5m，乔木10m×10m，进行植物群落调查。

记录样地所处的地貌类型、海拔、坡度、坡向、坡位等立地条件概况。调查样地群落的总盖度，记载样地内的植物种名和种类数及每一种的个体数，并对群落水平结构、垂直结构特征进行描述。按照 Drude 方法记载植物种类的多度。测量样地内各种植物的平均高度，乔木的平均胸径、平均冠幅，灌木的平均地径等生物因子。

6.2　水土保持监测评价与成效

6.2.1　水土保持措施

通过遥感影像目视解译提取了 2005 年、2010 年、2015 年和 2018 年神东矿区梯田、果园、人工乔木林、人工灌木林、人工草地等水土保持措施，各水土保持措施占水土保持措施总面积比例对比见图 6-1。

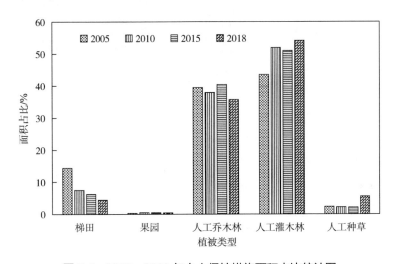

图 6-1　2005—2018 年水土保持措施面积占比统计图

2005 年，神东矿区水土保持治理措施面积占神东矿区总面积的 17.22%，其中，乔木林与灌木林占比较高，果园与草地较少；2010 年神东矿区水土保持治理措施面积占矿区总面积的 23.66%，其中，各措施面积均有所增加；2015 年，神东矿区水土保持治理措施面积 301.29km²，占神东矿区总面积的 26.91%，其中，梯田增长到 18.78km²，果园 0.7km²，乔木林与灌木林面积占到总治理面积的 90% 以上；2018 年矿区水土保持措施所占面积增长到矿区总面积的 32.21%，其中，乔木林占比有所降低，草地面积占比持续增加。

（1）治理区与非治理区水土保持措施对比

通过遥感影像目视解译提取了 2005 年、2010 年、2015 年和 2018 年神东矿区治理区与非治理区梯田、果园、人工乔木林、人工灌木林、人工草地等水土保持措施，见图6-2。

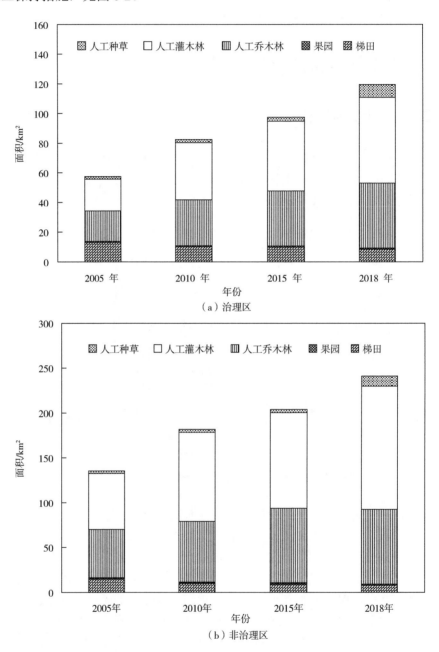

图 6-2　神东矿区治理区（a）与非治理区（b）水土保持措施面积统计图

2005 年，神东矿区治理区水土保持措施面积占神东矿区治理区面积的 16.92%。其中，果园所占比例较小，乔木林和灌木林占比较大，梯田面积占比达到 22.6%；非治理区水土保持措施面积占非治理区面积的 18.68%。其中，梯田占比 10% 左右，果园与草地所占比例较小，乔木林占比略小于灌木林。

2010 年，神东矿区治理区水土保持措施面积占神东矿区治理区面积的 24.33%。梯田面积有所下降，果园、草地、灌木林和乔木林均有所增加；非治理区水土保持措施面积增加了 50km² 左右，占非治理区面积的 25.16%，各措施面积变化趋势与治理区相同。

2015 年，神东矿区治理区水土保持措施面积增加大约 15km²，占神东矿区治理区面积的 28.76%。其中，梯田面积进一步减少 9.78km²，果园、乔木林、灌木林、草地均有不同程度的增加；非治理区水土保持措施面积增加大约 20km²，占非治理区面积的 28.11%。其中，梯田面积有小幅度降低，乔木林与灌木林面积增加幅度较大，草地与果园面积几乎没有变化。

2018 年，神东矿区治理区水土保持措施面积进一步增加，占神东矿区治理区面积的 35.24%。草地面积增幅较大，其次是灌木区与乔木区，非治理区水土保持措施面积占非治理区面积的 33.26%。果园面积有所降低，其余变化趋势与治理区相似。

（2）水土保持措施动态分析

① 时间动态变化分析。

根据 2005 年、2010 年、2015 年和 2018 年的水土保持措施成果，分别计算得到各年度间的水土保持措施面积差值，得到图 6-3。2005—2010 年间，措施面积增加较多，其中天然草地面积增幅最大，其次是人工灌木林；2010—2015 年间，措施面积保持高速增加，人工乔木林面积增加幅度最大，其次是人工灌木林；2015—2018 年间措施面积增幅相比 2010—2015 年增幅放缓，人工灌木林和人工草地面积增加最大；2005—2018 年间，措施面积增加大约 200km²，人工灌木林面积增幅最大，其次是人工乔木，而梯田面积则有所减少。

② 重点矿区水土保持措施动态变化分析。

根据 2005—2018 年的水土保持措施成果，分别计算得到各年度间的水土保持措施面积差值，如图 6-4 和图 6-5 所示。哈拉沟和大柳塔矿区梯田、果园面积较少，水保措施面积变化主要体现在乔木林、灌木林和草地之间。

哈拉沟矿区 2005—2010 年间，水土保持措施面积增加 2.05km²。其中，人工灌木林面积增加最多，人工乔木林和人工草地面积有小幅增加。2010—2015 年间，水土保持措施面积小幅增加，人工乔木林和人工灌木林面积有所增加，天然草地面积有明显减少。2015—2018 年间，水土保持措施面积保持增长，其中人工灌木林面积增幅明显，其次是人工乔木林也有所增加。总体来看，

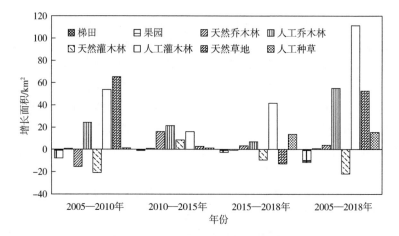

图 6-3　神东矿区水土保持措施面积对比图

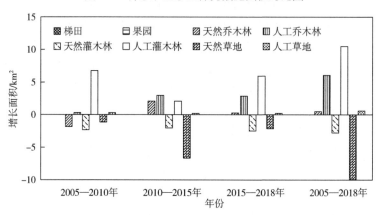

图 6-4　哈拉沟矿区水土保持措施面积对比表

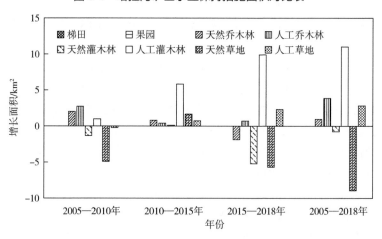

图 6-5　大柳塔矿区水土保持措施面积对比表

2005—2018 年间，哈拉沟矿区水土保持措施面积增加了 4.96km², 增幅较为明显的是人工灌木林，其次是人工乔木林，而天然草地和天然灌木林均有所减少。

大柳塔矿区 2005—2010 年间，水土保持措施面积总体有小幅减少，减少主要发生在天然草地，面积减少了 4.91km², 但人工乔木林增幅明显，增加了 2.73km²。2010—2015 年间，水土保持措施面积增幅明显，增加了 9.55km², 增幅较大的是人工灌木林，其次是天然草地，面积分别增加了 5.81km²、1.68km²。2015—2018 年，水土保持措施面积增幅放缓，面积增加的水土保持措施类型主要是人工灌木林和人工草地，分别增加了 9.93km²、2.31km², 天然灌木林和天然草地面积均有所减少，分别减少了 5.2km² 和 5.69km²。总体来看，大柳塔矿区 2005—2018 年水土保持措施面积增加了 9.02km², 人工灌木林和人工乔木林增幅明显，面积分别增加了 11.04km²、3.86km², 天然草地面积减少了 8.92km²。

6.2.2　植被覆盖度效果评价

2005—2018 年各级植被覆盖度面积统计表见图 6-6。2005 年，神东矿区高覆盖度、中高覆盖度、中覆盖度、中低覆盖度、低覆盖度面积分别占林草总面积的 1%、8%、45%、37%、9%。矿区植被以中覆盖为主，中低覆盖次之。2010 年，神东矿区中覆盖、中低覆盖度面积分别占林草总面积的 43%、26%，矿区林草植被覆盖以中覆盖度和中低覆盖度为主。2015 年，神东矿区林草植被覆盖以中覆盖度所占比例最高，其次是中高覆盖度。矿区林草植被中中高覆盖度、中覆盖度面积分别占林草总面积的 24%、40%。2018 年，神东矿区林草植被覆盖以中高覆盖度为主，中覆盖度次之。矿区中高覆盖度与中覆盖度面积分别占林草总面积的 35% 与 32%。

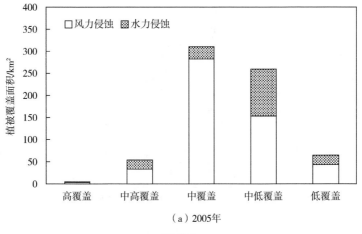

（a）2005年

图 6-6

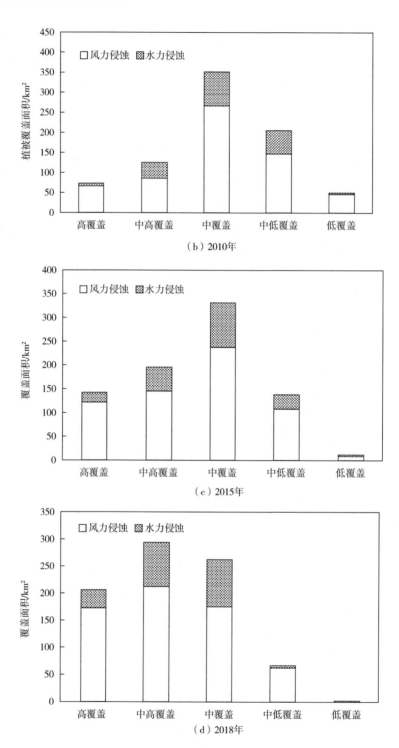

（b）2010年

（c）2015年

（d）2018年

图 6-6　2005—2018 年植被覆盖度占林草面积图

（1）治理区与非治理区水土保持措施对比

2005—2018 年神东矿区治理区与非治理区各级植被覆盖度面积统计表见图 6-7，面积占比见图 6-8。

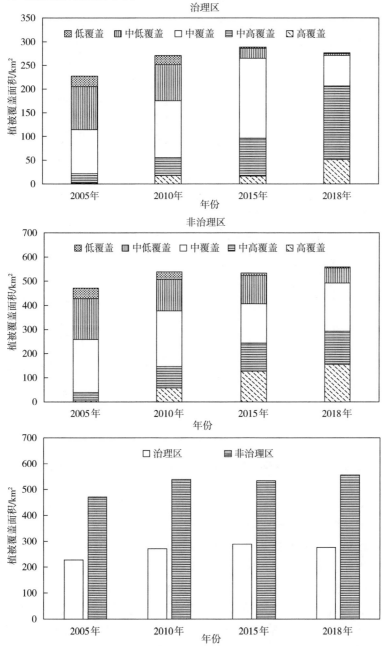

图 6-7 神东矿区治理区与非治理区植被覆盖度面积统计图

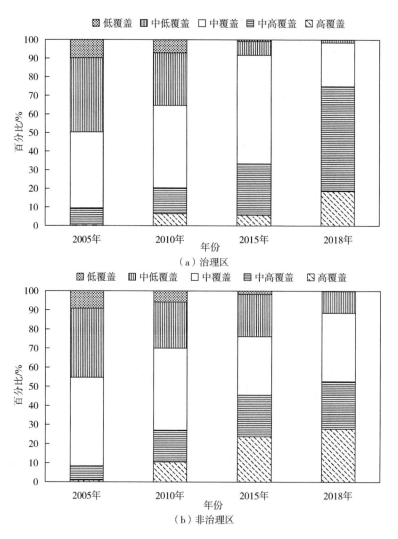

图6-8 神东矿区治理区（a）与非治理区（b）植被覆盖度比例图

2005 年，神东矿区治理区植被覆盖以中覆盖度为主，中低覆盖度次之，高覆盖度与中高覆盖度（占比最低）、中覆盖度、中低覆盖度、低覆盖度面积分别占治理区林草面积的 0.77%、8.76%、40.78%、39.91%、9.78%。非治理区植被覆盖以中覆盖度为主，中低覆盖度次之，高覆盖度、中高覆盖度情况与治理区相似，分别占非治理区林草面积的 0.91%、7.41%。

2010 年，神东矿区治理区植被覆盖以中覆盖度为主，其次为中高覆盖度与中低覆盖度。非治理区植被同样以中覆盖度为主。高覆盖度、中高覆盖度、中覆盖度、中低覆盖度、低覆盖度面积分别占非治理区林草面积的 10.51%、16.61%、42.91%、24.15%、5.82%。

2015 年，神东矿区治理区植被以中覆盖度所占比例最高，其次是中高覆盖度，高覆盖度与低覆盖度所占比例相对较小，整体呈现中间鼓，两头尖的形态。非治理区植被覆盖以中覆盖度所占比例最高，其次是中高覆盖度。高覆盖度、中高覆盖度、中覆盖度、中低覆盖度、低覆盖度面积分别占非治理区林草面积的 23.82%、21.78%、30.63%、22.06%、1.71%。

2018 年，神东矿区治理区植被覆盖以中高覆盖度为主，中覆盖度次之。非治理区植被覆盖以中覆盖度所占比例最高，其次是中高覆盖度。治理区高覆盖度、中高覆盖度、中覆盖度面积分别占治理区林草面积的 18.61%、56.28%、23.57%；非治理区高覆盖度、中高覆盖度、中覆盖度面积分别占非治理区林草面积的 27.81%、24.91%、35.77%。

（2）植被覆盖度动态分析

① 植被覆盖度时空动态变化分析。

根据 2005 年、2010 年、2015 年和 2018 年的植被覆盖度成果，分别计算得到各年度间的植被覆盖度面积差值，见图 6-9。2005—2010 年间，神东矿区植被覆盖度面积变化主要表现在高覆盖度、中高覆盖度、中覆盖度面积增加，其中中高覆盖度面积增幅最大；中低覆盖度面积减少幅度最大。2010—2015 年高覆盖度和中高覆盖度面积增加，高覆盖度增幅最大，面积减少的覆盖类型主要是中低覆盖度和低覆盖度。2015—2018 年间，中高覆盖度增幅最大，中低覆盖度和中覆盖度面积减少最多。总体来看，2005—2018 年间，神东矿区植被覆盖类型中高覆盖度、中高覆盖度面积增加明显，其中增幅最大的是中高覆盖度，中覆盖度、中低覆盖度和低覆盖度面积都有所减少，减少幅度最大的植被覆盖类型是中低覆盖度，其他非林草面积在逐年减少，而林草面积在逐年增加，说明神东矿区植被覆盖度在变好。

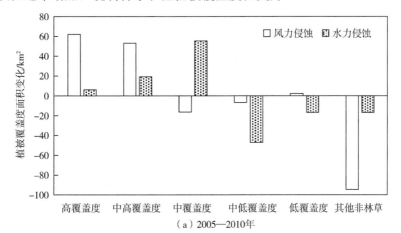

（a）2005—2010年

图 6-9

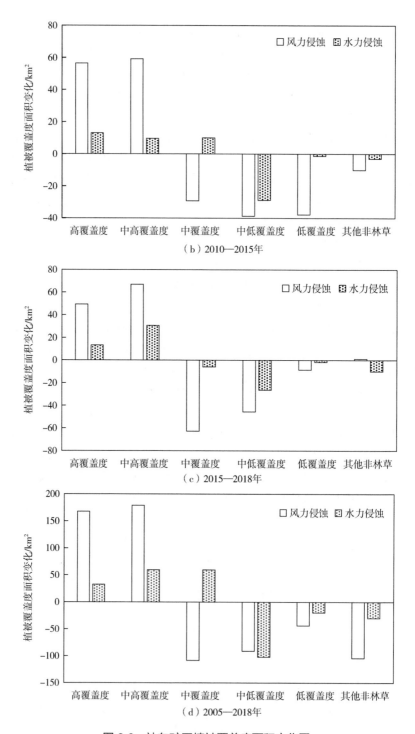

（b）2010—2015年

（c）2015—2018年

（d）2005—2018年

图6-9　神东矿区植被覆盖度面积变化图

2005—2010 年，风蚀区中高覆盖度向高覆盖度转移，转移面积 18.5km^2，中覆盖度转化为高覆盖度和中高覆盖度，转化面积 28.6km^2 和 5.58km^2，中低覆盖度主要转化为中覆盖度；水蚀区主要体现在中覆盖度向中高覆盖度转移，转化面积 4.88km^2，中低覆盖度转化为中高覆盖度，转化面积 17.76km^2。植被覆盖总体向好发展。

2010—2015 年，风蚀区中高覆盖度主要转化为高覆盖度，中覆盖度主要转化为中高覆盖度，转化面积 53.39km^2，中低覆盖度主要转化为中高覆盖度；水蚀区高覆盖度主要有中覆盖度和中高覆盖度转化而来，中高覆盖度由部分中覆盖度和少许中低覆盖度转化而来。2010—2015 年，神东矿区植被覆盖类型向好的方向发展。

2015—2018 年，风蚀区中高覆盖度主要转化为高覆盖度，中覆盖度主要转化为中高覆盖度和高覆盖度，中低覆盖度有 27.55km^2 面积转为中高覆盖度；水蚀区中覆盖度主要转化为中高覆盖度和高覆盖度。

总体来看，神东矿区 2005—2018 年间，植被覆盖类型变化特征表现在风蚀区高覆盖度主要由中覆盖度、中高覆盖度和中低覆盖度转化而来，高覆盖度主要由中覆盖度和中低覆盖度转化而来，2018 年中覆盖度面积中有 45.12km^2 由中低覆盖度转化而来；水蚀区中高覆盖度主要转化为高覆盖度，转移面积 5.4km^2，中覆盖度主要转化为中高覆盖度和高覆盖度。2005—2018 年神东矿区植被覆盖度整体向好发展。

② 重点矿区植被覆盖度动态变化分析。

根据 2005—2018 年哈拉沟和大柳塔矿区植被覆盖度数据，计算每两期植被覆盖度面积差值，如图 6-10 所示。

哈拉沟矿区 2005—2010 年间，中覆盖度增幅最大，中低覆盖度面积减少最多。2010—2015 年间，中覆盖度与中低覆盖度面积减少最多，而面积增加的植被覆盖类型中，中高覆盖度增幅明显，面积增加量在 12km^2 以上。2015—2018 年，中高覆盖度增幅明显，中覆盖度减少面积最多。总体来说，2005—2018 年的哈拉沟矿区植被覆盖类型变化主要表现在中高覆盖度面积增幅明显，面积增加了 24.35km^2，高覆盖度面积缓慢增加，而中覆盖度和中低覆盖度面积均有所减少，减少幅度最大的为中低覆盖度，面积减少了 20.14km^2。

大柳塔矿区植被覆盖度变化主要体现在 2005—2010 年和 2010—2015 年间，高覆盖度面积增加最多，两个时间段内，增加量均在 12km^2 以上，中覆盖度面积减少最多，分别减少了 13km^2、13.5km^2；2015—2018 年和 2005—2018 年间中高覆盖度面积增幅明显，面积减少最多的依然是中覆盖度。总体来看，2005—2018 年间，哈拉沟和大柳塔矿区植被覆盖类型变化表现为较高覆盖度类型增加，而较低覆盖度类型减少，反映该时间段内矿区植被覆盖度向好的方向发展。

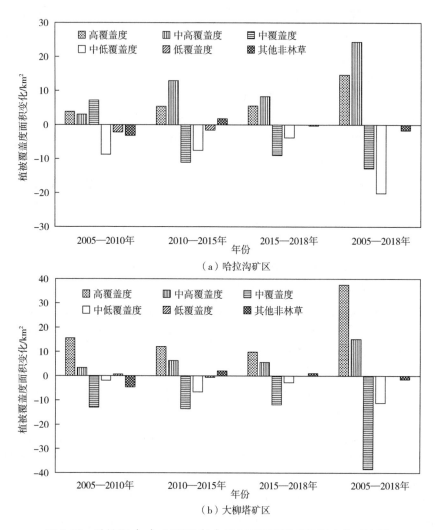

图 6-10　哈拉沟（a）大柳塔（b）矿区植被覆盖度面积变化对比图

6.2.3　土地利用

2005 年，神东矿区以草地、林地和其他土地居多，分别占矿区总面积的 43%、23%、15%。2010 年，神东矿区以草地、林地和耕地居多，耕地、林地、草地面积分别占矿区总面积的 10%、26%、50%。2015 年，神东矿区依旧以草地、林地与耕地为主，但所占比例有所下降。2018 年，神东矿区耕地、居民与工矿用地、林地、草地所占比例较多，分别占矿区总面积的 8%、9%、33%、45%。2005—2018 年土地利用面积比例对比见图 6-11。

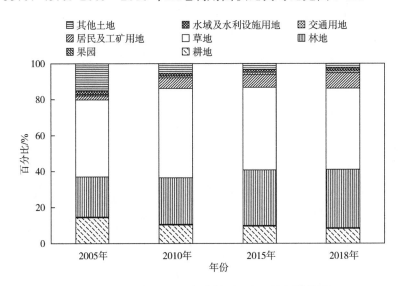

图 6-11 2005—2018 年土地利用面积比例柱状图

（1）治理区与非治理区土地利用对比

2005 年，神东矿区治理区耕地、果园、林地、草地、居民及工矿用地、交通用地、水域及水利设施用地、其他土地面积分别占治理区总面积的 13.42 %、0.03%、19.58%、47.46%、0.92%、0.50%、0.78%、17.31%。以草地、林地和其他土地居多；非治理区情况与治理区类似，占比较大的土地利用类型为草地、林地与其他土地，交通用地及果园用地占比均不到 1%。

2010 年，神东矿区治理区草地及林地面积占比有所增加，耕地面积占比减少，占比降低到 9.37%，其他土地面积大幅减少，占比仅为原来的 1/3；非治理区同样以草地、林地居多，果园、交通用地、水域及水利设施用地及其他土地面积仅占非治理区总面积的 8%左右。

2015 年，神东矿区治理区土地利用类型占比最多的依然为草地与林地，果园、交通用地及水利设施用地面积占比在 1.3%左右，其他土地占比下降为 3.64%；非治理区情况与治理区情况类似，果园占比最低，仅为 0.08%，草地、林地居多，面积占比分别为 42.07%与 31.48%。

2018 年，神东矿区治理区耕地、果园面积占比继续减少，耕地面积占比降低到 7.29%，果园面积占比为 0.03%，草地、林地占比依然最高；非治理区耕地与果园总面积占草地总面积的 1/4 左右，林地面积占比最多，为 43.44%，除林地与草地外，居民及工矿用地占地面积最大。

2005—2018年神东矿区治理区与非治理区土地利用面积对比图见图6-12。

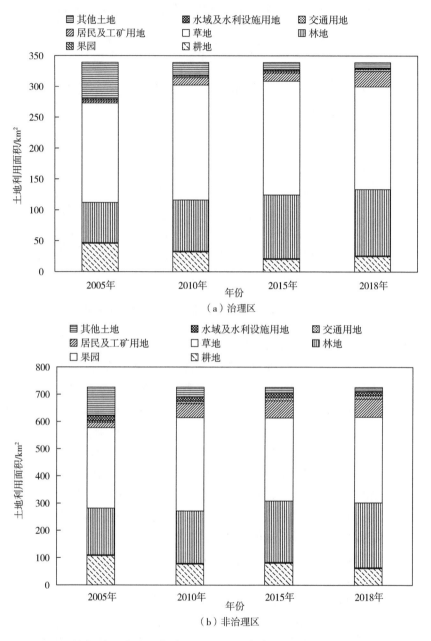

图6-12 神东矿区治理区（a）与非治理区（b）不同土地利用类型情况图

（2）土地利用动态分析

① 土地利用时间动态分析变化。

根据 2005—2018 年土地利用数据，对比每两期土地利用面积，如图 6-13 所示。神东矿区 2005—2010 年间，草地、居民及工矿用地和交通用地面积均有增加，其中草地面积增加 72.99km^2，增幅最大；其他土地、水域及水利设施用地和耕地面积均有所减少，减少面积较多的是其他土地，5 年减少了 105.96km^2。2010—2015 年间，林地、居民及工矿用地均有增加，增幅最大的为林地，面积增加了 53.71km^2，草地明显减少，面积减少了 40.37km^2，其他土地利用类型小幅减少。2005—2018 年间，林地、居民及工矿用地面积分别增加了 16.7km^2 和 15.18km^2，耕地面积减少最多，其次是其他土地，草地面积减少幅度较小。

总体来看，2005—2018 年间，林地、草地、居民及工矿用地、交通用地面积均有所增加，其中面积增幅最大的是林地，面积增加了 108.87km^2，其次是居民及工矿用地，面积增加了 67.7km^2；其他土地利用类型减少幅度最大，面积减少了 138.51km^2，其次是耕地面积，减少了 66.77km^2。

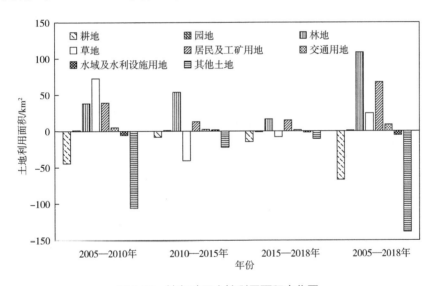

图 6-13　神东矿区土地利用面积变化图

② 重点矿区土地利用动态变化分析。

根据 2005—2018 年哈拉沟和大柳塔矿区土地利用数据，对比每两期土地利用面积，如图 6-14 所示。哈拉沟矿区：2005—2010 年间，林地面积增幅最大，其次为居民及工矿用地，耕地减少幅度最大，其次为其他用地；2010—2015 年间，林地面积增加最大，草地面积减少最大；2015—2018 年间，林地、居民及工矿用地面积小幅增加，草地和耕地面积小幅减少。总体来看，2005—2018 年间，哈拉沟矿区林地、居民及工矿用地面积均有增加，林地面积增幅最大；草地、耕地和其他用地面积均有减少，减少面积最大的为草地，其次为耕地。

大柳塔矿区：2005—2010年间，居民及工矿用地面积增幅最大，其他用地面积减少幅度最大；2010—2015年间，居民及工矿用地面积增幅最大，草地面积减少幅度最大；2015—2018年间，林地面积增幅最大，草地面积减少幅度最大，其他用地面积也有所减少。总体来看，2005—2018年间，大柳塔矿区居民及工矿用地面积增加最多，其次是林地；其他用地面积减少最多。

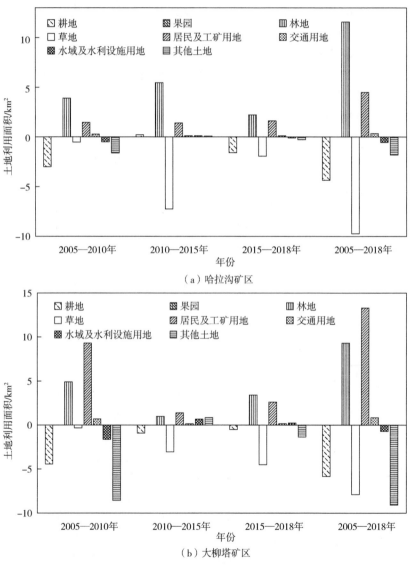

图6-14　哈拉沟（a）大柳塔（b）矿区土地利用面积对比

6.2.4 土壤侵蚀

神东矿区 2005 年水土流失侵蚀模数 3322.53t/（km² • a），以中度侵蚀为主，轻度和微度侵蚀次之，轻度、中度、微度侵蚀面积分别占矿区总面积的 30.57%、36.49%、17.42%。2010 年水土流失总面积大幅减少，轻度侵蚀面积最大，剧烈侵蚀面积最小，轻度侵蚀面积占矿区总面积的 39.03%，其次是中度侵蚀和微度侵蚀。2015 年水土流失总面积进一步降低，且以轻度侵蚀为主，其次是微度和中度侵蚀，中度侵蚀所占面积较 2010 年有所减少。2018 年水土流失总面积降为原来的 2/3 左右，轻度、中度、强烈、极强烈和剧烈侵蚀面积分别占矿区总面积的 49.43%、3.85%、1.34%、0.53%、0.13%，以轻度侵蚀为主，其他侵蚀类型面积所占比例均较小。

2005—2018 年不同侵蚀类型面积统计表见图 6-15 及图 6-16。

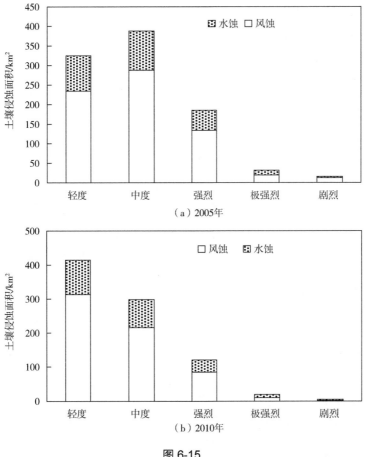

图 6-15

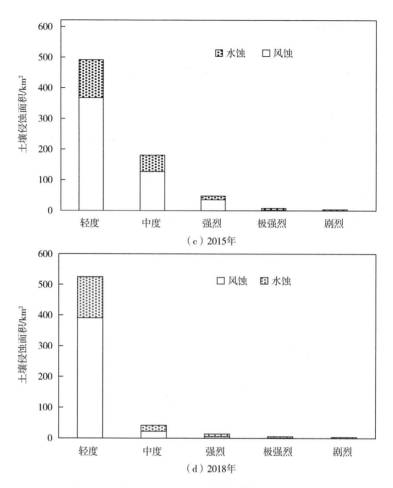

图 6-15　神东矿区土壤不同侵蚀类型面积统计图

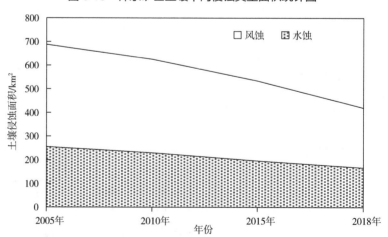

图 6-16　2005—2018 年土壤侵蚀类型面积图

（1）治理区与非治理区土壤侵蚀面积对比

2005 年，神东矿区治理区水土流失总面积占治理区总面积的 89.73%，以轻度、中度、强烈侵蚀面积较多，分别占治理区总面积的 29.18%、35.73%、19.35%；非治理区水土流失总面积占非治理区总面积的 88.16%，轻度、中度、强烈侵蚀面积分别占非治理区总面积的 31.17%、36.79%、16.49%；治理区与非治理区均以中度侵蚀为主，轻度侵蚀和微度侵蚀次之。

2010 年，神东矿区治理区水土流失总面积占治理区总面积的 80.87%，轻度面积占比增加 10% 左右，中度侵蚀面积占比降低 10% 左右，强烈、极强烈和剧烈侵蚀面积也有一定程度降低；非治理区水土流失总面积占非治理区总面积的 80.18%，轻度、中度侵蚀面积占比较多；治理区与非治理区均以轻度侵蚀为主，其次是中度侵蚀和微度侵蚀。

2015 年，神东矿区治理区水土流失总面积占治理区总面积的 69.01%，轻度侵蚀面积占比继续增加 10% 左右，中度侵蚀面积占比继续降低 10% 左右；非治理区水土流失总面积占非治理区总面积的 68.50%，轻度、中度、强烈、极强烈和剧烈侵蚀面积分别占非治理区总面积的 45.87%、17.02%、4.87%、0.64%、0.10%；治理区与非治理区均以轻度侵蚀为主。

2018 年，神东矿区治理区水土流失总面积占治理区总面积的 55.45%，轻度侵蚀面积占比接近 50%；非治理区水土流失总面积占非治理区总面积的 55.12%，轻度侵蚀面积占非治理区总面积的 49.59%，中度侵蚀面积比例降低至 3.86%；治理区与非治理区均以轻度侵蚀为主。

2005—2018 年神东矿区治理区与非治理区不同侵蚀类型面积统计表见图 6-17。

（2）土壤侵蚀动态分析

① 时空动态变化分析。

根据 2005—2018 年土壤侵蚀数据，对比每两期土壤侵蚀状况，如图 6-18 所示。神东矿区 2005—2010 年间，微度侵蚀和轻度侵蚀面积增加，轻度侵蚀面积增加最多，中度以上侵蚀类型面积均在减少，其中减少面积最大的是中度侵蚀；2010—2015 年间，微度侵蚀和轻度侵蚀面积增加，增幅最大的是微度侵蚀，中度以上侵蚀类型面积减少，减少面积最多的侵蚀类型是中度侵蚀，其次是强烈侵蚀；2015—2018 年间微度侵蚀和轻度侵蚀面积增加，微度侵蚀面积增加最多，中度以上侵蚀类型面积均在减少，其中减少最多的侵蚀类型是中度侵蚀。总体来看，神东矿区 2005—2018 年间，土壤侵蚀类型中微度侵蚀和轻度侵蚀面积增加，增幅最大的为微度侵蚀，中度以上侵蚀类型面积均在减少，其中减少幅度最大的为中度侵蚀，其次为剧烈侵蚀。

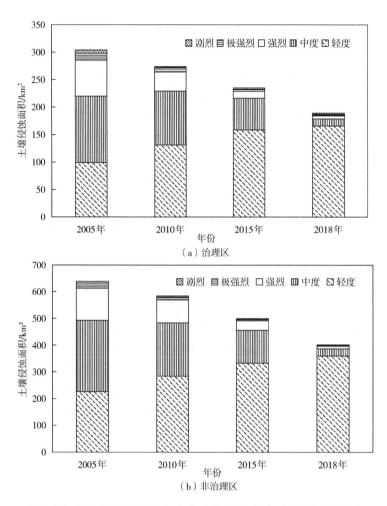

图6-17 神东矿区治理区（a）与非治理区（b）土壤侵蚀面积图

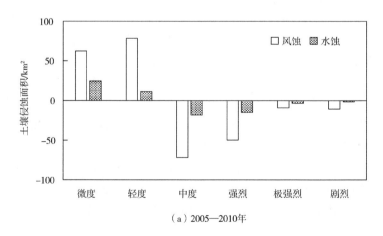

（a）2005—2010年

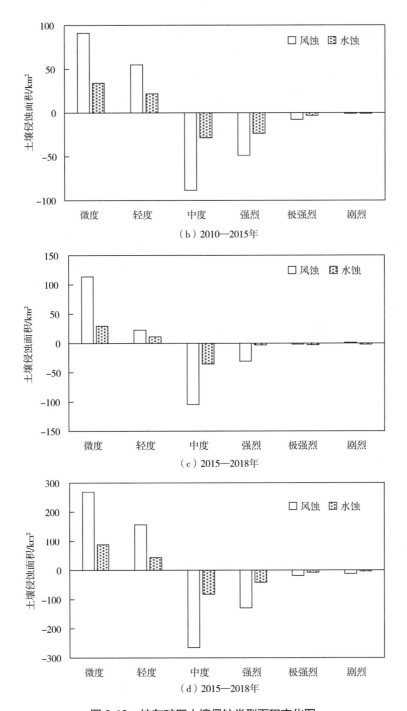

图 6-18　神东矿区土壤侵蚀类型面积变化图

　　根据神府东胜矿区水土保持遥感监测项目监测成果显示，1987 年水土流失面积占比 90.26%（监测区域面积为 3837.56km^2，水土流失面积为 3463.85km^2）；1997 年水土流失面积占比 90.26%，2004 年水土流失面积占比 89.04%。因神府东胜煤田一期工程水土保持遥感监测范围为矿区全区域，监测面积为 3837.56km^2，为更好地对比分析不同时期水土流失监测成果，本部分用水土流失面积占比做对比，即采用水土流失面积占总土地面积的比例、风力侵蚀水土流失面积占总水土流失面积的比例、水力侵蚀水土流失面积占总水土流失面积的比例。

　　根据神东矿区生态环境建设成效监测项目成果，2005 年水土流失面积占比为 88.66%，2010 年水土流失面积占比为 80.40%，2015 年水土流失面积占比为 68.67%，2018 年水土流失面积占比为 55.23%。将各个时期的水土流失面积与年份建立关系，可以看出，随着治理年限的增加，水土流失面积占比呈现出随着年限增加逐年降低的倒"C"形变化趋势，如图 6-19 所示。2005 年以前水土流失面积占比呈现出平稳式下降，水土流失面积占比年降低比例不足 0.1%；自 2005 年开始，水土流失占比呈现明显"低头"态势，年降低比例达 2.57%。按照水土流失占比的发展趋势，结合神东矿区生态环境治理成效情况，预计 2030 年底神东矿区水土流失面积占比将降到 10% 以下，水土流失面积不足 100km^2。

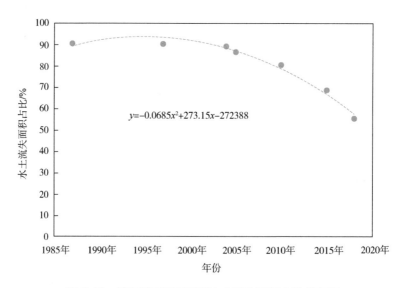

图 6-19　神东矿区不同时期水土流失面积占比分布图

② 重点矿区土壤侵蚀动态分析。

根据 2005—2018 年哈拉沟和大柳塔矿区土壤侵蚀数据，计算每两期土壤侵蚀面积差值，如图 6-20 所示。哈拉沟矿区：2005—2010 年间轻度侵蚀面积增幅最大，其次为微度侵蚀，中度以上侵蚀面积均在减小，其中度侵蚀减小幅度最大；2010—2015 年间，微度侵蚀面积增加最大，中度侵蚀和剧烈侵蚀面积减少最多；2015—2018 年间，微度侵蚀面积增幅最大，中度侵蚀面积减少最大。总体来看，哈拉沟矿区 2005—2018 年间，微度侵蚀、轻度侵蚀面积在增加，增幅较大的为微度侵蚀，中度以上侵蚀类型面积均在减少，其中减少幅度最大的为中度侵蚀。

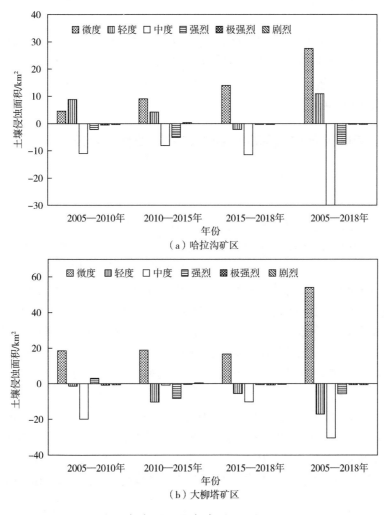

（a）哈拉沟矿区

（b）大柳塔矿区

图 6-20　哈拉沟（a）大柳塔（b）矿区土地利用面积对比图

大柳塔矿区：2005—2010 年，侵蚀变化类型体现在微度侵蚀面积有所增加，轻度侵蚀、中度侵蚀、极强烈侵蚀和剧烈侵蚀面积在减少，面积减少最多的侵蚀类型为中度侵蚀；2010—2015 年间，微度侵蚀面积在增加，轻度以上侵蚀类型均在减少；2015—2018 年间，微度侵蚀面积部分增加，轻度以上侵蚀类型均在减少，其中减少幅度最大的为中度侵蚀。总体来看，大柳塔矿区 2005—2018 年间，微度侵蚀面积在增加，轻度以上侵蚀类型均在减少，其中减少幅度最大的为中度侵蚀。

6.3　土壤质量状况检测评价与成效

按照四个评价单元风积沙区、风积沙区与硬梁地交错区、硬梁地、黄土丘陵沟壑区，开展四个评价单元内相同治理年限乔灌草、乔草、灌草、灌木、草本 5 种配置模式土壤质量变化情况。包括三个治理年限，分别为治理 5 年、治理 10 年和治理 15 年。

6.3.1　相同治理年限下典型配置模式土壤质量状况

（1）风积沙区

① 治理 5 年。

如图 6-21 所示，风积沙区治理 5 年后不同配置模式下土壤质量变化存在差异，其中草本模式下黑沙蒿种植区土壤中全氮和有机质含量分别为 0.46g/kg 和 16.2g/kg。而灌草模式下沙柳/沙柳+黑沙蒿种植区有机质含量较低，为 3.53g/kg，与全国土壤养分含量分级标准表对比呈极缺水平。灌草模式下樟子松/樟子松+白茅种植区全氮含量较低，为 0.13g/kg。不同配置模式下土壤中的碱解氮含量均小于 30mg/kg，表现为极缺水平。草本/黑沙蒿/黑沙蒿、草本/白草/白草、灌草/杨柴/杨柴+狗尾草、乔草/山杏/山杏+苜蓿四种模式下土壤中的速效钾含量均介于 100～150mg/kg 之间，处于中上水平。

② 治理 10 年。

如图 6-22 所示，风积沙区治理 10 年沙棘+针茅优势种具有较高的土壤全氮和碱解氮含量。灌草/柠条/柠条+牛筋草模式下有机质含量为 17.28g/kg，介于 10～20g/kg 之间，处于中水平，但其全氮含量为 0.66g/kg，处于低水平。灌草/柠条/柠条+白草治理模式下的速效钾含量最高，达到 136.33mg/kg，表现为中上水平。

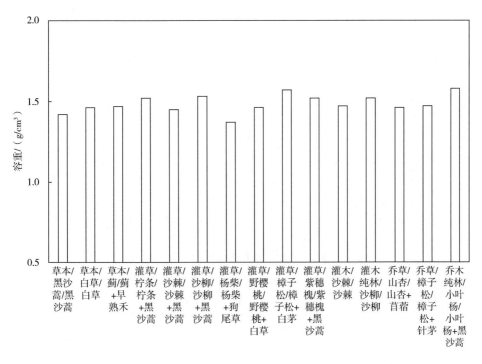

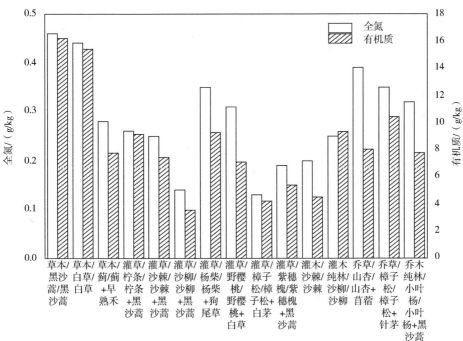

图 6-21

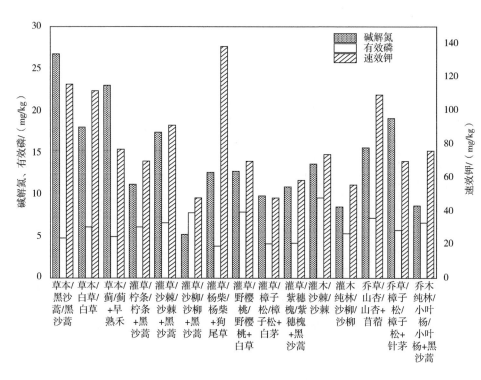

图 6-21　风积沙区典型配置模式及植被类型治理 5 年土壤理化性质

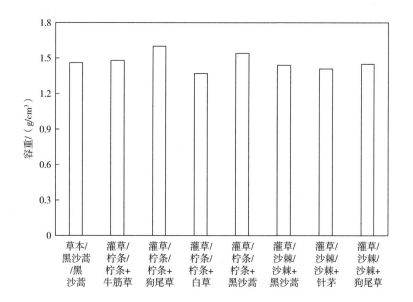

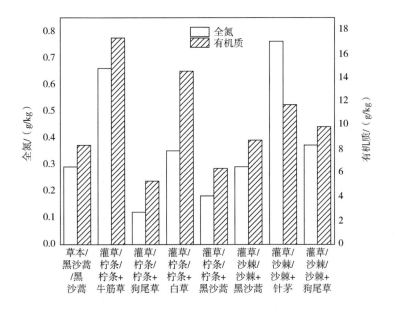

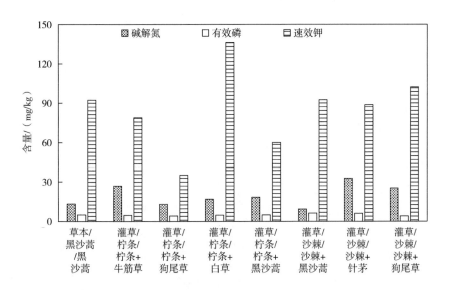

图6-22 风积沙区典型配置模式及植被类型治理10年土壤理化性质

③ 治理15年。

如图6-23所示，风积沙区樟子松+白草优势种治理15年具有较低的土壤容重和较高的土壤有机质含量。樟子松+赖草治理模式下的速效钾含量极高，达到180mg/kg，呈高水平分布，但此模式下的碱解氮含量为22.4mg/kg，小于30mg/kg，表现为极缺水平。

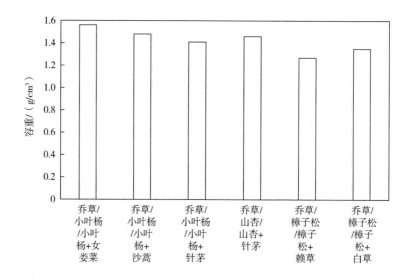

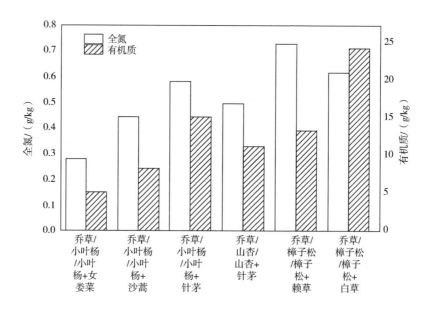

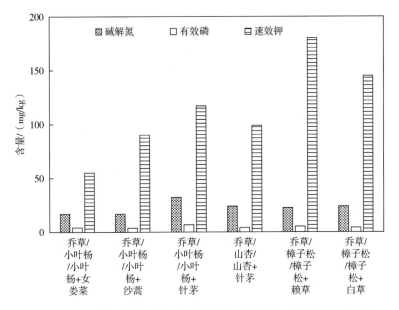

图 6-23 风积沙区典型配置模式及植被类型治理 15 年土壤理化性质

（2）风积沙区与硬梁地交错区

① 治理 5 年。

如图 6-24 所示，风积沙区与硬梁地交错区沙棘+白茅优势种治理 5 年具有较高的全氮，碱解氮，有机质和有效磷含量。

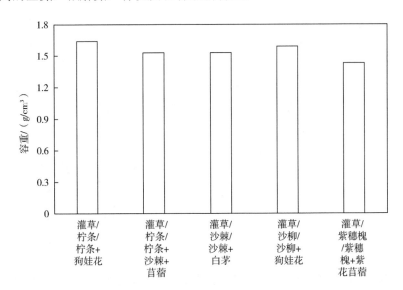

图 6-24

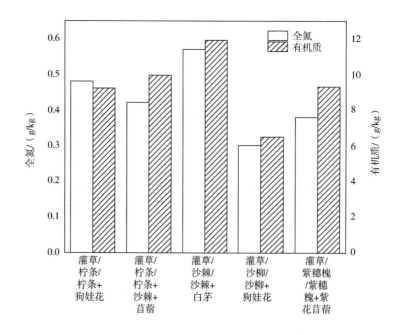

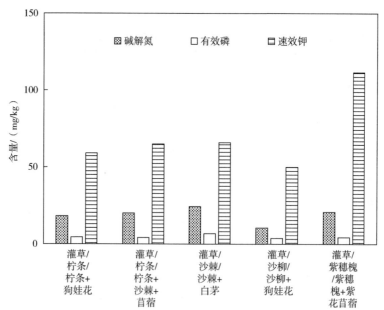

图 6-24 风积沙区与硬梁地交错区典型配置模式及植被类型治理 5 年土壤理化性质

② 治理 10 年。

如图 6-25 所示，风积沙区与硬梁地交错区新疆杨+沙棘+白草优势种治理 10 年具有较高的全氮、碱解氮和有机质含量。

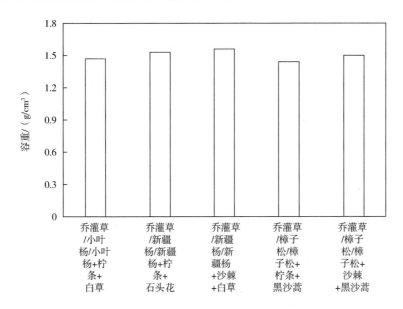

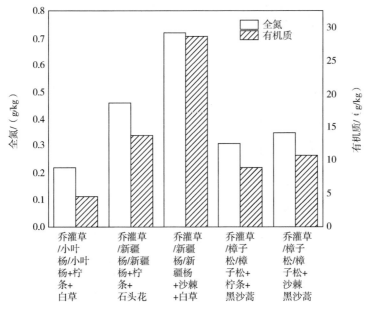

图 6-25

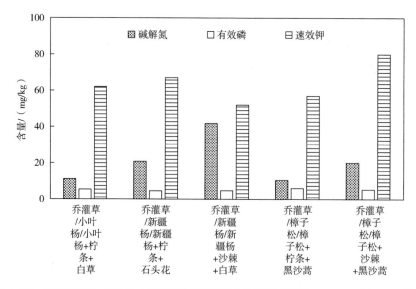

图 6-25　风积沙区与硬梁地交错区典型配置模式及植被类型治理 10 年土壤理化性质

③ 治理 15 年。

通过不同优势种土壤理化性质结果（图 6-26）可知，土壤质量最好的樟子松+柠条+胡枝子植被类型具有较低的土壤容重，但全氮、碱解氮、有机质、有效磷和速效钾均较高。

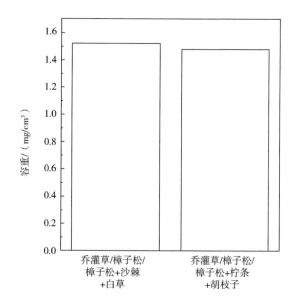

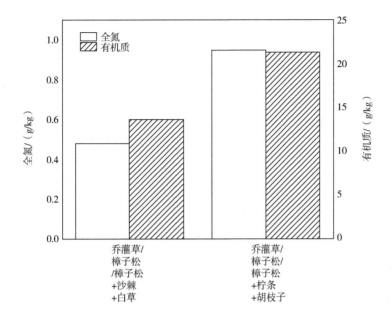

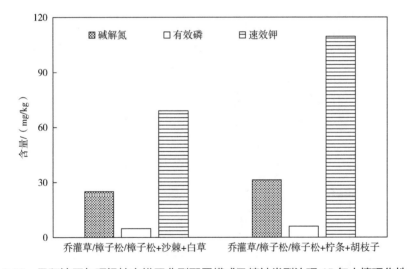

图 6-26　风积沙区与硬梁地交错区典型配置模式及植被类型治理 15 年土壤理化性质

（3）硬梁地

① 治理 5 年。

通过不同配置模式及植被类型土壤理化性质结果（图 6-27）可知，土壤质量最好的黑沙蒿优势种具有较高的土壤全氮、有机质、有效磷和速效钾含量。

>>

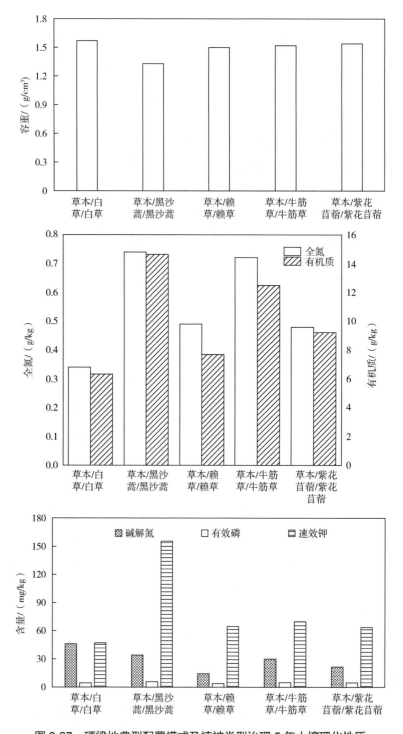

图 6-27　硬梁地典型配置模式及植被类型治理 5 年土壤理化性质

② 治理 10 年。

通过不同配置模式及植被类型土壤理化性质结果（图 6-28）可知，土壤质量最好的灌草配置模式下柠条+黑沙蒿优势种具有较高的土壤全氮和有机质含量。

③ 治理 15 年。

通过不同配置模式及植被类型土壤理化性质结果（图 6-29）可知，土壤质量较好的两种优势种中，油松+柠条+黑沙蒿优势种具有较高的土壤全氮、碱解氮、有机质、有效磷和速效钾含量。

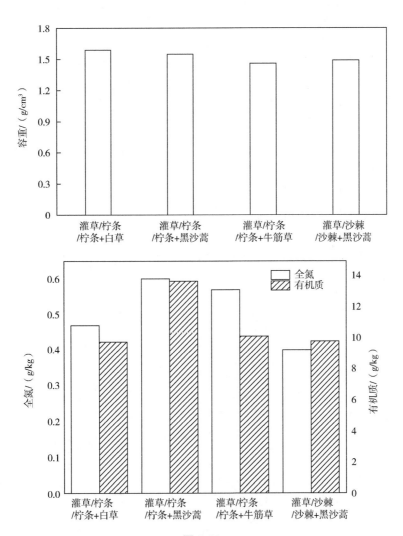

图 6-28

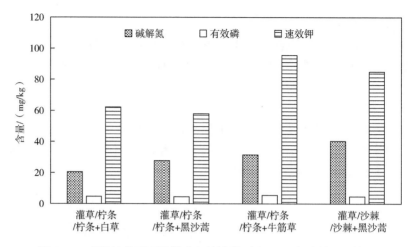

图 6-28　硬梁地典型配置模式及植被类型治理 10 年土壤理化性质

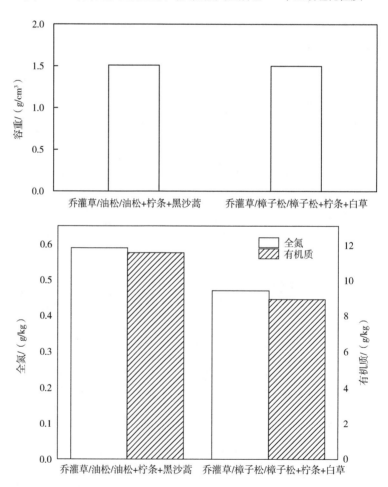

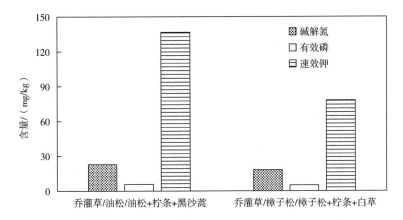

图 6-29　硬梁地典型配置模式及植被类型治理 15 年土壤理化性质

（4）黄土丘陵沟壑区

① 治理 5 年。

通过不同配置模式及植被类型土壤理化性质结果（图 6-30）可知，土壤质量最好的乔灌草配置模式下樟子松+柠条+黑沙蒿优势种具有较高的土壤全氮、有机质和速效钾含量。

② 治理 10 年。

通过不同配置模式及植被类型土壤理化性质结果（图 6-31）可知，土壤质量最好的乔草配置模式下侧柏+白草优势种具有较高的土壤全氮、碱解氮、有机质、有效磷和速效钾含量。

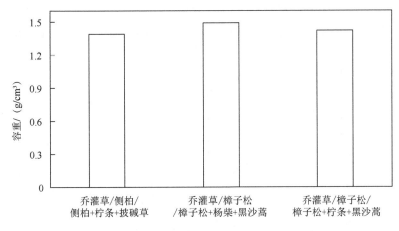

图 6-30

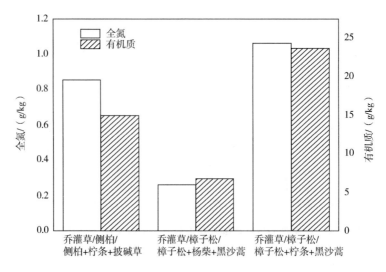

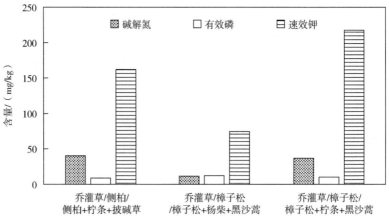

图 6-30　黄土丘陵沟壑区典型配置模式及植被类型治理 5 年土壤理化性质

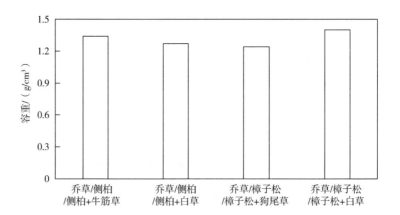

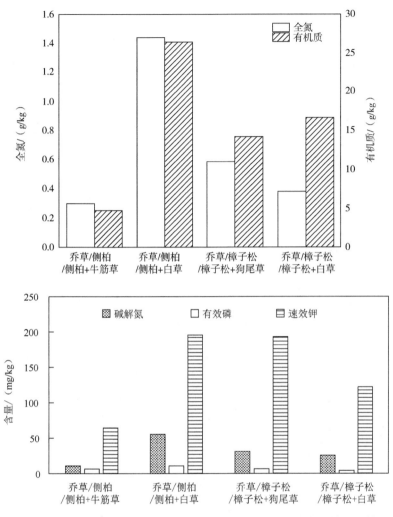

图 6-31　黄土丘陵沟壑区典型配置模式及植被类型治理 10 年土壤理化性质

③ 治理 15 年。

通过图 6-32 可以看出，黄土丘陵沟壑区典型配置模式及植被类型治理 15 年，樟子松+披碱草优势种具有较低的土壤容重，较高的全氮、碱解氮、有机质以及速效钾含量。草本配置模式下黑沙蒿优势种的容重最高，但土壤中的有机质、全氮、碱解氮、有效磷和速效钾的含量与其他植被类型相比却表现为最低。

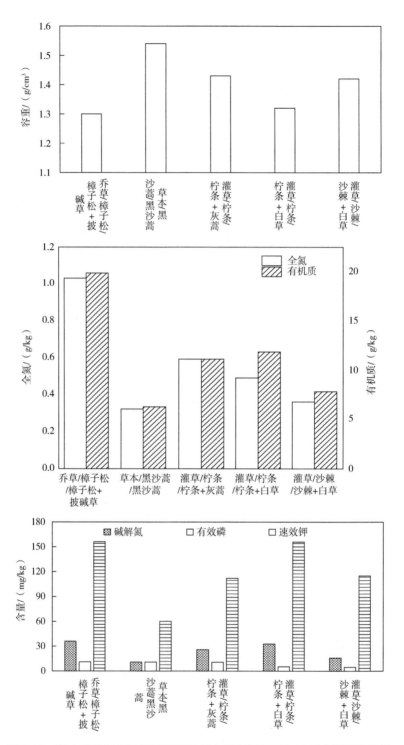

图 6-32　黄土丘陵沟壑区典型配置模式及植被类型治理 15 年土壤理化性质

6.3.2　微生物复垦对土壤质量的影响

可以看出，接种微生物后的樟子松+杨柴、紫穗槐、沙棘+针茅、樟子松+白草、野樱桃+文冠果和欧李，土壤有机质、碱解氮、有效磷和速效钾的含量均显著高于未接种微生物的对照组。不同植被类型下有无微生物处理对土壤理化性质的影响如图6-33所示，有微生物欧李土壤有机质含量均达到12.78g/kg，在整个矿区内处于一个较高的水平；有微生物沙棘+针茅和欧李碱解氮含量均达到28.00mg/kg。对于有效磷和速效钾两个指标而言，接种微生物组与无微生物对照组虽表现出差异，但未达到显著水平。造成有效磷含量未显著增加的原因可能是植物吸收的有效磷主要来源于土壤，而对于本身处于缺磷状态的沙土地来说，微生物无更多的磷分解以供植物吸收利用，加之植物生长消耗了一定量的有效磷，表现出接种微生物与未接种微生物的两个样地有效磷含量无明显差别。

进一步计算有微生物组与无微生物组土壤质量改良指数（以裸沙地为基准）可以看出，各植被类型下有微生物组的土壤改良指数均高于无微生物对照组；其中，有微生物组的樟子松+白草土壤质量指数达到543.19%，明显高于无微生物对照组的204.21%。表明，微生物复垦可有效提升樟子松的土壤质量，改善林分生长环境，提升林分的土壤肥力，促进植物生长发育，使因塌陷失去微生物活性的矿区土壤重新建立土壤微生物体系，改良矿区土壤的机制，加速植被恢复，进而实现生态系统功能的恢复。

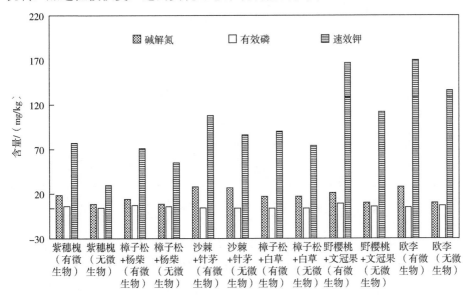

图 6-33

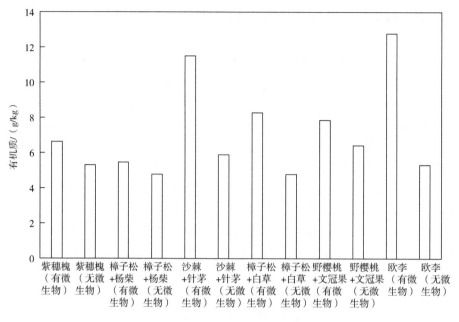

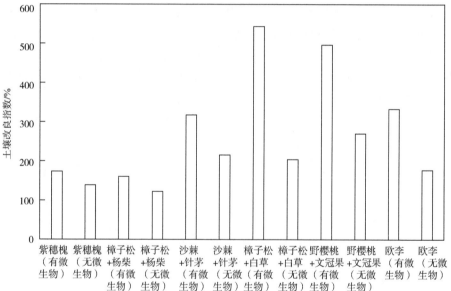

图6-33　不同植被类型下有无微生物处理对土壤理化性质的影响

外业实地调查发现，接种丛枝菌根（有微生物）与未接种丛枝菌根（无微生物）的樟子松、紫穗槐和沙棘表现出不同的生长状况。有微生物处理的紫穗槐和樟子松生长状况明显优于无微生物对照组（图6-34、图6-35）。可以看出，无微生物组的紫穗槐株高仅为35cm，且成活率低，样区内紫穗槐缺苗

　　接种微生物的紫穗槐　　　　　　　　　　　未接种微生物的紫穗槐

图6-34　接种与未接种微生物的紫穗槐生长状况图

　　接种微生物的樟子松　　　　　　　　　　　未接种微生物的樟子松

图6-35　接种与未接种微生物的樟子松生长状况图

>>

233

严重，在浓密且高于紫穗槐的黑沙蒿中，须仔细辨别才能发现，有微生物组的紫穗槐已然长成灌木林，远远望去树木葱郁，冠幅较大，树高达 1.6m。有微生物组与无微生物组的樟子松树高未表现出明显的差别，两个样地的树高基本维持在 2m 的水平，但接种丛枝菌根的樟子松成活率较高，未发现明显的缺苗现象，而无微生物组的樟子松出现明显的缺苗现象。

总体来看，接种丛枝菌根后能够对紫穗槐和樟子松的成活率起到明显的提升作用，这可能是由于丛枝菌根和植株根系形成共生关系以后，可以产生大量的菌丝。能够促进干旱区土壤水分的吸收和土壤养分的吸收，水分和养分的供应可进一步促进植株根系的生长，从而使得植株快速适应贫瘠和恶劣的外界环境。

6.3.3　神东矿区生态恢复土壤质量效益影响

（1）神东矿区不同治理年限生态恢复土壤质量效益

参照中国科学院水利部水土保持研究所于 1994 年（贾恒义等）提出的黄土高原地区土壤养分资源分级（表 6-1）及全国土壤养分分级表，2007 年 1 月获取的大柳塔西山李家畔、李家塔、孙定霍海、郭家圪台，大柳塔东山哈拉沟、石圪台瓷窑湾等 6 处采样点的表层土壤的有机质、有效磷、速效钾和碱解氮数据来看，6 处采样点的有机质均处于"缺"和"稍缺"状态，测定值在 1.57～8.33g/kg 之间，6 处有效磷均处于"缺"和"稍缺"两种状态，测定值在 1～6mg/kg 之间；6 处速效钾的水平基本处于"缺"和"稍缺"状态，测定值维持在 41.99～84.65mg/kg 之间；碱解氮均处于"极缺"状态，测定值在 6.61～11.69mg/kg 之间。

表 6-1　黄土高原地区土壤养分资源分级

等级	5（缺）	4（稍缺）	3（中等）	2（稍丰）	1（丰）
土壤有机质/（g/kg）	<6.00	6.00～10.00	10.00～12.00	12.00～15.00	>15.00
全氮/（g/kg）	<0.35	0.35～0.50	0.50～0.75	0.75～1.00	>1.00
有效磷/（mg/kg）	<3.00	3.00～7.00	7.00～10.00	10.00～15.00	>15.00
速效钾/（mg/kg）	<50.00	50.00～70.00	70.00～100.00	100.00～150.00	>150.00

将 2018 年和 2019 年采集到的大柳塔矿、哈拉沟矿和石圪台矿治理区内的所有采样点的有机质、有效磷、速效钾和碱解氮平均后，获得目前三矿的土壤肥力水平，如表 6-2 所示。

表6-2　三矿区不同时期土壤养分分析表

矿区	年份/年	有机质/（g/kg）	有效磷/（mg/kg）	速效钾/（mg/kg）	碱解氮/（mg/kg）
大柳塔矿	2007	3.64	1.00	62.94	10.20
	2018	9.02	6.16	75.17	21.39
哈拉沟矿	2007	8.33	2.00	41.99	6.61
	2018	9.02	6.26	63.11	12.17
石圪台矿	2007	4.38	4.00	69.42	10.67
	2018	6.02	8.65	89.64	12.72

对比大柳塔矿、哈拉沟矿、石圪台矿三矿两个时期的土壤肥力指标可以看出，2018年四个指标的测定值均高于2007年的水平，部分指标为2007年的6倍以上，表明通过多年的治理，神东矿区的土壤肥力有了较大水平的提升。对比《黄土高原地区土壤养分资源分级》中"土壤养分含量分级与丰缺度指标"标准可以看出，目前有机质处于"稍缺"水平，有效磷处于"稍缺"和"中等"水平、速效钾三个指标处于"稍缺"和"中等"水平。四个指标目前水平仍未达到植物正常生长所需的水平，应该补施肥料。结合排盐压碱的需要，建议施用有机肥。在后期的植被管护以及植被恢复建设和土地复垦时，需要大量施加氮肥和磷肥，因地制宜地施加钾肥。同时采取相应的辅助措施，改善土壤环境，提高肥料的有效利用率。

（2）神东矿区生态恢复对原生土壤性质的影响

神东矿区位于晋、陕、内蒙古接壤的中国北方半干旱区，地貌类型主要是覆盖有风成沙和黄土的构造台地以及不同等级的河谷和侵蚀沟。矿区介于东经109°45'～110°40'，北纬38°50'～39°50'之间。矿区属于干旱半干旱大陆性季风气候，干旱少雨多风沙是其特征。地处草原与森林草原的过渡地带，成土母质既有侏罗纪砂砾岩风化产物，也有第四纪风成沙和黄土。由于历史的变迁和人类长期经济活动的影响，地带性土壤基本消失；区内土壤均较贫瘠，极易沙化，风蚀、水蚀严重。土壤有机质含量低、成土程度低是共同特征。矿区地带性干草原植被群落逐渐退缩并被沙生植被代替，区内以耐旱、耐寒的沙生植物，旱生植物为主，呈现稀疏灌丛景观；由于盐碱所形成的生理干旱和基质流沙所引起的物理干旱，从而衍生出非地带性的小灌木、半灌木占优势的沙漠化草原，灌木草原及草甸沙生植被、农业植被、林业植被和水生植被等。

神东矿区经过多年的生态恢复，土壤质量的提升取得了显著的成效。将该地区原生土壤背景值作为对照，将矿区多年治理后土壤质量水平与其进行比较，评价神东矿区经过多年生态治理后土壤质量的提升效果。

神东矿区位于黄土高原北部与毛乌素沙地过渡地带，作为中国最大的土壤侵蚀区，地形复杂，沟壑纵横，植被状况较差，土壤性质与养分随纬度变化差异较大。通过参考同地区以往相关土壤状况经验资料以及相关研究成果，结合土壤性质随纬度变化的经验方程，综合分析计算获得了各采样点对应的原生土壤质量水平背景值，利用黄土高原土壤养分丰缺分级标准，通过与神东矿区多年生态恢复后的现土壤质量水平进行了比较分析，结果表明：在该项目区原生土壤质量水平低背景值的条件下，神东矿区生态恢复使该地区原生土壤质量有了较为显著的提升。

参照中国科学院水土保持研究所提出的黄土高原土壤养分丰缺分级表，指标，对项目区原生土壤理化性质含量背景值与矿区治理后土壤理化性质含量进行比较分析，结果如图 6-36～图 6-39 所示。

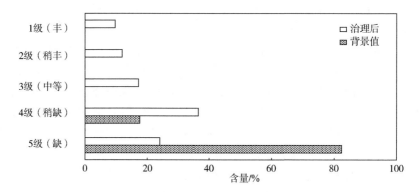

图 6-36　项目区治理前后土壤有机质比较

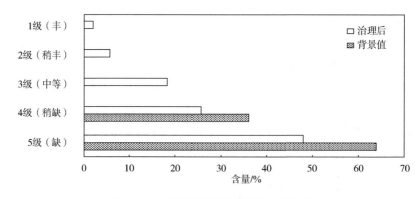

图 6-37　项目区治理前后土壤全氮比较

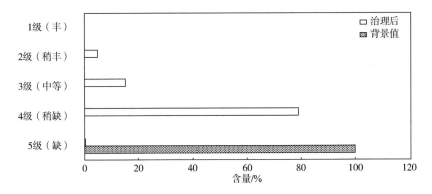

图 6-38　项目区治理前后土壤有效磷比较

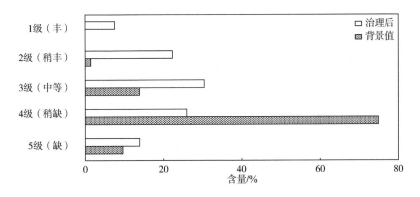

图 6-39　项目区治理前后土壤速效钾比较

原生土壤有机质含量背景值处于 5 级（缺）的比例为 82.38%，处于 4 级（稍缺）的比例为 17.62%；矿区生态治理后有机质含量处于 4 级（稍缺）的比例最多，为 36.59%，其次是处于 5 级（缺）的级别。

原生土壤全氮含量背景值主要处于 5 级（缺）与 4 级（稍缺）；矿区生态治理后全氮含量处于 3 级（中等）的、处于 2 级（稍丰）的与处于 1 级（丰）的比例有所增加。

原生土壤有效磷含量背景值处于 5 级（缺）的比例为 100.00%；矿区生态治理后有效磷含量处于 5 级（缺）的比例降低至 0.27%，处于 4 级（稍缺）的比例最多为 79.13%，处于 3 级（中等）的比例增加至 15.45%，处于 2 级（稍丰）的占比增加至 5.15%。

原生土壤速效钾含量背景值处于 4 级（稍缺）的比例最多，处于 2 级（稍丰）的比例为 1.57%；矿区生态治理后速效钾含量处于 4 级（稍缺）的比例降低至 25.92%，处于 2 级（稍丰）的比例增加至 22.25%，处于 1 级（丰）的比例增加至 7.59%。

对神东矿区生态治理前后土壤理化性质平均值变化情况进行分析，结果如表 6-3 所示，神东矿区治理后土壤养分含量均有所提升，其中速效钾含量增加较多，其次是有效磷和有机质。

表 6-3 神东矿区生态治理前后土壤性质平均值变化情况

类型	有机质/（g/kg）	全氮/（g/kg）	有效磷/（mg/kg）	速效钾/（mg/kg）
原生土壤理化性质背景值	8.59	0.33	1.18	59.39
神东矿区治理后土壤理化性质	11.38	0.45	5.87	85.86
变化情况	+32.48%	+36.36%	+397.46%	+44.57%

6.4 水资源循环利用评价与成效

6.4.1 矿井水处理

神东矿区矿井水"三级处理"模式，通过采空区过滤净化系统、地面污水处理厂、矿井水深度处理厂三级处理，实现了矿井水综合循环利用。

煤矿井下生产一方面会引起围岩含水通过导水通道涌出，另一方面会产生一些生产污水，这些水最终会由工作面一并排出。为了循环利用井下排水，传统方法是将井下排水输送至井下或地面专设的污水处理设施进行净化。神东矿区首次将采空区矸石作为过滤、净化污水的载体，将井下排水直接注入采空区进行净化处理，大幅降低了成本。通过对采空区矿井水处理后水样的实验室分析，矿井水经过采空区自然净化后，悬浮物总去除率达到95%以上，净化效果随时间延长更加显著。

井下污水一部分通过管道直接由各采空区进行过滤、净化；由于采空区空间有限，另一部分通过排水管路或水沟排至地面进行处理。

井下污水采空区处理循环利用流程：井下污水经采空区净化，净化后的清水通过各清水源供水点，一部分由管路输送至各采掘工作面用水点使用，另一部分泵排至地面。泵排至地面的部分，一部分用于热电厂、选煤厂、橡胶坝、绿化等，一部分经过水深度处理厂后作为生活用水。神东矿区 2018 年采空区过滤净化矿井污水的水质满足工业用水标准，年复用率达到 87%。

由于井下供污水净化的采空区空间有限，因此在地面也设置了专用的污水处理厂，将井下不能处理的污水通过排水管路或水沟排至地面进行处理。经污水处理厂处理后，一部分用于热电厂、选煤厂、橡胶坝、绿化等，一部分经过水深度处理厂后作为生活用水，一部分流入乌兰木伦河。矿区有矿井水处理厂 20 座，复用水量 57945m³/d，排放达标率 100%。

监测数据显示，神东矿区地下水库建设情况见图 6-40。

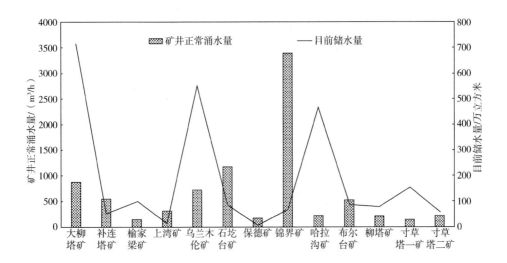

图 6-40 神东矿区地下水库建设情况

6.4.2 矿井水复用

矿区工业用水是矿井水复用的主要方向，2018 年矿区工业用水占到矿井水复用总量的 41.8%，利用途径主要包括井下生产、洗煤厂、热电厂和锅炉用水。其中，井下生产复用量最多，其次是热电厂复用和洗煤厂复用，锅炉复用需求量较小。

2018 年，矿井水复用作为生活用水的总用量占到矿井水复用总量的 29.5%，利用途径主要包括生活杂用、和瑞水厂、打入净水厂、打入考考赖等。其中，和瑞水厂复用量最大，其次是打入考考赖，生活杂用和打入净水厂复用量需求较低。

矿井水的生态复用量由 2015 年的 264 万吨逐年上升至 2018 年的 1466 万吨，增幅达 4.5 倍，利用途径主要包括厂区绿化、塌陷区灌溉、农民浇地、矸石山绿化等。

2015—2018 年矿井水复用情况见图 6-41。

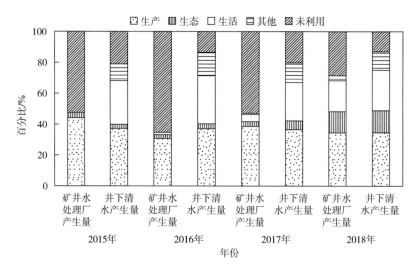

图 6-41　矿井水复用情况图

6.5　塌陷区治理成效与评价

6.5.1　塌陷区基本情况

大柳塔矿和活鸡兔矿。大柳塔矿地势北高南低，中间高而东西低，最高点在井田北部的陈家坡附近，最低点在井田西南角乌兰木伦河谷，海拔在1120～1280m之间。矿区内大部分属风沙堆积地貌，沙丘、沙垄和沙坪交错分布，植被稀少。东西两部沟壑纵横，切割强烈，沟谷两侧基岩裸露，属河流侵蚀地貌。土壤类型主要为风沙土和黄土性土。大柳塔矿塌陷区塌陷类型以地表塌陷裂缝为主，部分区域有错台、崩塌和塌陷坑。一般塌陷裂缝宽0.1～0.4m，最大约1.2m，地表黄土沟壑发育区域常见塌陷错台，尤其在迎山坡方向较为明显，最大塌陷错台高度超过1m，井田地表大部分被松散风积沙层或者黄土层覆盖，哈拉沟等有基岩出露区域的沟谷区可见山石崩塌现象。活鸡兔矿塌陷区地貌类型主要为丘陵沟壑，土壤类型为风沙土。塌陷类型以地表塌陷裂缝为主，一般塌陷裂缝宽0.1～0.4m，最大约1.5m。地表黄土沟壑发育区域常见塌陷错台，尤其在迎山坡方向较为明显，最大塌陷错台高度超过1m，井田西北冲沟群发育基岩出露区域的沟谷区可见山石崩塌现象。

哈拉沟矿。哈拉沟矿地势总体东部高，西部低，地形起伏较大，海拔1200～1300m，最高点在井田北部讨素敖包，最低点在哈拉沟与乌兰木伦河交汇处。井田大部分为风沙地貌区，或沙丘连绵，波状起伏，或为平缓沙地。黄土梁峁沟谷区主要分布在南部陈家坡、郝家壕一线及北部石岩井、丁家渠一带，梁顶宽缓平坦，沟谷两侧基岩断续裸露。井田西界乌兰木伦河河谷平坦宽阔，为河流侵蚀堆积地貌。哈拉沟煤矿塌陷区地表大部分为沙层，少部分为黄土层，极少部分有基岩裸露存在。主要塌陷类型为错台和裂缝。治理措施主要包括封堵裂缝、土地平整、栽植苗木和撒播草籽，并配套实施了道路工程。

石圪台矿。 石圪台地形总体东部高，西部低，起伏较大，海拔 1120～1340m，最高点在东部风台梁，最低处为乌兰木伦河河谷。矿区整体呈现盖沙地貌景观，属盖沙丘陵沟壑区。地貌形态大致可分为风沙区和黄土丘陵区两类。风沙区位于井田北部，沙丘连绵，波状起伏，地形相对比较平坦，水系不发育；黄土丘陵沟壑区位于井田南部，梁峁相间分布，植被稀少，水土流失严重，沟谷狭窄，塬上半固定沙丘比比皆是，梁顶宽缓平坦，沟谷两侧基岩断续出露，固定及半固定沙地分布较广。塌陷区地表大部分为沙层，少部分为黄土层，极少部分有基岩裸露。主要塌陷类型为错台和裂缝。

榆家梁矿。 榆家梁矿地貌属黄土丘陵沟壑区，区内沟壑纵横交错，梁峁相间分布，地形支离破碎，沟谷陡峻狭窄。地势总体东南高，西北低，海拔1090～1390m。采煤工作面塌陷时地表极易出现参差不齐的错台、裂缝，在陡峻土坡处极易造成黄土滑坡，极个别陡峭的石崖处塌陷也会造成山石崩塌现象。

锦界矿。 锦界矿地形西北高，东南低，海拔 736～1449m。锦界矿属于沙漠草滩区，矿区表层覆盖透水性极好的风积沙，间有沙丘、沙梁和草滩洼地分布，地形较平坦，相对高差较小，呈现宽缓波状的地貌景观。

上湾矿。 上湾矿地形呈西北高、东南低的斜坡状，海拔 1100～1200m。上湾煤矿受毛乌素沙地影响，地面大部分呈波状及新月形沙丘地貌，地形复杂，沟谷纵横，沟谷多为溯源侵蚀，且土沟两侧的支沟特别发育，呈树枝状分布。在东部，风积沙呈波状及新月形沙丘地貌。塌陷类型以错台、裂缝为主，伴随地表塌陷。

补连塔矿。 补连塔矿地势相对平缓，西北高，东南低，海拔 1130～1260m。地表多被风积沙层覆盖。地表水系较发育，补连沟自西向东横穿矿井，常年有水。塌陷主要类型为地表裂缝。

乌兰木伦矿。 乌兰木伦矿位于神东矿区东北角，地形总趋势倾向东南，海拔 1150～1370m。矿区内以风积沙漠地貌为主，大部分地段都有沙漠分布，沙漠中地貌形态有新月形沙丘、沙垄等。矿区内大部分区域被风沙土覆盖，表土质地较粗，结构不良，肥力较低，抗蚀抗冲能力差。矿井开采后塌陷区的主要类型为地表裂缝、沉降。

柳塔矿。柳塔矿地形总体为东北高，西南低，海拔1240～1280m。井田地貌形态为侵蚀性风沙丘陵地貌。由于受毛乌素沙地影响，井田内沙地遍布，地表多被流动或半固定波状沙丘覆盖，沙漠中主要地形为新月形沙丘、沙丘链。地形呈波浪状起伏，平缓多变。塌陷区地表大部分为风沙土，结构松散，胶结力弱，抗蚀能力差，肥力低。有机质在土壤中基本上呈半分解状态或未分解状态的碎屑，肥力极低。柳塔矿塌陷区总面积约7.5km²，主要塌陷类型为错台和裂缝。

布尔台矿。布尔台矿区位于神东矿区西北角，海拔1300m左右。矿区内地形复杂，沟谷纵横，为典型的梁峁地形。全矿区呈侵蚀性丘陵地貌特征。由于受毛乌素沙地的影响，矿区东北部多被风积沙覆盖，风积沙呈新月形沙丘、垄岗状沙丘、沙堆等风成地貌。除此而外其他沟谷山梁上也分布有大小不等的沙丘，主要塌陷类型为错台和裂缝，部分沟谷存在滑坡。

寸草塔一矿。寸草塔一矿地形总体为北高南低，西高东低，海拔1250～1280m，最高点位于井田西部，最低点位于井田东南部乌兰木伦河岸边。井田西部为侵蚀性丘陵地貌，井田东部由于受毛乌素沙地影响，地表多被流动性或半固定波状沙丘覆盖，湾兔沟自西北向东南纵贯全井田。塌陷区主要以裂缝及扰动为主，错台次之，22301工作面最大裂缝宽0.2m，长950m，其他区域工作面整体裂缝相对较小。

寸草塔二矿。寸草塔二矿井田为西北高、东南低的坡状地形，海拔1200～1300m，最高点位于井田西南边缘，最低点位于井田东南乌兰木伦河岸。塌陷区主要以裂缝及扰动为主，错台次之，31201、31202、31101工作面基岩裸露段最大裂缝宽3.5m，长50m，深大于7.5m，其他区域工作面整体裂缝相对较小。矿井塌陷土地以耕地、林地、荒地为主，塌陷区有巴日图塔至阿大线公路一条，长约6800m。

保德矿。保德矿采空区地表不同程度上出现裂缝、滑坡等地质灾害，目前最为严重的是五盘区梅花沟流域，保德县梅花沟流域为黄河左岸一级支流，总面积约12.44km²，全部位于保德煤矿井田范围内，目前工作面回采已造成9km²左右的采空区地表塌陷，地面多处地段出现山体滑坡、地表塌陷。

6.5.2 塌陷区土地复垦质量监测结果

塌陷区土地复垦质量基于《西北干旱区土地复垦质量控制标准》和《黄土高原区土地复垦质量控制标准》，对塌陷区监测点的土地复垦方向、有效土层厚度、土壤质地、灌溉条件、郁闭度等情况进行监测，同时采集表层土壤样品，对土壤容重、砾石含量、pH 值、有机质等土壤理化性质进行检测。

塌陷区土地复垦质量监测结果表明，有效土层厚度均达到标准，土壤容重在 1.26～1.74g/cm³ 之间，土壤质地大多为砂土，砾石含量达标，有机质含量在 0.16%～1.11% 之间，覆盖度在 45%～80% 之间。总体来看，塌陷区布设的 55 个监测点的土地复垦质量评价指标达标率均达到 80% 以上。

6.5.3 塌陷区调查情况

在现场调查过程中，结合矿区土地利用情况，布设塌陷区调查点 55 个。经调查，神东矿区土地破坏形式主要为地面裂缝和错台，土地破坏程度主要为轻度破坏。塌陷区调查结果详见图 6-42。

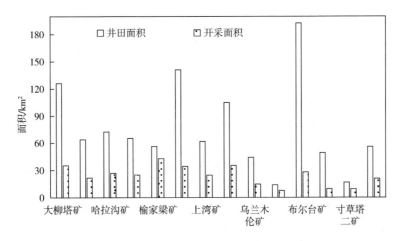

图 6-42 神东矿区塌陷区调查结果统计表

6.5.4 塌陷区治理情况监测结果

神东矿区在煤炭开采的同时，及时实施地表裂缝填充和土地平整措施，杜绝了塌陷裂缝造成的井下漏风和地面人员、牲畜被困。针对塌陷区全部实施了地表裂缝填充和土地平整，撒播草籽面积超过塌陷区面积，对塌陷区居民及时搬迁和安置。同时针对部分治理区进行了重点治理，布设了灌溉设施，配套修建了道路工程，修建了水平沟、水平阶和梯田，实施了护坡措施，有计划地逐步完善了林草措施。有效防止了因塌陷造成的土壤肥力下降和水土流失，同时改善了区域生态环境。

大柳塔矿和活鸡兔矿。大柳塔矿委托村民对采空区地表裂缝进行回填，由通风队负责矿井裂缝回填后的验收工作，能及时对采空区产生的裂缝进行回填，地质组巡查及时发现处理相应问题。大柳塔矿和活鸡兔矿塌陷区生态治理项目已经治理面积 32km²，主要种植沙棘、野樱桃、沙枣、欧李、蒙古扁桃等灌木，固土绿化。科技项目中工程部分治理面积 5.67km²，环保处组织建成了神东塌陷（风沙）区微生物复垦科研示范基地，晋、陕、内蒙古接壤区煤炭基地生态建设关键技术与示范，黄土丘陵沟壑区煤矿生态建设关键技术示范等示范园区。

哈拉沟矿。哈拉沟煤矿塌陷区已全部实施封堵裂缝和撒播草籽等治理措施，部分区域根据地形及塌陷情况实施修坡、平整土地、栽植苗木等措施。塌陷区的治理措施主要包括裂缝充填、土地平整、道路工程和水利工程。塌陷区的植被种植，主要为林地、草地的恢复，沙地的植被措施。哈拉沟煤矿塌陷区完成重点治理措施 21km²，正在实施的矿山公园工程占地 6.76km²，已实施水保沙棘果园建设项目、水土保持生态长廊工程项目、茶园式大果沙棘经济林项目、山杏经济林项目，拟建设相关主题广场、植物园、水保措施示范区、地质措施示范区、土地复垦措施示范区、生态湿地。

石圪台矿。石圪台矿塌陷区已全部实施封堵裂缝和撒播草籽等治理措施，部分区域根据地形及塌陷情况实施修坡、平整土地、栽植苗木等措施。石圪台矿塌陷区完成重点治理措施 0.6km²。

榆家梁矿。榆家梁矿首先对有塌陷危险的道路、山坡、山崖等区域进行封锁，塌陷后针对性地集中治理。榆家梁煤矿整体对塌陷区进行人工和机械回填并撒草籽，针对塌陷区实施了地质灾害、土地复垦、水保等一系列的治理措施。塌陷区经治理后，大致能恢复原貌，但也需随时间推移使地形地貌自然慢慢恢复，尤其是水位的恢复。总体来说塌陷造成的风险等级较低。榆家梁矿采取边塌陷边治理的措施，切实有效地使塌陷裂隙等得到有效治理，大部分治理过的地表与原地貌一致，基本看不出塌陷破坏。榆家梁矿方主要实施回填治理，神东公司环保处实施统一规划治理，实施推地修梯田、栽植树木等，不仅使塌陷得到有效治理，而且美化了环境，更是将梯田、树木等所有权留给村民，使得村民得到了实惠。

锦界矿。锦界矿已对塌陷区进行回填及二次回填，回填队伍由所属土地村组组成。

上湾矿。上湾矿塌陷区 24.50km² 已全部实施封堵裂缝、撒播草籽等治理措施。

补连塔矿。补连塔矿采取人工与机械相结合的方式，对塌陷区 35.20km² 全部实施封堵裂缝、撒播草籽等治理措施，治理效果良好。

乌兰木伦矿。乌兰木伦矿塌陷区 14.50km² 已全部实施封堵裂缝、撒播草籽等治理措施。

柳塔矿。柳塔矿塌陷区 7.5km^2 已全部实施封堵裂缝、撒播草籽等治理措施。12116、12117 工作面采空区淖尔壕村民栽植苗木（松树、果树等）约 30 公顷。工业广场绿化、生态治理 6.5 公顷；巴图塔风沙区治理工程 6 公顷。目前回采工作面委托村民对采空区地表裂缝进行回填，由通风队负责矿井裂缝回填后的验收工作，能及时对采空区产生的裂缝进行回填。柳塔矿完成重点治理措施 2km^2。

布尔台矿。布尔台矿塌陷区 27.80km^2 已全部实施土地平整、撒播草籽等治理措施。

寸草塔一矿。寸草塔一矿塌陷区由当地村民负责地表裂缝回填。塌陷区 9.27km^2 已全部实施封堵裂缝、撒播草籽等治理措施。

寸草塔二矿。寸草塔二矿主要采空区塌陷由巴日图塔村村民负责地表裂缝回填，并实施了工业厂区绿化、井田内道路绿化、经济林种植。塌陷区 9.1km^2 已全部实施封堵裂缝、撒播草籽等治理措施。

保德矿。保德矿塌陷区 20.6km^2 已全部实施土地平整、撒播草籽等治理措施。部分流域还需加强塌陷区坡面和山体综合防护措施。

6.5.5　塌陷区治理措施

神东公司通过多年实践总结出半干旱区煤矿生态环境治理的模式，采取采前防护、采中控制、采后修复的总体思路，本着治理区环境与当地自然和社会环境相协调的原则，以造林绿化为主，同时发展经济作物，为矿区生态、环境、社会、经济稳定协调发展奠定了基础。

（1）采前防护措施

采前塌陷区防护措施主要有以下几种方式。

① 土壤培肥措施。

神东矿区大部分区域地表被结构松散的风沙土覆盖，表土层比较贫瘠，有机质含量低、保水性差，植被恢复较困难，因此需要采取措施改良土壤理化性质。针对土壤条件较差的土地，适当施用有机、无机肥料，提高土壤有机质含量，改良土壤结构，消除其不良理化性质，并作为绿肥法的启动方式，为进一步改良打好基础。

② 农田防护工程。

神东矿区大部分地区表土层土壤贫瘠，矿区内原有农田表土肥力相对较高，因此在煤矿开采前应对农田实施防护工程，主要是在道路两旁及农田周边种植防护林，可以采用当地树种新疆杨及紫穗槐。在煤矿开采后可以复垦为高质量农田。

③ 植物措施。

神东矿区位于黄土丘陵沟壑区向风沙区过渡的区域，部分区域为固定沙丘和半固定沙丘，石圪台矿、柳塔矿、乌兰木伦矿、锦界矿部分区域尚有裸沙地存在。神东公司在煤矿开采前实施了沙柳沙障、化学沙障等工程措施，种植柠条、沙柳等先锋物种，同时广泛撒播草籽，如披碱草、沙打旺、紫花苜蓿、沙蒿、白羊草、草木樨等。一方面保护了矿区环境，防治了风沙危害，另一方面防止了因煤矿开采进一步造成水土流失。

④ 固沙防护工程。

神东矿区建设初期植被覆盖率低，半固定沙丘广泛分布，尚存在部分固定沙丘，矿区经常遭到风沙侵袭。为了防止风沙破坏环境、掩埋道路，神东公司针对流动沙丘和半固定沙丘，创造性地实施了柳杆障壁护坡，有效阻止了风沙移动，为植物措施的进一步实施提供了有力保障（图6-43）。

布尔台矿柳杆障壁固定沙丘　　　　　　道路两侧柳杆障壁护坡

图 6-43　采前防护措施图

（2）采中控制措施

在煤炭开采过程中，神东公司总结出了一系列有效降低采煤塌陷危害、保护生态环境的绿色开采技术措施和节能减排措施。采用先进、适用的技术，实现装备现代化、系统自动化、管理信息化和劳动组织科学化，优化了煤矿开拓部署，改进了生产系统，减头、减面、减人，提高了生产效率、资源回收率和经济效益，并采用保护生态的绿色开采模式，综合考虑煤炭资源条件、环境承载力，采用煤炭少人或无人、无煤柱和无害化开采，推广保水开采、充填开采、智能开采，实施清洁生产，加强采矿塌陷区复垦和煤炭共伴生资源利用，保护生态环境。绿色开采技术主要包括煤矿设计开采优化、地表控制、少占良田、少出矸石、减少煤柱损失、提质降灰（配采）等相关内容。同时，因地制宜地实施了充填开采、保水开采、煤与瓦斯共采、无煤柱开采等一系列开采技术。神东煤矿实施的节能减排措施强化了煤炭生产全过程节能降耗，优化系统节能，主要包括节能节电、减少污染源排放、矿井热能利用、低温利用、乏风利用、热电冷联供等技术。

（3）采后修复措施

在煤层开采结束后，神东公司采取了土地平整、地面裂缝回填措施来恢复土地的完整性，配套实施了灌溉排水设施和道路工程，为进一步实施植物措施奠定基础。针对塌陷区搬迁后的农村宅基地，实施了清理工程和场地平整。针对风积沙区、黄土丘陵沟壑区和硬梁地不同土壤类型和立地条件实施植物措施。针对黄土丘陵沟壑区塌陷区域易出现崩塌、滑坡的坡面，创造性地实施了柳杆障壁生态锚工程。

① 土地平整。

a. 修坡。

土地平整是为了消除地表塌陷引起的附加坡度以及对受到扰动的土地进行削高、填低，使之基本水平或使其坡度在允许的范围之内，土地通过平整便于生物措施的实施，满足复垦地植被生长条件。土地平整之前要确定好平整后的标高及坡度等，平整方式主要为机械平整，借助挖掘、推土机械进行削高垫低。

位于风积沙区的塌陷区，地表损毁程度一般较轻，采用基本的工程措施使其平整，能够保证进行一定的农业生产或林草生长即可，待其稳定后再采取适当的复垦措施。对于损毁程度较重的区域，通过及时充填裂缝，在保证基本生产的前提下，待基本稳沉之后再进行全面整地。硬梁地区的塌陷区治理重点是分布于各盘区开采后形成的地表塌陷边缘地带，塌陷形成的裂缝和塌陷阶地对土地、地貌和植被的影响较大。开采形成的地表塌陷中部地带破坏较轻，一般可以自行修复。

b. 地面裂缝回填。

针对塌陷区地面裂缝，采取的主要措施是对裂缝进行填堵与整治，以恢复原土地生态功能，防止水土流失。对于损毁程度较轻的区域，采用机械或人工挖方取土，按照不同的机耕条件和灌排条件确定合适的标高和坡度，充填裂缝，平整土地，保证农业生产或林草生长。对于损毁程度较重的区域，及时充填裂缝，在保证基本生产的前提下，待基本稳沉之后再进行全面的土地整治。

c. 梯田、水平阶、水平沟。

在塌陷已经趋于稳定的坡面，神东公司实施了梯田、水平沟、水平阶工程（图6-44），为进一步恢复经济林打好基础。

图 6-44　寸草塔一矿水平沟

② 灌溉排水工程。

神东矿区降雨量偏少，难以满足植被恢复的需要，因此，塌陷区治理需要在土地平整的基础上，配套实施灌溉排水设施，为后期植物措施的实施提供保障。塌陷区灌溉排水工程应结合原设施在稳沉期之前进行及时的维修，保证其正常运行，稳沉期之后，对于损毁较严重的设施进行重建。

③ 道路工程。

塌陷治理区道路系统应满足耕作时的运输和通行要求，一般布设在地块之间，类型有田间道和乡村支路。治理区道路工程应与当地道路系统连接，结合塌陷区原道路设计，进行适时维护，待稳沉之后对必要地区进行重建、对原先不完善的道路区进行完善。

④ 清理工程。

清理工程主要针对塌陷区搬迁后的农村宅基地，实施清理工程和场地平整。对移民搬迁原址需要进行有组织的拆除工作，统一清运垃圾。对原址积极开展恢复重建工程，移民搬迁土地复垦结合井田内其他土地复垦统一进行。由于搬迁后的土地地势平坦，土质较好，可以满足农用地的需要，因此，将搬迁后的土地复垦为耕地。平整土地时，保护表土，应将表土和生土分别堆放，并防止流失，平整后，将熟土覆盖在上面，保证耕地的土壤质量。

⑤ 柳杆障壁生态锚工程。

位于黄土丘陵沟壑区的塌陷区域，坡面往往较陡，易出现崩塌、滑坡等较严重的水土流失现象。对于该区域的坡面治理，首先要对坡面进行修坡处理，然后实施柳杆障壁生态锚工程，最后栽植苗木。修坡处理是在降低坡度的基础上，修整坡面，使坡面保持平整。采用柳杆障壁生态锚固坡技术，能有效阻挡重力侵蚀和水力侵蚀，确保坡面稳定性。竖向打入滑坡体的长短不一的柳桩能稳固坡体，阻挡坡体发生层状塌落。横向互相捆绑的柳桩大大提高了坡面抗剪切力，能有效阻挡坡面局部滑落。最后在柳杆障壁网格内栽植紫穗槐、黑沙蒿等苗木，使坡面达到自然稳固状态，详见图 6-45。

榆家梁矿柳杆障壁生态锚工程　　　　　　　　　保德矿柳杆障壁生态锚工程

图 6-45　柳杆障壁生态锚工程现场措施图

⑥ 植被恢复。

随着塌陷区域土地整治的完成，神东公司把握与当地的自然和社会环境相协调的原则，根据土地利用类型，土壤、当地气候和水文等条件，通过土壤改良，采用乔、灌、草和农作物优化配置方式，总结出了科学的抚育管理措施，主要包括改良土壤、品种筛选、科学种植和精心管理等方面。

a. 改良土壤。

适当施用有机、无机肥料，提高土壤有机质含量，改良土壤结构，恢复土壤肥力与生物生产能力，为植被恢复打好基础。

b. 因地制宜，合理筛选草树种。

在植被恢复初期主要选择生长快、适应性强、抗逆性好、耐贫瘠、耐干旱、成活率高的品种，优先选择固氮、根系发达的品种；尽量选择乡土物种和先锋物种。乔木包括新疆杨、油松、樟子松、侧柏等；灌木包括沙柳、沙棘、紫穗槐、柠条、杨柴等；草本包括黑沙蒿、沙打旺、紫花苜蓿、草木樨、沙米等。在恢复一定时期后，可在水、肥条件较好的地块种植经济作物，包括山杏、山楂、大果沙棘等，也可恢复为农田。

c. 科学种植。

在塌陷初期的植被恢复中，选择以草本为主、乔灌为辅的植物配置方式。乔木和灌木由于根系较发达，受塌陷影响较明显，因此乔木和灌木的种植选择在塌陷基本稳定后进行，有利于提高乔木和灌木植被的成活率。同时，在水、肥条件较好的区域推广立体种植技术，科学轮作、间作和套种，为进一步发挥生态林的经济效益提供基础。

d. 精心管理。

神东矿区土壤贫瘠，降雨量低，自然环境恶劣，必须适时进行田间管理，包括浇水、施肥、锄草、除虫等，同时应及时淘汰劣势物种，更新优势品种，才能保障植物措施的有效实施，使各项植物措施持续稳定地发挥生态、经济和社会效益。

6.5.6 降水资源与地表水资源高效利用

矿区通过建设橡胶坝调节地表径流。矿区橡胶坝工程位于陕西省神木市大柳塔镇乌兰木伦河，上游起于活鸡兔沟出口处，沿河长 1.9km，主要包括 1 号、2 号、3 号橡胶坝，橡胶坝主要建筑物为 4 级，设计洪水标准 20 年一遇，设计洪峰流量为 8300m³/s，校核洪水标准为 50 年一遇，校核洪峰流量为 11200m³/s，是在确保河道行洪安全的前提下，修建的梯级拦河蓄水工程。通过建设橡胶坝这一新型堤坝建筑物，拦蓄河道水 440 万 m³，缓解了区域水资源年内分布不均现象，做到旱季有水灌，在拦蓄范围内形成生态水面，改善了河道面貌、区域生态环境和人居环境。

6.6 植被群落调查结果

2018 年 8 月至 9 月和 2019 年 7 月对神东矿区植物群落开展了外业调查工作，其间共调查植物群落样方 261 处，其中乔木群落样方 63 处，灌木群落样方 129 处，草本植物群落样方 69 处。乔木植物群落主要包括樟子松群落、油松群落、山杏群落、野樱桃群落、榆树群落、旱柳群落、小叶杨群落等，灌木植物群落主要包括沙棘群落、大果沙棘群落、沙柳群落、柠条群落、杨柴群落、紫穗槐群落、沙地柏群落等，草本植物群落主要包括黑沙蒿群落、紫花苜蓿群落、白草群落、针茅群落、牛筋草群落等。神东矿区植物群落调查点乔灌草群落分布图详见图 6-46 和图 6-47。乔木植物群落主要优势种包括樟子松、油松、山杏、野樱桃等，灌木植物群落主要优势种包括大果沙棘、沙棘、沙柳、柠条、杨柴、紫穗槐等，草本植物群落主要优势种包括白草、紫花苜蓿、黑沙蒿等，神东矿区植物群落调查点主要优势种分布图详见图 6-48 和图 6-49。调查植物群落样方在神东矿区 13 个矿均有分布。调查期间拍摄保存了现场调查工作照片 1000 余张。

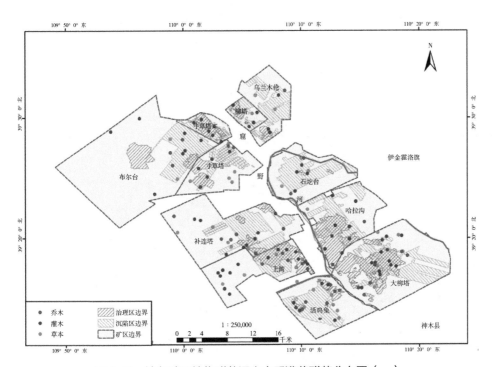

图 6-46 神东矿区植物群落调查点乔灌草群落分布图（一）

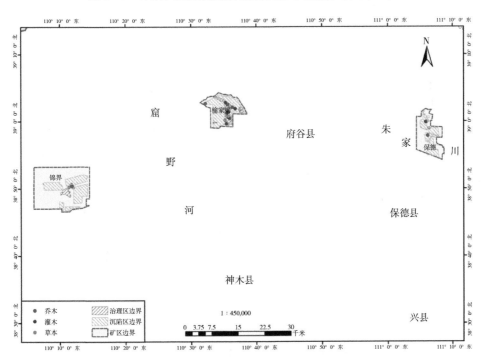

图 6-47 神东矿区植物群落调查点乔灌草群落分布图（二）

图 6-48　神东矿区植物群落调查点主要优势种分布图（一）

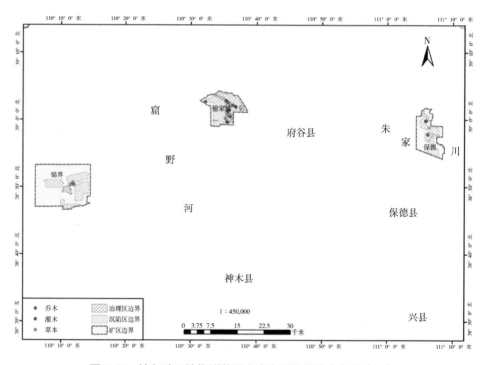

图 6-49　神东矿区植物群落调查点主要优势种分布图（二）

　　另外，在开展现场植物群落调查的同时，对样地内每一种植物进行了识别，并拍摄保存了植物特征照片，包括植株全貌，植物茎、叶、花、果实、种子等局部特写，同时采集了每一种植物标本。通过调查共发现神东矿区植物种类 100 余种，拍摄保存植物写真照片近 2000 张。根据调查按照植物学分类系统编写了《神东矿区植物志》。

附 录

附录1 西北干旱区土地复垦质量控制标准

复垦方向	指标类型	基本指标	控制标准
林地	土壤质量	有效土层厚度/cm	≥30
		土壤容重/（g/cm³）	≤1.55
		土壤质地	砂土至壤质黏土
		砾石含量/%	≤50
		pH值	6.5～7.3.2
		有机质/%	≥0.5
	配套设施	道路	达到当地本行业工程建设标准要求
	生产力水平	定植密度/（株/hm²）	满足《造林作业设计规程》（LY/T1607）要求
		郁闭度	≥0.20
灌木林地	土壤质量	有效土层厚度/cm	≥20
		土壤容重/（g/cm³）	≤1.55
		土壤质地	砂土至壤质黏土
		砾石含量/%	≤50
		pH值	6.5～7.3.2
		有机质/%	≥0.5
	配套设施	道路	达到当地本行业工程建设标准要求
	生产力水平	定植密度/（株/hm²）	满足《造林作业设计规程》（LY/T1607）要求
		郁闭度	≥0.20
草地	土壤质量	有效土层厚度/cm	≥10
		土壤容重/（g/cm³）	≤1.5
		土壤质地	砂土至砂质黏土
		砾石含量/%	≤50
		pH值	6.5～7.3.2
		有机质/%	≥0.5
	配套设施	灌溉 道路	达到当地各行业工程建设标准要求
	生产力水平	覆盖度	≥15

附录 2　黄土高原区土地复垦质量控制标准

复垦方向	指标类型	基本指标	控制标准
林地	土壤质量	有效土层厚度/cm	≥30
		土壤容重/（g/cm³）	≤1.5
		土壤质地	砂土至砂质黏土
		砾石含量/%	≤25
		pH 值	6.0～7.3.2
		有机质/%	≥0.5
	配套设施	道路	达到当地本行业工程建设标准要求
	生产力水平	定植密度/（株/hm²）	满足《造林作业设计规程》（LY/T1607）要求
		郁闭度	≥0.30
灌木林地	土壤质量	有效土层厚度/cm	≥30
		土壤容重/（g/cm³）	≤1.5
		土壤质地	砂土至砂质黏土
		砾石含量/%	≤25
		pH 值	6.0～7.3.2
		有机质/%	≥0.5
	配套设施	道路	达到当地本行业工程建设标准要求
	生产力水平	定植密度/（株/hm²）	满足《造林作业设计规程》（LY/T1607）要求
		郁闭度	≥0.30
草地	土壤质量	有效土层厚度/cm	≥30
		土壤容重/（g/cm³）	≤1.45
		土壤质地	砂土至壤黏土
		砾石含量/%	≤15
		pH 值	6.5～7.3.2
		有机质/%	≥0.3
	配套设施	灌溉 道路	达到当地各行业工程建设标准要求
	生产力水	覆盖度/%	≥30

附录3 神东矿区塌陷区调查点基本情况

编号	矿区	地理位置		土地利用	物种
		经度	纬度		
1		N39°18′48.48″	E110°5′49.92″	灌木林地	沙棘、黑沙蒿
2		N39°18′37.84″	E110°3′56.07″	灌木林地	杨柴、黑沙蒿
3	大柳塔矿	N39°16′30.41″	E110°0′53.56″	灌木林地	柠条、牛筋草
4		N39°17′39.41″	E109°58′52.39″	灌木林地	沙棘、柠条
5		N39°20′5.54″	E110°0′7.87″	草地	黑沙蒿、白草
6		N39°16′36.57″	E109°59′4.00″	草本	白草
7		N39°14′1.96″	E110°2′2.00″	林地	樟子松、针茅
8	活鸡兔矿	N39°15′33.72″	E110°1′26.00″	林地	油松
9		N39°13′56.93″	E110°10′9.36″	草地	针茅、胡枝子
10		N39°16′20.12″	E110°8′2.31″	草地	苜蓿
11		N39°20′54.82″	E110°4′3.25″	灌木林地	沙柳、黑沙蒿
12	哈拉沟矿	N39°23′31.41″	E110°7′49.52″	灌木林地	沙柳
13		N39°20′7.53″	E110°1′59.63″	灌木林地	大果沙棘
14		N39°20′57.39″	E110°4′10.50″	灌木林地	大果沙棘、沙米
15		N39°19′51.12″	E110°6′15.11″	灌木林地	大果沙棘
16		N39°25′29.34″	E110°36′20.16″	林地	小叶杨
17	石圪台矿	N39°24′10.32″	E110°34′58.66″	灌木林地	柠条、白草
18		N39°25′17.65″	E110°34′7.90″	灌木林地	沙棘、沙柳
19		N39°26′37.64″	E110°16′44.59″	草地	黑沙蒿
20		N39°2′4.76″	E110°17′12.96″	林地	樟子松、针茅
22	榆家梁矿	N39°2′41.19″	E110°19′4.82″	林地	樟子松、稗
23		N39°0′26.75″	E110°16′7.65″	林地	山杏、柠条
24		N39°0′26.75″	E110°8′58.64″	林地	山杏
25		N39°2′7.31″	E110°13′2.59″	灌木林地	沙棘、黑沙蒿
26		N38°49′46.76″	E110°14′3.15″	林地	樟子松、黑沙蒿
27	锦界矿	N38°50′58.23″	E110°12′40.31″	林地	樟子松、黑沙蒿
28		N38°50′17.37″	E110°10′0.85″	草地	黑沙蒿

编号	矿区	地理位置		土地利用	物种
		经度	纬度		
29	上湾矿	N39°17'51.20"	E110°5'58.71"	林地	山杏、杠柳
30		N39°18'9.29"	E110°8'7.40"	林地	樟子松、赖草
31		N39°19'3.53"	E110°7'47.64"	灌木林地	柠条、沙葱
32		N39°18'33.45"	E110°6'40.42"	灌木林地	沙棘、柠条
33	补连塔矿	N39°20'14.13"	E110°32'12.68"	林地	樟子松、山杏
34		N39°21'47.35"	E110°8'52.34"	林地	小叶杨、牛筋草
35		N39°22'1.70"	E110°12'31.61"	灌木林地	沙柳、黑沙蒿
36		N39°20'32.48"	E110°12'44.40"	灌木林地	沙柳、黑沙蒿
37		N39°19'18.12"	E110°11'46.35"	草地	白草、黑沙蒿
38	乌兰木伦矿	N39°31'52.85"	E111°6'21.01"	灌木林地	柠条、牛筋草
39		N39°28'43.40"	E110°35'56.71"	灌木林地	沙柳
40		N39°30'41.18"	E110°10'13.87"	草地	黑沙蒿
41	柳塔矿	N39°29'35.99"	E110°15'57.98"	灌木林地	杨柴、黑沙蒿
42		N39°30'57.76"	E110°12'13.45"	灌木林地	沙柳、黑沙蒿
43	布尔台矿	N39°27'16.14"	E110°12'34.09"	灌木林地	沙棘
44		N39°25'30.00"	E110°8'13.72"	灌木林地	柠条
45		N39°28'43.88"	E110°0'9.05"	灌木林地	沙棘、白草
46		N39°28'14.47"	E110°2'10.39"	草地	针茅
47	寸草塔一矿	N39°25'59.29"	E110°4'0.79"	灌木林地	柠条+沙葱
48		N39°27'11.12"	E110°7'2.01"	灌木林地	沙棘+黑沙蒿、
49		N39°25'6.00"	E110°13'44.16"	灌木林地	柠条、牛筋草
50		N39°24'17.00"	E110°12'54.27"	灌木林地	柠条、牛筋草
51	寸草塔二矿	N39°29'37.04"	E110°11'46.87"	灌木林地	沙柳、沙蒿
52		N39°28'29.98"	E110°35'56.71"	灌木林地	柠条、针茅
53	保德矿	N38°58'18.40"	E110°11'23.03"	林地	樟子松、披肩草
54		N38°59'51.86"	E111°5'52.31"	林地	榆树
55		N38°59'0.16"	E111°6'15.88"	草地	灰蒿

参考文献

[1] 吴祥业. 神东矿区重复采动巷道塑性区演化规律及稳定控制[D]. 北京：中国矿业大学（北京），2018.

[2] 陈苏社. 神东矿区井下采空区水库水资源循环利用关键技术研究[D]. 西安：西安科技大学，2016.

[3] 杨俊哲，陈苏社，王义，等. 神东矿区绿色开采技术[J]. 煤炭科学技术，2013，41（9）：34-39.

[4] 田瑞云. 神东矿区煤炭资源安全高效绿色开采技术综述[J]. 煤炭工程，2016，48（9）：11-14.

[5] 张俊鹏. 神东矿区煤层开采覆岩裂隙发育规律及预测方法研究[D]. 焦作：河南理工大学，2017.

[6] 高兵，强俊桃. 清洁生产技术在神东矿区煤炭开采中的应用[J]. 能源环境保护，2010，24（1）：31-32.

[7] 杨鹏. 浅析神东矿区的生态环境建设[J]. 陕西煤炭，2014，33（5）：42-44.

[8] 陈科，任丽韫. 神东矿区矿井水综合利用研究[J]. 山西建筑，2010，36（2）：208-209.

[9] 李林. 神东矿区生态保护技术措施[A].中国煤炭学会矿井地质专业委员会、中国煤炭工业劳动保护科学技术学会水害防治专业委员会2005年学术交流会论文集[C]//中国煤炭学会：中国煤炭学会，2005：3.

[10] 康世勇. 中国神华神东2亿吨煤炭矿区荒漠化防治模式[A].《联合国防治荒漠化公约》第十三次缔约大会"防沙治沙与精准扶贫"边会论文集[C]//中国治沙暨沙业学会、中国林业教育学会：中国治沙暨沙业学会，2017：11.

[11] 王安. 开发保护并重建设文明矿区[J]. 中国水土保持，2001（10）：18-19.

[12] 胡振琪，王新静，贺安民. 风积沙区采煤沉陷地裂缝分布特征与发生发育规律[J]. 煤炭学报，2014，39（1）：11-18.

[13] 康世勇. 重风沙防护类型区农田防护林经济效益评价[J]. 内蒙古林业科技，1989（4）：16-20.

[14] 吴玉国. 神东矿区综采工作面采空区常温条件下CO产生与运移规律研究及应用[D]. 太原：太原理工大学，2015.

[15] 宋丹. 生态脆弱区采煤地质环境效应与评价研究[D]. 西安：西安科技大学，2015.

[16] 都平平. 生态脆弱区煤炭开采地质环境效应与评价技术研究[D]. 徐州：中国矿业大学，2012.

[17] 卞惠瑛. 煤炭开采对水源保护区影响的数值模拟研究——以榆神矿区三期规划区为例[D]. 西安：长安大学，2014.

[18] 范钢伟. 浅埋煤层开采与脆弱生态保护相互响应机理与工程实践[D]. 徐州：中国矿业大学，2011.

[19] 周生贤. 我国环境保护的发展历程与探索[J]. 人民论坛，2014（9）：10-13.

[20] 崔荣. 神东矿区采煤塌陷区综合治理初探[J]. 新西部（理论版），2016（20）：35-36，51.

[21] 郭洋楠，杨鹏，杨俊哲，等. 荒漠化矿区煤炭开采与生态环境治理探讨[J]. 陕西煤炭，2014，33（2）：16-18.

[22] 刘军，杜卿，李昊. 神东公司煤炭项目水土保持生态保护技术探索与实践[J]. 中国水土保持，2016（9）：35-37.

[23] 杨婧. 神东煤炭集团企业文化建设的研究[D]. 呼和浩特：内蒙古大学，2010.

[24] 坚持科学发展促进合作共赢倾力打造2亿吨级和谐矿区[A].全国煤炭工业和谐矿区建设现场会经验交流材料[C]//中国煤炭工业协会：中国煤炭工业协会，2012：13.

[25] 杨景才，关三和. 建设山川秀美的神东矿区，确保能源基地的可持续发展[J]. 煤矿环境保护，2000（6）：9-12.

[26] 史沛丽，张玉秀，胡振琪，等. 采煤塌陷对中国西部风沙区土壤质量的影响机制及修复措施[J]. 中国科学院大学学报，2017，34（3）：318-328.

[27] 孟江红. 神东煤炭开采生态环境问题及综合防治措施[J]. 煤田地质与勘探，2008（3）：45-47，51.

[28] 程水英，周育红. 开发神东矿区对生态环境的影响[J]. 洁净煤技术，2010，16（6）：67-69.

[29] 王志意，张永江. 矿区煤炭开发与水土保持生态建设关系分析[J]. 中国水土保持，2006（10）：40-41.

[30] 焦居仁. 现代化全球化下的中国企业节能减排之路——神东矿区创新科技节能减排保护环境[A].第六期中国现代化研究论坛论文集[C]//2008：6.

[31] 毛旭芮，王明力，杨建军，等. 采煤对露天煤矿土壤理化性质及可蚀性影响[J]. 西南农业学报，2020，33（11）：2537-2545.

[32] 李少朋. 煤炭开采对地表植物生长影响及菌根修复生态效应[D]. 北京：中国矿业大学（北京），2013.

[33] 龚培俐，李维. 瞬变电磁法在采空塌陷灾害中的应用——以神东煤矿采空区调查为例[J].地质力学学报，2018，24（3）：416-423.

[34] 赵欢欢，王军，王敏. 浅埋深煤层煤矿开采对地表植被影响研究[J]. 绿色科技，2016（16）：173-175.

[35] 郭洋楠，胡春元，贺晓，等. 采煤沉陷对神东矿区植被的影响机理研究[J]. 中国煤炭，2014，40（S1）：69-72，77.

[36] 焦英博. 煤炭矿区生态建设政府规制研究[D]. 武汉：华中科技大学，2018.

[37] 马光军. 神东矿区生态建设的思考[A]. "建设资源节约型、环境友好型社会"高层论坛论文集[C]//2007：2.

[38] 康世勇，高春明. 东胜矿区沙漠化土地治理技术[J]. 煤矿环境保护，1999（2）：39-41.

[39] 康世勇，郝峙. 神府东胜煤田自然环境特点与矿区生态环境保护[J]. 煤矿环境保护，1999（4）：15-16.

[40] 王继明. 雄起的共和国煤业长子——神东矿区开发建设30年回眸[J]. 中国煤炭工业，2016（5）：22-25.

[41] 王金力. 建设大企业集团是中国煤炭工业发展的必由之路[J]. 煤炭经济管理新论，2002（2）：73-80.

[42] 刘军，杜卿，李昊. 神东公司煤炭项目水土保持生态保护技术探索与实践[J]. 中国水土保持，2016（9）：35-37.

[43] 王金力. 安全高效和谐坚持科学发展的中国神华[A].节能减排与发展循环经济——煤炭加工利用科学发展论文集（一）[C]//北京《煤炭加工与综合利用》杂志社有限公司，2009：12.

[44] 张福成. 浅埋易自燃煤层防灭火关键技术[J]. 煤矿安全，2011，42（2）：35-38.

[45] 白璐，王集民. 从企业战略层面谈神东矿区生态环境治理[J]. 资治文摘（管理版），2009（3）：59-60.

[46] 王安. 神东矿区生态环境综合防治技术[A]. 提高全民科学素质、建设创新型国家-2006中国科协年会论文集（下册）[C]//中国科学技术协会：中国科学技术协会学会学术部，2006：6.

[47] 王安. 神东亿吨级现代化生态型矿区建设的实践与思考[J]. 中国经贸导刊，2007（12）：26.

[48] 崔荣. 神东矿区采煤塌陷区综合治理初探[J]. 新西部（理论版），2016（20）：35-36, 51.

[49] 张坤，任文轩. 论中国煤矿开采对生态环境的影响——以河南鹤壁为例[J]. 农村经济与科技，2014，25（6）：16-17，43.

[50] 顾大钊. 能源"金三角"煤炭现代开采水资源及地表生态保护技术[J]. 中国工程科学，2013，15（4）：102-107.

[51] 王强民，赵明. 干旱半干旱区煤炭资源开采对水资源及植被生态影响综述[J]. 水资源与水工程学报，2017，28（3）：77-81.

[52] 赵红梅，张发旺，宋亚新，等. 大柳塔采煤塌陷区土壤含水量的空间变异特征分析[J].地球信息科学学报，2010，12（6）：753-760.

[53] 程林森，雷少刚，卞正富. 半干旱区煤炭开采对土壤含水量的影响[J]. 生态与农村环境学报，2016，32（2）：51-55.

[54] 柳宁，赵晓光，解海军，等. 榆神府地区煤炭开采对地下水资源的影响[J]. 西安科技大学学报，2019，39（1）：74-81.

[55] 吴秦豫，姚喜军，梁洁，等. 鄂尔多斯市煤矿区植被覆盖改善和退化效应的时空强度[J]. 干旱区资源与环境，2022，36（8）：101-110.

[56] 刘晓民，王文娟，刘廷玺，等. 毛乌素沙地井工开采煤矿煤-水协调共采影响因素及评估[J]. 干旱区资源与环境，2022，36（1）：81-88.

[57] 杨永均，张绍良，侯湖平，等. 煤炭开采的生态效应及其地域分异[J]. 中国土地科学，2015，29（1）：55-62.

[58] 谢海燕. 绿色发展下循环经济的现状及方向[J]. 宏观经济管理，2020（1）：14-21.

[59] 乔刚. 生态文明理念与循环经济新发展方式的分析[J]. 环境污染与防治，2010，32（5）：106-109.

[60] 李少林，杨文彤. 碳达峰、碳中和理论研究新进展与推进路径探索[J]. 东北财经大学学报，2022（2）：19-30.

[61] 刘峰，郭林峰，赵路正. 双碳背景下煤炭安全区间与绿色低碳技术路径[J]. 煤炭学报，2022（1）：7-21.

[62] 刘任欢. 新时代"两山理论"下湖南生态文明建设路径探究[J]. 现代农机，2021（3）：28-30.

[63] 康建芳，张耀南，王家耀，等. 黄河流域生态保护与高质量发展体系化科学数据建设与实践[J]. 中国科技资源导刊，2022，54（1）：56-65.

[64] 黄锰，蔺兵娜. 迁移与流变：冀南川寨的山地融合特征与生态适应——以河北省沙河市王硇村为例[J]. 城市建筑，2018（23）：45-48.

[65] 刘馨阳，韦宝畏. 生态适应视阈下传统村落空间营造探析——以佛寺村为例[J]. 城市住宅，2017，24（9）：81-84.

[66] 童果. 基于生态适应性的开县北部新区城市设计策略研究[D]. 重庆：重庆大学，2013.

[67] 李勐霆. 嘉绒藏族传统聚落文化形态的建筑适应性研究——以西索村为例[J]. 纳税，2018（6）：241.

[68] 周兰芳. 山水林田湖草生态保护修复思路与实践分析[J]. 农业科技与信息，2020（24）：39-40，42.

[69] 孔令桥，郑华，欧阳志云. 基于生态系统服务视角的山水林田湖草生态保护与修复——以洞庭湖流域为

例[J]. 生态学报，2019，39（23）：226-233.

[70] 王夏晖，何军，饶胜，等. 山水林田湖草生态保护修复思路与实践[J]. 环境保护，2018，46（Z1）：19-22.

[71] 杨俊哲. 神东矿区井上井下生态环境综合治理技术[J]. 煤炭科学技术，2020，48（9）：56-65.